换工作不如换思维

◎卢孟来 编

NOT-FOR-*THINKING*
-FOR-*WORK*

如果当前的工作老是
给你挫败感和烦恼，严重影响
你的心情，你第一时间想到的
解决办法是什么？换工作？其实——

换种积极的心态对待工作，你就是赢家！

内蒙古文化出版社

图书在版编目(CIP)数据

换工作不如换思维 / 卢孟来编. —呼伦贝尔 : 内蒙古文化出版社，2009.6
ISBN 978-7-80675-734-5

Ⅰ. 换…Ⅱ. 卢…Ⅲ. 思维方法—通俗读物 Ⅳ. B804-49

中国版本图书馆 CIP 数据核字（2009）第 099849 号

换工作不如换思维
HUANGONGZUO BURU HUANSIWEI
卢孟来 编

责任编辑 毛尔乐 海 燕
装帧设计 书心瞬意

出版发行 内蒙古文化出版社
地 址 呼伦贝尔市海拉尔区河东新春街4－3号
直销热线 0470－8241422 邮编 021008

排版制作 北京鸿儒文轩文化传播有限公司
印刷装订 三河市华东印刷有限公司
开 本 787mm×1092mm 1/16
字 数 210千
印 张 19
版 次 2009年8月第1版
印 次 2022年4月第2次印刷
印 数 8001—13000 册
书 号 ISBN 978-7-80675-734-5
定 价 52.00元

如果当前的工作老是
给你挫败感和烦恼，严重影响
你的心情，你第一时间想到的
解决办法是什么？换工作？其实——

[前 言] 换种心态，你就是赢家

开篇之前，问一个问题："如果当前的工作老是给你挫败感和烦恼，严重影响你的心情，你第一时间想到的解决办法是什么？"

"换工作！"十有八九的人会是这样的想法，然后很快付诸行动。

中华英才网曾面向广州和深圳白领开展了一次有关工作观念的调查，调查显示，有相当多的职业人士，对工作一旦产生厌倦感，第一个想法就是跳槽。

对于这样一个机会无限的商业时代，跳槽，无疑是件极其平常的事，它也是人才寻求最佳发展舞台最有效的途径。但如果换了工作，处境并没有出现转机，反而更糟，这时你就应当反思了——是不是自己对待跳槽过于轻率，过于频繁？是原来的老板、同事、客户，不堪与之相处，还是个人也存在着这样那样的问题和缺陷？是没有机会，还是自身不懂得去主动抓住机会？是工作让人缺乏激情，还是不懂得自我调节，给自己加油……

跳槽的理由有千万条，但都可以总结为一条，那就是没有好的工作理念和思维方式。那么，在工作中，到底哪些因素在影响着我们的理念呢？

影响工作心情的因素貌似多如牛毛。但总结一下你会发现不外乎几种：人际关系，包括如何与领导相处，如何与同事沟通；自身的问题，包括如何更好的适应环境，如何拓展自己的工作空间，扩大自己的舞台，如何不为他人作嫁衣裳，而是从幕后走到前台来，要学会毛遂自荐……。这些方面处理不好，都会影响你的工作情绪和工作心情。可以说，每个人都有一本难念的经，再好的工作，都会有让人觉得不如意的地方，而且这种坏心情，对工作的负面影响是相当大的。它会磨灭你的意志，让你丧失工作激情，没有激情，任何事情都无法用尽全力，也就无法把事情做得尽善尽美，这样做的结果，最终难有所成。

然而，换工作就能改变这种状况吗？

答案是：不尽然！

要想真正的改变这种状况，不如改变自己的思维方式，变换角度看问题，换种思维改变自己，从而建立正确进取的工作观，否则多半是走到哪里，换到哪里。而频繁换工作的结果，一定会使自己越来越难以承受日益巨大的工作压力，而再等到那个时候，想要再改恐怕已经晚了。

变换思维吧，它会让你的生活更加美好的！当你兴起“另起炉灶”的念头时，就转换你的思维，以新的角度看待你的工作。说不定，阳光、鲜花，绚丽无比的风景就在你转角的刹那等你呢！

[目 录]
Contents

换工作不如换思维

NOT-FOR-THINDING-FOR-WORK

有人说，每个人永远做着两份工作，一份是当前所从事的，一份则是真正想做的。而人们常常把眼光放在别处，于是一味地换工作，希望以此来找到更好的发展舞台，结果却往往陷入另一番失意的泥潭。

其实，很多人是在骑马找马，好工作从来不在别处，而是在身边——关键在于你能否反思自己，安于本职工作，通过自己的不懈努力将平凡的工作打造成你理想中的好工作，这样，你才会成为永远的职场赢家。

工作可以造就你，你也可以造就工作

No.1

NOT-FOR-THINDING-FOR-WORK

带着憧憬、带着幻想，经过多日奔波和选择，终于有了自己人生的第一份工作。你的人生揭开新的篇章。从校园到工作岗位，进入社会角色的转换：承担繁重的工作责任、面对复杂的人际关系，眼界更加开阔，社会知识更加丰富，责任和压力也更加繁重，一切都在瞬间与以前大不相同，但突然地变化，开始让你水土不服。这个时候就不能一再的要求环境适应你，只有你去做调整，才能真正的融入大环境，才能有所作为。

职场如战场，适应是关键

No.2

NOT-FOR-THINDING-FOR-WORK

你是不是也曾有过这样的经历，觉得公司没有给你更好的更大的空间，使得你在工作中不能得到更好的发展，然后萌生跳槽的想法？或者你是不是已经是这想法的实践者了？那你是不是深思过这个问题，是自身对公司的关注不够，对行业的发展不了解还是真的是公司发展太狭窄使得你英雄无用武之地？只有想清楚这些你才能走出跳槽的怪圈。

适时改变，将舞台不断扩大

No.3

NOT-FOR-THINDING-FOR-WORK

很多人在工作中不能找到合适的方法，结果导致很多的机会被错过，导致工作没有前途，晋升无望，薪酬太低，直接影响工作的热情和态度。这时候自怨自艾是没有用的，关键是要改变自己的工作方法，实现平步青云的腾飞。

告别默默无闻，实现自身飞跃

No.4

NOT-FOR-THINDING-FOR-WORK

工作几乎是所有人赖以生存的谋生手段，但是，几乎每个人都会遭遇生活和工作的冲突，例如用健康做代价，例如家庭关系紧张，再如工作和人生规划冲突，是考研还是工作？是创业还是为人打工？失败是很多人面前的拦路虎，只有处理好这些问题才能使你的人生之路走的通畅无阻。

找好平衡点平衡生活和工作

No.5

NOT-FOR-THINDING-FOR-WORK

赵国宰相平原君门下的食客毛遂，在赵国国都邯郸被秦军包围的危急情势下，主动要求去说服楚王，最终使楚王同意结盟，订下和约，并立刻发兵支持赵国，解了邯郸之围。

而毛遂也使平原君不再小看他，而把他当作上宾招待。

现代社会缺少的不是人才，而是能够正确认识自己并且推销自己的人，在任何一个公司，只有像毛遂那样学会自荐才能拥有更大的发展前途，一味等待别人发掘，很容易使机会流失，主动去推销自己，争取把自己卖个好的价钱。

酒香也怕巷子深，要自己在阳光下闪光

No.6

NOT-FOR-THINDING-FOR-WORK

有人的地方，就是江湖，是江湖就危机四伏，让人防不胜防。

纵观历史，那些彪炳千古的忠臣，总是被奸人所害，就是因为少了些变通，做人过于实在的结果。而奸人是最懂得变通的，从来都是为达到目的不择手段的。所以"忠臣要战胜奸臣，就必须比奸臣还奸"（电影《九品芝麻官》）。

可见，行走职场江湖，既要埋头苦干，也要懂得巧干；既要懂得坦荡地做人，也要多些心眼，掌握必要的处世之道；坚守内方外圆的处世之道，才会让你笑傲江湖，所向披靡。

做人不能太实在，灵活多变方能无往不胜

No.7

NOT-FOR-THINDING-FOR-WORK

有位职业专家认为，一个人要想成功就必须善于寻找几匹马来骑，其中老板的重要性名列第二。事实的确如此，职员能否得到提升，很大程度不在于是否努力，而在于老板对你的赏识程度。

然而，在职场丛林中，老板是一种非常复杂的动物，很多员工对老板，存在着 恐上症”，不知道如何去影响老板。其实，方法总比困难多，老板更需要下属的管理，关键是掌握行之有效的管理策略。也只有这样，才能巧借这块大跳板，纵横职场，越飞越高。

老板并非你的死对头，而是腾飞的大跳板

No.8

NOT–FOR–THINDING–FOR–WORK

一个个体要想在工作中快速成长，就必须依靠团队、依靠集体的力量来提升自己。善于合作，有优秀团队意识的人，整个团队也能带给他无穷的收益。彼此各自为政，终是一盘散沙，不会成就任何事业。

你生命的大部分时间是与同事度过的，如何在这个圈子里如鱼得水的生活，确实是一门学问，如果不小心将圈子搞成没有硝烟的战场，那你的日子将会被画上相当不和谐的句号。

办公室不是硝烟战场，要跟同事和谐相处

No.9

NOT-FOR-THINDING-FOR-WORK

“ 明日复明日，明日何其多，我生待明日，万事成蹉跎。”几乎人人耳熟能详的诗句，但是你认真体会过各种含义吗？机械的工作，磨光了所有曾经的豪情壮志，磨掉了所有的壮志凌云，该怎么办？是继续听之任之还是及时釜底抽薪？答案必然是后者！赶快燃烧你久违的工作热情，行动起来吧！

继续助力，让结局完美

No.10

有人说，每个人永远做着两份工作，一份是当前所从事的，一份则是真正想做的。而人们常常把眼光放在别处，于是一味地换工作，希望以此来找到更好的发展舞台，结果却往往陷入另一番失意的泥潭。其实，很多人是在骑马找马，好工作从来不在别处，而是在身边——关键在于你能否反思自己，安于本职工作，通过自己的不懈努力将平凡的工作打造成你理想中的好工作，这样，你才会成为永远的职场赢家。

工作可以造就你，你也可以造就工作

当工作遭遇“七年之痒”

工作时间一久，难免会像夫妻一样，开始感到厌倦。某一天，当你发现自己已经开始讨厌这份工作时，甚至每天如坐针毡想离开时，它是否就像你的糟糠之妻?

婚姻有所谓的“七年之痒”，那么人在职场呢?

答案是肯定的。

随着职业生涯的增长，我们就会逐步对工作缺乏最初的激情，出现倦怠，甚至是厌恶的现象。这个时候，你就有必要好好检视一下你的工作——究竟是什么因素造成了这样的境况，是公司，还是工作本身？抑或是自己?

你的工作“七年痒不痒”

刚刚踏出校门的激情满怀，不知从哪一天起消失在城市的高楼里、马路上，工作越来越像鸡肋——食之无味，弃之可惜。由此，不少人对工作发出“七年之痒”的感慨。

七年，并非一个定数，而是一个概数，可能是一两年，也可能是七八年。工作的七年之痒，追根究底，还是一个工作的懈怠、郁闷、失意现象，是典型的工作亚健康状态。工作之痒可谓人人都有过，不管你是从事什么样的行业，也不管什么样的身份与地位，都概莫能外。

不少朋友为了工作稳定、薪酬待遇之类而找了自己并不喜欢的工作，他们用“上错花轿入错行”来形容这种感觉，这种情况是最容易导致心情郁闷的。

有位姓杨的秘书就说到了自己的无奈：“我做了 7 年的秘书。7 年以来，我是除了经理以外全公司所有岗位上没挪过窝的。当初与其说爱这个职业，不如说是爱这个职业给我带来的薪酬。但现在，我特别讨厌我的工作，没办法，为了生活，我没有勇气甩掉这样一份让我衣食无忧的工作。”

另一位自由职业者也说："我干过七年彩扩摄影的工作，前五年干得挺开心也挺投入的，但是后两年工作便成了莫大的痛苦，虽然每天只上五六个小时班，仍然感觉很难捱。就算现在离开工作岗位4年了，每当想起以前的工作，经过类似的工作场所，我心底还是抗拒不已，可想而知我对以前的工作多么厌倦。我的工作别人以为是五颜六色的，在我看来却是苍白的，没有一点色彩。"

可见每个人都有一本难念的经，都有别人难以了解的工作之痒。

工作到底"痒"在哪里

做广告的张洁，最近感觉挺苦恼的，她在广告这一行做得力不从心，很想转行做其他的，但是，其他行业她又没有广告这一行有经验，结果，转了一圈，还是在广告这一行。

张洁22岁毕业，参加工作五年。由于大学学的是广告，所以张洁很幸运地在一家比较大的广告公司负责设计方面的工作。因为大公司分工很细，所以自己反倒学不到什么。后来通过朋友的介绍，她成功地跳到了另一家小的设计工作室。

在那里每个人都要独当一面，比起前一份工作，它更能锻炼人。而且在那儿，她第一次体会到了通宵达旦的乐趣和苦衷。因为工作强度大，有时候需要连续加班，几夜下来，小伙子胡子拉碴，女孩子则一个个像黄脸婆。张洁担心自己还没嫁出去就已经"人比黄花瘦"，所以又换了一个公司。

然而由于专业的限制，张洁始终摆脱不了广告，这也就意味着她仍然经常在午夜两点半从公司的写字楼里游出，独自在空旷的大街上行走。夜景虽美，她心里却有些凄楚，常常自问：我梦中的理想事业到底在何方啊？但是，无奈的现实又再三告诫她说，你已经不是任性的小孩，楼还在供着，车子还未买，每天24小时还不够，哪有时间顾影自怜？

张洁的郁闷，代表着很多人的现状：当工作进入一定的阶段，工作之痒就会随时发作，只是每个人的情况不同而已。搔痒还得找到痒处，因此，解决工作之痒，首先还得找到所痒之处。

闲暇的时候不妨坐下来对照一番，静静地思量一下自己的职业困惑，自己的"痒"究竟在何处？

后来，张洁经过与职业专家一番深入的交谈，找到了她的问题症结所在——她其实还是挺喜欢广告这一行的，而且其性格和天赋都与这一行相匹配，只是她过高的期望与现实有一定的差距，再加上朋友、家人的一些偏见，影响了她工作的激情。

因此，专家建议她给自己制订一个适当的职业目标；其次就是调整好自己的心态。一段时间后，张洁竟然和以前判若两人，重新焕发出了生活的激情。

心理学家认为，对工作或职业产生疲倦，其实是一种正常的现象。由于工作到一定程度，程式化的默契本身很容易在人类"求新求异"的本能心理需求中被厌倦和抛弃。通常情况下，能力大于期望值和期望值大于能力的人都容易产生工作厌倦心理。

一般说来，导致工作厌倦或疲惫的原因主要有：不喜欢所从事的工作，但由于某种原因而不得不继续干下去；好好工作，却没有得到相应的肯定和回报，以至于丧失了对工作的热情；工作出现了一些挫折，比如受了老板的批评而感到委屈等等。

事实上，人对工作的热爱其实比婚姻更缺乏维系的基础。出现症状的人不必因此而背上心理负担，关键在于如何找到痒症的来源并积极去预防和治疗它。

如果长期的工作压力或对工作缺乏兴趣，问题不及时解决，就可能会引起心理状态的不良反应。比如一提到工作就感觉非常厌倦，工作没劲，什么都懒得去做；为应付工作的压抑，大量饮酒、常感到头痛、全身无力；心理有压力、心情压抑；工作效率低，工作错误多；刻意与同事保持一定的距离；无缘无故地怀疑自己的工作能力等等。

就像婚姻的"七年之痒"容易导致问题和影响婚姻质量一样，职业的"七年之痒"也严重地影响工作效率，对身体也有危害，包括周期性偏头痛、过敏症、胃溃疡、高血压症、腰背痛等。

由此可见，工作之痒不及时解决，危害不容小视。但方法总是比问题多，只要对症下药，采取积极而主动的方法，什么问题都可迎刃而解。

关键要动起来，跳槽不是万能药

工作出现七年之痒，怎么办？有人打算跳槽、考研、读 MBA、做自由职业者、出国、辞职休息等等。事实证明，跳槽、换工作是很多人摆脱厌倦最常用的办法。

出现工作的七年之痒，关键是要动起来，主动寻求解决之道，但选择跳槽并非万能药。对于这样一个机会无限的商业时代，跳槽，无疑是件极其正常的事，它也是人才寻求最佳发展舞台最有效的途径。但是，跳槽是有前提的，而且需要把握一个度。

就像前面那位杨秘书所说，职业错位就必须及时换工作——适合做与人打交道做业务的，却让他埋头于办公室；适合当作家的，却让他走到市场一线，做销售。这就是典型的对人才的大材小用，暴殄天物。

出现这种情况，应该果敢的换工作，去做自己真正适合的。除此之外，频繁的换工作，只会对自己的发展造成消极的影响。

事实上，再令人激动的工作，本质上都是一样的——很多时候不是工作造就了人，而是人造就了自己的工作，关键问题不是换不换工作，而是如何扩展你的事业。因为一个人可以把事情越做越大，也可以越做越窄。所以说，换工作并不是解决问题的万能药，行动起来，主动调整自己的心态，充实自己的能力才是最为关键的。

每个人的问题因人而异，不可同日而语，但对于解决问题的态度，却有着主动与被动之分。有的人，当工作一旦出现问题，他会主动寻求解决的途径和方法；而有的人呢，面对问题，被动地选择了逃避。

譬如说，有的人明明很努力，却老是得不到老板的器重；明明觉得这样对自己的发展很不利，但他只知道怨天尤人，不敢主动去与老板沟通。殊不知，逃避，并躲不过，越是害怕的事情，越要主动去面对解决，因为很多的时候，越是你害怕的事情，往往是你制约你发展瓶颈。

工作之痒虽然人人都会遭遇，但有的人却认为是极其自然的现象，没有那种受害的感觉。因为他们懂得主动去调节自己，从而很容易挨过“发痒期”。

一位有过20多年从医经验的医生曾经说过：“疲惫、厌倦，谁都有啊，这是很正常的情绪，关键要善于主动采取办法解决，而不是稍不如意就想到换工作。我当医生已经20多年了，有过疲倦，没有想过换行。从学的那一瞬间就注定了我要干一辈子医生。别人可能因为对一种工作厌倦了就去干另一种工作，医生却很少有人这样。”

观念决定出路，有时候，我们之所以陷入死胡同，就是不懂得换个思维去看问题，如果站在对方的角度看问题，就会看到事情的实质，也就更为客观。职场中有这样一个流传的故事：

甲对乙说："我要离开这个公司，我恨这个公司！"

乙建议道："我举双手赞成你报复，破公司一定要给它点颜色看看。不过，你现在离开，还不是最好的时机。"

甲问："为什么啊？"

乙说："如果你现在走，公司的损失并不大。你应该趁着在公司的机会，拼命去为自己拉一些客户，成为公司独当一面的人物，然后带着这些客户突然离开公司，公司才会受到重大损失，非常被动。"

甲觉得乙说的非常在理，于是，努力工作。事遂所愿，半年多的努力工作后，他有了许多的忠实客户。

再见面时，乙问甲："现在是时机了，要跳赶快行动哦！"

甲淡然笑道："老总跟我长谈过，准备升我做总经理助理，我暂时没有离开的打算了。"

其实这也正是乙的初衷。

站在员工的角度，我们常常不问自己到底付出了多少，只问回报。稍不如自己的意，就会顿生埋怨，产生换工作的想法。而站在老板的角度，如果你不先付出，不先表现出自己的工作能力，他怎么会器重你呢？

因此，如果你是一个不受老板重视的员工，最好的解决办法不是换工作，而是双管其下：一方面调节好心态，换个角度来看问题；另一方面，适度"充电"很必要，利用下班时间学点自己感兴趣和有用的知识技能，也好为自己进一步发展奠定基础。

换工作前三思，别轻易做“跳蚤”

在做出最后决定之前，不妨多问几个“为什么”，诸如：换工作的成本与得到的回报是否成正比等等，弄清楚这些问题有助于避免盲目换工作。

同时，在换工作前，还要搞清楚，自己目前职业发展中出现的问题是否是换工作所能解决的，还是由于自己其他方面的问题，比如沟通能力不行、缺乏人际交往能力等等。

要打开思路，找到问题的关键所在，确定换工作的必要性，给换工作找一个恰当的理由，让自己没有机会后悔。

不要因为冲动而跳槽

工作时间久了，有些人难免变得心浮气躁，跳槽的欲望开始蠢蠢欲动。

俗话说，“既来之，则安之”。在公司里工作，恪守本分，表里如一，能静下心来干事情是获取老板肯定的重要前提。一个身在曹营心在汉，吃着李家饭盯着张家门，动不动就表示不满，以跳槽相威胁的员工，怎么能安心工作并获得老板赏识呢？

某知名公司数月前由于策划经营的不利，造成了生产项目的滞后和浪费，不得不宣布大规模裁员，并要裁掉一个项目部门，而田穗穗恰巧就是这个部门中的一名普通员工。

裁员的消息很早就传了出来，不久，几乎所有的在职员工都开始了本职工作的任务交接。这一时期，人心惶惶，所有的人都没有心思再继续工作了。或者利用手中的一点便利，能捞便捞；或者托朋友找关系，忙着转换工作；或者干脆借着以前的业务关系，联系其他厂家，准备跳槽。在这些或明或暗的波动之下，田穗穗还是继续默默工作。

她每天正常上下班，认真工作，好像一切都如以前一样，什么也没有发生。有时候好朋友劝她别那么死板，转转脑筋，挪挪地方，免得在一棵树上吊死，可她总是摇摇头笑着说：“事情还没到最后呢，既然拿着工资，就该尽职守分，做好自己该做的事。”

田穗穗的言行被一位人事主管看在眼里，记在心里，她深深被田穗穗这种忠诚敬业的精神所打动，并悄悄地把她从黑名单中拿了下来。

后来，该项目部解散了，其他人四散而去，田穗穗则被调到了另一个项目部中继续工作，并很快因为勤恳踏实的工作态度被晋升为项目经理。

当然，我们也不能指责那些频频跳槽的人，只是希望他们能够审时度势，多一点踏实，少一点浮躁。不要为了跳槽而跳槽，在可跳可不跳的时候，最好不要跳。谁都知道，熊掌和鱼两者不可兼得，在分不清哪是熊掌，哪是鱼的情况下，最好牢牢抓住一样。

一般公司都非常看重员工的忠诚度。

中国传统文化中，往往是疑人不用，用人不疑，对于“贰臣”历来是心存芥蒂，担心你到他们公司后“后院失火”，即使聘用你，也会对你有疑心，你就很难有出头机会。

相对于这些潜规则，一些硬性制度的用意可谓昭然若揭，比如很多公司规定，为了防止员工流动过于频繁，有很多的收入和福利，要等工作一定年限后，才能让员工拿到。如果你要提前离开公司，很多此类预期收入也就泡了汤。

人一生换几次工作是很正常的。但是，在跳槽时，你应该想想，这是不是可以给你带来更大的利益，是不是更符合你的兴趣所在，是不是可以提升你的价值，这些都需要你事先一再考虑。

一旦你决定了要从事某种职业，或者你正在从事某种职业，就要立即打起精神，不断地勉励自己、训练自己、控制自己，对公司、对老板、对职业多一分忠诚，少一点背叛。

切勿“这山望着那山高”

有个故事说，一个小和尚去采药，他选了最高的一座山爬，因为师父对他说山越高，草药越好。当他爬上第一个山头，正准备采药时，突然发现前面还有一座更高的山，于是他走到山下，又去爬那座更高的山。当他爬到第二个山头时，又发现了同样的情景，于是他又去爬另一座更高的山。就这样，他自己都忘记爬了几座山的时候，天已经快黑了，药篮里却还空空如也。可是还有一座更高的山正在远处……

在职场中，很多人就像故事里的小和尚，因为觉得自己所从事的职业不是理想中的职业，于是便“身在曹营心在汉”，对眼前的工作马马虎虎，一心想着跳槽。其实，他们这种想法，只不过是心态在作怪罢了，因为那山未必一定高。

无论出于何种原因，跳槽都是万不得已之时才可以做出的举动。然而，如今越来越多的年轻人把这个不应该轻易使用的方法，随随便便就拿出来用了。

当然，人最好是能拥有自己理想的职业，从事自己感兴趣的工作。但世事难预料，人们从事的职业往往并不理想。如果是这样，那你就一直不负责任地混下去吗？果真如此的话，你恐怕连眼下的工作也保不住，很快便会落入失业的大军。

最明智的做法是，调整你的心态，对这份不大喜欢的工作也要有敬业精神，因为这个工作对你、对社会都是有利的。

或许你是因为不了解这份工作的意义才不喜欢它的。当你真正投人了、了解了、熟悉了，也许你会热爱上它的。如果你最终发现它不适合你，你就把它当做你的新的职业或工作的预备课好了。预备课你也要认真读，哪能敷衍了事呢？

一定要三思而后跳

在当今的职场中，忠诚已经变得越来越稀缺了。许多公司花费了大量资源对员工进行培训，然而当他们积累了一定的工作经验后，往往一走了之，有些甚至不辞而别。那些留在公司的员工则整天抱怨公司和老板无法提供良好的工作环境，将所有责任全部归咎于老板。但是，实际上，在管理机制良好的公司，跳槽现象也频繁发生，员工同样也不安分。

因此，我们不得不将视线转移到员工本身的心态上来。结果发现，大多数情况下，跳槽并非公司和老板的责任，更多在于员工对于自身目标以及现状缺乏正确的认识。他们过高估计了自身的实力，以及对那些向他们频频挥手的公司抱有过高的期望。

当这种风气蔓延到整个商业领域时，许多具有一定忠诚度的员工也受到传染而投入跳槽大军中，使整个职业环境不断恶化。

缺乏忠诚度、频繁跳槽直接受到损害的是企业，但从更深层的角度看，对员工的伤害更深。无论是个人资源的积累，还是所养成的浮躁的习惯，都会使员工价值有所降低。这些人对自己的内心需求没有认真反思。对奋斗目标没有清晰的认识，自然无法选择自己的发展方向。

人一生恐怕要走几条路，才能实现自己的目标。从职业的角度看，难免要调换几种工作。但是这种转换必须依托于整体的人生规划。盲目跳槽，虽然在新公司收入能有所增加，但是，一旦养成了这种习惯，跳槽不再是目的，而成为一种习惯。

著名银行家克拉斯年轻时也不断变动工作，但是他始终抱有一种理想——想管理一家大银行。他曾经做过交易所的职员、木料公司的统计员、簿记员、折扣计算员、出纳员、收银员等，试了一样又一样，最后才接近自己的目标。

他说："一个人可以有几条不同路径到达自己的目的地。如果能在一个机构里学到自己所需的一切学识和经验当然很好，但大多数情况下需要经常变换自己的工作环境。面对这种情况，我认为他必须懂得自己想做什么，为什么要这样做。如果我换工作仅仅是为了每周多赚几块钱，恐怕我的将来早为现在而牺牲了……我之所以换工作，完全是因为现在的公司和老板无法再给我带来更多的教益了。"

"此处不留爷，自有留爷处。"人们在跳槽时如此潇洒，但是真正面对工作时又是如此无奈。一个频繁转换工作的人，在经历了多次跳槽后，发现自己不知不觉中形成了一种习惯：工作中遇到困难想跳槽；人际关系紧张想跳槽；看见好工作（无非是多挣几个钱）想跳槽；有时甚至莫名其妙地就是想跳槽，总觉得下一个工作才是最好的，似乎一切问题都可以用转移阵地来解决。这种感觉使人常常产生跳槽的冲动，甚至完全不负责任地一走了之。

久而久之，自己不再勇于面对现实、积极主动克服困难了，而是在一些冠冕堂皇的理由下回避、退缩。这些理由无非是不符合自己的兴趣爱好啦，老板不重视啦，命运不济啦，怀才不遇啦，别人不理解啦等，幻想着跳到新的单位后所有问题都能迎刃而解。但事实是，等他们跳到新的公司之后，才发现这些问题并没有解决，反而变得更糟糕！与其事后后悔，不如三思而后跳。

影响跳槽频率的原因所在

在职场中，“骑驴找马”的意思是先就业再择业，近两年来，这一观念在高校毕业生中非常流行。据中国青年报报道，2006 年，中国人力资源开发网和《大学生就业》杂志承担的“全国大学生就业现状及发展”的调查显示，先就业再择业的态度成了多数毕业生的首选。在接受调查的 3456 人中，有 44．2% 的 2006 届毕业生持这种态度。

当跳槽越来越成为一种时尚，成为一种不能称之为趋势的趋势，是否有人想过，为什么会有如此频繁的跳槽，影响跳槽频率的真正原因是什么？

初入职场水土不服，骑驴找马

很多刚刚走进职场的大学生，对于人生对于职场没有明确的认识，很容易在一时冲动下走进一个考虑并非周全的环境下，开始一份自己并不喜欢的职业。

大四女生张灵正坐在地铁上翻看同学们推荐的求职“圣经”——一本名叫《骑驴找马》的书。今天下午要面试的工作并不是她理想中的“骏马”，可是为了留在北京，她只能“骑驴看唱本，走着瞧”了！

华农食品质量安全专业的冯国鹏站在广州雨润肉类食品有限公司前排队。由于是农科类专场招聘会，前来参会的毕业生并不算多，他已经投出了 6 份简历。之前参加的多场招聘会，已经有一家保险类企业对他开了绿灯。

“我们班有不少同学都已经有了就业意向，但还没有签约，要等一等，看还有没有更好的机会！”小冯说。

冯国鹏的同班同学小何，之前去过东莞应聘过一家超市的储备干部岗位，也已经拿到了 offer。而华农包装工程专业的小杨，刚刚结束实习回来参加招聘会。虽然因实习耽误了很多场次，但还是非常值得的。因为他们专业很多同学，都是在实习过程中被企业接收的。同样，小杨和她实习的那家东莞纸箱包装公司，已经达成了就业意向。

华南农业大学动物科学学院负责人介绍，该院今年有97名本科生和研究生毕业，目前已经有60多名毕业生手里有了offer，甚至有40多名学生手里不止一个offer。

“今年整体就业难，很多大学生珍惜每一个就业机会，无论是边远山区，还是到基层农村，很多大学生都没有拒绝。”这位负责人分析，这也是很多大学生求职顺利的一个原因。对于毕业生“骑驴找马”的行为，这位老师也表示理解。毕竟，求学多年，找什么样的工作，对学生来说不是一个小事情。许多大学生要继续找一找，期望能找到最满意的机会。

“就业期望值不断降低，也使大学生和家长意识到，教育投入与产出不合理。所以一旦有了机会，他们会重新考虑这个问题。”这位老师说。

没有大的发展空间

发展空间的缺乏是造成职场人士焦虑并产生跳槽意向的主要原因之一。具体来看，不同的人有各自“难念的经”。有的技术人员在车间一干就是几年，从来没有挪过“窝”，有的经理助理整天在一大堆杂事中迷失了方向，甚至有的中层管理人员也会在“升职的天花板”下望“顶”兴叹。跳槽，往往成为这部分人选择的出路。可是跳槽并不“包治百病”，越跳越糟的人也为数不少，那么怎么跳、往哪里跳才能跳出发展空间？

目前直奔三十的Hellen在求学路上可谓是步步高升。先是念了电子专业的专科，专科毕业后读了电子成教本科，同时还自考了工商管理的本科。可以说在学业上Hellen的付出得到了很好的回报。与她一帆风顺的求学之路相反，她的职业却总在低水平徘徊。

大专毕业后，Hellen先到一个日资电子工程公司做了一年的绘图员。这种独坐小隔间、埋头苦干、十天半月不跟人打交道的工作让Hellen苦不堪言。再加上公司本身规模不大，前景也不是很好，于是一年不到，她就跳槽到了另一个规模稍大的日资电子企业，由于专业背景和之前的工作经历，Hellen刚进去的时候只能重操旧业。但是Hellen对这类技术员的前景并不看好，因为虽然他们顶着工程师的头衔，但实际上工作的技术含量并不高，因此也很难做出什么成绩。她的很多前辈在一个职位上一呆好几年，除了薪水有所长进之外，其他的几乎一成不变。要有出头之日，非要跳出这个小圈圈不可。于是Hellen等待着转岗的机会。

功夫不负有心人。没过多久，总经理办公室就有一个行政助理的位置空缺，得知此事的Hellen马上申请换岗，经过一番考核，Hellen如愿以偿。原以为这次换岗会换来一个广阔的天地，谁知道总经理助理听起来好听，可实际上像个杂务处理员，技术含量更加低，也学不到什么有意义的东西。长期这样做下去，只会导致竞争力的衰竭。危机感重重的Hellen在失望之余，想到了用跳槽来寻找发展空间。可是往哪里跳？Hellen想向服务行业的管理职业转，可是，是不是适合自己？如果适合的话什么是最佳的切入口？鉴于前几次失算的教训，Hellen决定先找专家做个职业咨询。在朋友的推荐下，Hellen走进了赫敦职业顾问工作室。

工作方法不得当，屡屡碰壁

很多人在工作中不能找到合适的方法，结果导致很多的机会被错过，导致工作没有前途，晋升无望，薪酬太低，直接影响工作的热情和态度，这时候自怨自艾是没有用的，关键是要改变自己的工作方法，实现平步青云的腾飞。

任何一个渴望成功的人都会对自己的职业有很大的展望，有很好的规划，什么时候会实现什么样的目标，五年一小步，十年一大步，到什么时候要实现什么样的远景都是步步为营的，并且在工作方法上还很有自己的一套，如何更好的开展，已经在自己的工作岗位上摸索出了一套完全适合自己的方式方法，这样的时候不成功完全是不可能的。

在美国现代企业界里，与人洽谈生意能以最少时间产生最大效率的人，就是金融大王摩根。摩根每天上午9点半准时进入办公室，下午5点回家。有人曾对摩根的资本进行过计算：他每分钟的收入是20美元。但是，摩根本人认为还不仅仅是这些。除了与生意上有特别关系的人洽谈外，他与别人谈话绝不超过5分钟。

在一般情况下，摩根总是在同一间很大的办公室里，与许多员工一起工作。他不是一个人呆在房间里工作，这样更便于他随时指挥手下的员工，让他们按照自己的计划去做事。假如你走进他的办公室，会非常容易找到他，但是如果没有什么重要的事，最好不要见他，因为他是绝对不会欢迎你的。

而且，摩根能够准确地判断出一个人前来的目的到底是什么。当你跟他说话时，一切转弯抹角的方法都会失去效力，他能够立刻判断出你的真实意图。这种卓越的判断力使摩根每天节省了大量宝贵的时间，有些人本来就没有什么重要的事情要洽谈，只是想找个人聊天，而这会浪费摩根许多重要的工作时间，摩根对此一直恨之入骨。

正是因为摩根如此的有时间观念，如此的有规划，这样的工作方法使他的工作顺风顺水，取得这样的成就自然也就不足为奇。那些工作方法不得当的人，这个时候要为自己检讨一下了。

工作生活没办法平衡

人生的规划众多，考研、创业……

北京师范大学的小张，是08年毕业生，7月份找到一份出版社的工作，班上了一两天，“那边的环境实在太糟糕，于是我放弃了工作，准备再考研，我不甘心。辞职的那天，我脑子里都是空白的。我父母好多朋友都说我不该这样做，在这个时候，我真的很无助。之前想创业的，可是一没经验，二没资本，三又有风险，谈何容易，做了很多思想斗争，决定还是考研。”

为了创业，我放弃了中石化高薪工作

创业是我人生最大的梦想，我想用自己的梦打造属于自己特色的精彩生活。

2000年，中石化第一批主业买断工龄时，我毫不犹豫加入了下岗者的行列，把工作岗位留给更适合需要一份工作的人，那时很多人都说我傻，提着银子都进不了的好单位，却让我轻易的做出决定买断关系。但我不这么认为，我有梦想，我要用人生剩余的时间来实现人生梦想，让我的人生没有遗撼。

买断工作关系后，一时间就变成了下岗失业者，成为国家最低生活保障享受者，我想，这不是我要的，我要创业!! 靠自己的双手勤劳致富，靠自己的智慧打一片自己的天空。走自己的路，一切让时间证明。

当时，看中一个行业，开了间商铺，专供企业设备上用的润滑油品，开始联系客户，接货送货，经营一段时间后，因资金周转失灵，客户回款形成了没有规矩的规矩，就是先供货，进第二批货回第一批货款，被迫无奈情形下，为了将风险降到最低，我的商铺不得已而关闭。第一次下海创业就这样画上了句号。

其后，为了学习更多的经营之道，积累人脉和资本，我参加了当地保险从业工作，一般保险公司增员艰难，创业者听到保险行业，逃得比谁都快。但我相信，越是难做的行业，就越是人才做的行业，越是别人不愿意做的行业，就越有机会成功，难做的行业不仅仅可以磨练人的意志，锻练人的能力，也可以培养人的思维。那个时候，我自己主动找到保险公司，说明我的想法，当时就办理了入司手续，投入到保险从业者行列中。

保险工作一做就是几年，几年来不断成长不断进步，也取得了理想的成绩，得到了公司几次外出旅游的奖励，但个人创业的梦想也在与日俱增、与日膨胀，我在保险公司完成了人生创业的基础功课。

保险工作几年后，我依然忍痛割爱，交出在保险公司手中的所有客户（每月客户续约，佣金也是一笔高薪），为了创业，我清楚，有舍才会有得。

2005 年，第二次踏上创业的列车，这一次，我清楚的认识到，不到列车终点，绝不中途下车!!!!

这样的例子几乎比比皆是，每年因为考研、创业放弃工作的大有人在，不得不令人深思，这样做究竟是对还是不对?

空有能力，无处施展

古往今来，不乏有才华横溢、努力敬业却得不到领导赏识的怀才不遇者，在现代公司中，也常有这样的人，明明为公司做出了卓越的贡献，却总是与提升的机会失之交臂，扮演着被领导遗忘的角色。

怀才不遇者需要反思自己是否自视过高了，是什么心理会使自我要求过高，和自己的童年经历是否有内在的联系？有相当一部分怀才不遇者，在童年常常是被父母忽视的孩子，或是与兄弟姐妹竞争父母的爱的失败者。

“我不是爸爸妈妈最喜欢的孩子，但我要努力证明自己”是这些人的一句潜台词，这样的孩子成年后往往具有“自恋人格”的特点：一方面非常奋发努力，渴望获得承认，另一方面由于缺乏对领导意图的领会能力等原因，难以获得领导的赏识，无意中重演了童年被否定被忽视的命运，这在心理学中称之为“强迫性重复”。

每个人的专业不同，做事风格不同，于是在职场中发挥的效能就不同，但是，如何使自己的才能得到最大的施展，让别人看到你的才能，不再茶壶煮饺子—肚子里有但是倒不出来呢?

这样的情况同样是很多人关心的也是不能克服的，因为这个原因辞职的人也不在少数，这越来越成为相当一部分人辞职的原因所在，如果真的因为这个原因辞职，那真的是有点冤啊!

不懂得更好的做人

公司员工小 B：

因为生意应酬，常摆些酒席宴请。是求人的时候多，酒席也就隆重些。我从不吸烟，就像别人也都不吸烟似的，于是席间常常忘记拿烟给客人，席散之后，常发觉有的客人不欢而别，忙问原因，有交情深的朋友说：“你就缺几包烟钱?”我呆楞片刻，而后苦笑：“这次又白花了钱”。

刚入机关时，闲暇好习书法。某一日，新任局长喝完接风酒经我办公室，见我正在写字，便郑重其事的批评我：“上班时间不能写字，想练等退休以后再练”。隔一日，办公室接宣传部通知例行标牌上街，其主任找我帮忙。我对曰：“局长说了，让我退休以后再练字，那牌子三十年以后我再替你写吧。”后此言传至局长耳里，局长冷颜对我，主任嫌我拿架。我苦笑：怎么做都是我错。

好友约我喝茶闲聊，热情地说起此事。好友教育我说：“你做过机关，谙熟官场，又专业经商，应精于此道，怎么越来越不会做人了?”我听后苦笑：“我怎么知道？大概是鬼多了，人便不好做了。”

你是否也遇见过这样的情况，不会做人，那又该如何做人呢？这值得我们深思啊！

与上司冲突

LINDA调到目前的采购部副部长岗位已有3个月，可是她越来越感觉现在的上司不喜欢她，甚至在排挤她，有些重要的她完全胜任的工作不交给她，只是让她处理一些次要的任务。“这个新上司是我一个好朋友的老公，以前也比较熟。按说我们的关系应该是比较近，应该比较信任。但我总感觉工作起来很不舒服、很苦恼！尽管之前换过很多部门，但工作氛围都比较融洽，也从没有对自己在与人相处方面有过怀疑，可是面对现在的上司还真不知怎么做，真是想跳槽！”

这样的时候你会如何选择？也是要跳槽吗？

同事关系紧张

同事是与自己一起工作的人，与同事相处得如何，直接关系到自己的工作、事业的进步与发展。如果同事之间关系融洽、和谐，人们就会感到心情愉快，有利于工作的顺利进行，从而促进事业的发展，反之，同事关系紧张，相互拆台，经常发生磨擦，就会影响正常的工作和生活，阻碍事业的正常发展。

小赵是一所著名大学中文系毕业的才女，曾在报纸杂志上发表过不少作品。毕业后很顺利地进入一家大型出版社做编辑，由于才华出众，很受领导的器重。

但她是一个喜欢独来独往的人，从来不主动帮助别的同事，也不会和同事打成一片。她成了公司里唯一一个把别人“孤立”起来的人。

有一次，同事小肖让小赵帮忙做一个文案，小赵毫不客气地回绝了。这样的情况发生了一次又一次，小赵在同事心目中的印象越来越不好。等到她遇到问题向别人求助的时候，遇到的全是冷冰冰的面孔，不得已小赵只好自己解决。但结果可想而知。

后来事情传到上司耳朵里，久而久之上司对小赵也有了看法，她在整个公司的人缘一下子跌到谷底，工作业绩也不如以前了。

从小赵的例子可以看出，不善于与同事和谐相处，最终的结果会对自己不利。同事之间的关系如何更好的处理，确实需要下一番功夫。

当工作变成一根鸡肋

公司员工小 A：

对公司的事情一目了然，对公司的发展也心知肚明。现在已经越来越不能忍受了，不想上班，不想工作。因为我知道我现在纯粹是在浪费时间，可是我现在的样子，跳槽是完全不可能的，朋友那边的公司也没有弄好，而我也不可能闲在家里，老公的收入还不足以支撑家里所有的开支。我们还要为以后的生活考虑，突然间，心情变得很郁闷，每天这么无所事事，并不是我想过的生活。看着每天来应聘的人，真觉得我们在害他们。越来越讨厌老板，整一个大骗子。

我目前的工作就是，每天报到，然后上网闲逛，偶尔还玩玩游戏。有工作的时候做一下，没有就等着下班。也许有人会羡慕我这样的生活，但是我知道长久下去绝对不是一个好现象。对我以后的发展也绝对没有好处，虽然我没有很大的事业心，但是我也自知没有做全职太太的福气。总归要继续工作的，但是目前的状态让我自己都非常的不满意。每天来到公司，我的心情沉入谷底，我不知道我每天该干什么。老板叫我做的事情，我也打心眼里不愿意去做，就给他拖着，因为我知道所有的都会是无用功。

我现在真的不知道何去何从，是该继续忍受，还是放弃这根鸡肋，但是放弃以后，我不知道我该如何过完今年。

现在的环境下，像小 A 这样的大有人在，很多人在进入职场后时间或短或长都可能觉得工作变成鸡肋一般，食之无味，弃之可惜，这样的现象多到无法计算……

晋升无望

李为担任深圳一家合资企业的人力资源部经理已经有 4 年了。无论是企业文化还是工作或者是同事关系都让他很喜欢，虽然 4 年里自己一直没有晋升、加薪，但他也没有计较。最近人力资源总监离职，他想总该轮到自己了，但他并未能如愿，空降兵的落地打破了他的升职梦。这让他很郁闷。4 年的人力资源经理工作，让他感觉自己的工作能力并没有得到更多的提高，这一次梦想的破灭，让他开始无比厌烦自己的工作。但是工作时间这么长了，与同事们也有了很深的感情，加上薪水还算不错，虽然跳槽的想法在他心里不知道翻了多少遍，但总在思想斗争中无法下定决心。每天坐在办公桌前的疲惫感几乎使他崩溃。

所谓人往高处走，水往低处流，长久的晋升无望必然会挫伤一部分人积极的心态，消磨掉他们的工作热情，但是这时候一定要跳槽吗？

薪酬太低留不住人

广东东莞天源手袋厂老板潘仲卫一见记者就大倒苦水，潘老板一再强调流失的 200 多工人不是裁员，而是自己回去的。

潘仲卫经营的手袋厂主要业务是给迪斯尼贴牌生产包，由于是内销市场，基本上影响不大。潘仲卫说，春节前就有几个工人要求结账提前回去过年了。正月初六开工时，二楼 100 多个机位只有 25 个工人，即使到了 2 月 7 日，仍只有 80 多个工人。

近年来工厂始终存在招不满工人的情况，工厂应有 600 人，但每年都只能招到 400 人左右。仲卫说，工厂没有实行底薪制，完全是计件工资，每天早晨 7 点半开工，晚上 9 点半下班，中途休息 3 个小时，每天工作 11 个小时。每月工人可休息两天。有人一个月能拿 3000 元，有的只有 700 元，平均每月能拿到 1500 元。“哪里工资高，工人就往哪里走，我们这种加工行业不可能给出高薪，对于老板和工人，薪酬永远存在矛盾。”

每个人生活的标准是不一样的，如果薪酬超出接受的底线，那么如何能够留住人呢？

换工作，并不能改变被动的局面

人们在工作一段时间之后，总是很容易陷入一种被动的局面。他们被动地上班下班，被动地完成老板交待的任务，似乎纯粹是为了工作而工作。

要想改变这种局面，唯一的出路，就是从改变思维开始：观念决定出路；无法改变别人，就改变自己。改变自己的思维，改变自己的心态，当你学会从另外一个角度去看待问题时，你所有的困惑将会豁然开朗。

跳槽，并非就能带来更大的发展空间

在生活中，常常遇到这样的人，他对自己的工作充满了抱怨：

“盼了一整天，我真的是盼了一整天，从早上起床的那一刻开始，屁股还没离开床，我就在盼望着下班了。唉，没办法，完全是当一天和尚撞一天钟，当个任务来完成，混口饭吃。”

“每个周末我都欢呼雀跃，每个周一我都垂头丧气。每天早上我都万般无奈，每天下午我都像强迫症似的盯着时间看。”

“这跟以前的我完全是两个人，没有朝气，没有活力，死气沉沉，唉，都是因为这份工作，这份让我越做越厌烦的工作。没有一点创造力，没有一点想象力，能做的就是工作工作再工作。我想骂人！”

……

我们周围到处充斥着这些抱怨。身为上班族的你，是否常陷于这些永无止尽的梦魇之中？你可曾想过，除了换一个工作、换一个老板之外，还有什么方法可以让你永远摆脱这些梦魇？

其实，绝大多数人并非天生喜欢抱怨。他们在初入职场时对一切事务都抱有新鲜感，满怀工作热情，可不久以后就会对工作中程式化、标准化的内容感到厌倦，从而养成眼高手低，好高骛远的心态。当好高骛远的愿望落空时，只好牢骚满腹，最终选择换工作。

在前面也讲过，跳槽并非万能药，通过跳槽，获得新的平台，它不一定就会给你提供更大的发展空间。在前面说到频繁跳槽的马楚成，就是最典型的例子。很多根本性的问题，是无法通过跳槽来改变的。

记得有一个乌鸦搬家的寓言故事，说的是一只乌鸦经常忙碌地搬家，鸽子疑惑不解地问："这树林不是你的老家吗？你干吗还要搬家呢？"

乌鸦叹着气说："在这个树林里，我实在住不下去了，这里的人都讨厌我的叫声。"

鸽子带着同情的口气说："你唱歌的声音实在难听，所以大家讨厌你。其实，你只要把声音改变一下，或者闭上嘴巴不要唱歌，别人就不会嫌弃你。如果你不改变自己的叫声，即使搬到另外一个地方，那里的人还是照样会讨厌你的。"

工作中，常有人像上面一样抱怨，说这说那如何如何的不好，所以就想换个工作环境，以此来改变尴尬的境遇。但是他们却很少反省，自己在职场的不如意，究竟是自己的因素，还是别人的因素所造成的。如果像乌鸦，问题是出在自己身上，不改变自己，你就永远陷入郁闷的泥潭，不能自拔。也惟有改变自己，才能解决根本性问题，否则不断地转换工作只能是对生命的浪费。

改变自己，就能改变局面

一桶新鲜的水，如果放着不用，不久就会变臭；一名优秀的员工，如果不能经常改进自己的工作，很快就会被时代淘汰。因此，每天走进办公室之前，我们都应该清理一下自己的思路，想一想"今天我应该在哪一方面改进自己的工作？"、"我还需要学习什么知识？"或者"我哪里可以变得更好？"

如果能很快找到这一系列的答案，你就可以从容面对崭新的一天了。

周强大学毕业后在一家大公司打工，虽然公司里人才济济，自己也只不过是个毫不起眼的小职员，但一直在为自己的未来做着储备。他不断充电、学习，并着手改进自己的工作，使之更有效率。

当大家按部就班地工作时，他却发明自己独特的工作方式，更有效率地完成每一项任务。不久，他就因成绩突出崭露头角，得到了上司的肯定，并被迅速提拔。但周强并不因此满足，他变得更加努力。随着新的创意不断浮现，他在不断地增强自信，也在创新着工作方式。

事实上，他是把工作当作一个项目来经营，并以实际行动向大家表明：我热爱我的工作，我会做得更好，我会创造更好的成绩！

周强有着良好的工作心态，因此他能够不断改进自己的工作。而我们周围很多人，总是抱着得过且过的心态来对待自己的工作，从未想过自己的工作还能更有效率，常常被工作弄得焦头烂额，却始终不明白问题究竟出在哪里！

其实，如果你的工作状态不能尽如人意，或者繁忙的工作搞得你手忙脚乱，这就说明你的工作需要改进了。作为公司的一名职员，只有不断地从学习中吸收新思想，不断地提升自己的思考能力，才能够在工作中获得不断改进的方法。

也只有善于自我改进、自我超越的人，才会警觉到自己的无知及能力的不足，才能不断地发展自我、完善自我，向成功的目标迈进。下面有八项要点，告诉大家如何改进你的工作。

1. 注意劳逸结合。否则一味苦干，迟早将因不堪重负而累倒。尽量去除紧张情绪，莫钻牛角尖，对于无法解决的事情不妨暂时搁置一旁。

2. 热爱你的工作。如果从心底厌恶自己的工作，做起事来必将事倍功半，难以顺利成功，所以必须热爱你的工作，愉快的心情可以极大地提高工作效率。

3. 制定完整的工作计划。在每一个阶段开始之前，务必制定完整的工作计划，并循序完成每一个步骤。

4. 切忌急躁。做事须冷静地一步步完成，一旦想要在短时间内完成过重的工作，整个心事将无法安定下来，如此则不但乱了手脚，甚至导致错误百出。

5. 保持良好的工作态度。如果一开头就抱着得过且过，或多一事不如少一事的工作态度，那么任何工作做起来都寸步难行。

6. 掌握必要的知识和技巧。所谓“知识就是力量”，有了正确的知识与技巧，则任何事均可轻易完成。

7. 学会调整情绪。面临工作的挑战，放松心情，不要勉强自己在恶劣的情绪下做事。

8. 今日事今日毕。今天的事情一旦耽搁到明天，势必越积越多，最终难以继续完成。

“今天，我应该在哪里改进自己的工作?”如果你能在工作中把这句话当做自己的格言，它就会产生巨大的作用，如果你随时随地地要求自己不断改变、不断进步，你的工作能力就会达到一般人难以企及的高度。

总之，没有一个公司喜欢墨守成规、不思进取的员工。员工如果将不断改进作为工作的一种习惯，将会受益无穷，因为一名不断改进的职员，他的魄力、能力、工作态度、负责精神都将会为他带来巨大的收益。

积极主动，让工作快乐起来

一个人事业成功的秘诀，就是让工作快乐起来，因为快乐可以感染别人，也会增强你面对困难时的信心。只有最佳的精神状态才能发挥最大的潜能。让工作快乐起来吧，即使你遇到了巨大的困难，你也要保持微笑。

不是每个人都了解，精神状态是如何影响工作的。但是我们都知道没有人愿意跟一个整天提不起精神的人打交道。没有哪个老板愿意提拔一个精神萎靡不振、牢骚满腹的员工。

优秀的员工懂得让工作快乐起来，而不像许多员工那样把工作当成苦劳役。他们与普通员工的心态真是截然不同，因此，他们在工作中取得的成就也就大不相同。

当我们让工作快乐起来时，我们就会自然而然进入一种最佳的状态。设想一个热爱工作、干劲十足的员工，和一个被动的甚至讨厌工作的员工，他们的效率和成绩该有多大的不同?

刚刚进入公司的员工，自觉工作经验缺乏，为了弥补不足，常常早来晚走，斗志昂扬。他们就算是忙得没时间吃午饭，依然很开心，因为工作有挑战性，感受也是全新的。

可是，这份激情来自对工作的新鲜感，一旦新鲜感消失，工作驾轻就熟，激情也往往随之湮灭。不知何时，一切开始变得平平淡淡，过去充满创意的想法消失了，每天的工作变成了应付了事。既厌倦又无奈，又很茫然，也不清楚究竟怎样才能找回曾经的激情。在老板眼中，你失去了往日的光彩。

在这种情况下，保证你工作激情的有效方法是保持对工作的新鲜感。

要想保持对工作恒久的新鲜感，首先必须改变只把工作当成谋生手段的观念，要把自己的事业、成功和目前的工作连接起来。

其次，保持长久激情的秘诀，就是给自己不断树立新的目标，挖掘新鲜感；把曾经的梦想拣起来，找机会实现它；审视自己的工作，看看有哪些事情一直拖着没有处理，然后把它做完……

在你解决了一个又一个问题后，自然就产生了一些小小的成就感，这种新鲜的感觉就是让激情每天都陪伴自己的最佳良药。

“让工作快乐起来”是你责任心和上进心的外在表现，这正是老板期望看到的。所以就算工作不尽如人意，也不要愁眉不展，要学会掌控自己的情绪，让一切变得积极起来。

著名心理学家查理·琼斯说：“如果你对于自己的处境都无法感到高兴的话，那么可以肯定，就算换个环境你也照样不会快乐。换句话说，如果你现在对于自己所拥有的事物，自己所从事的工作，或是自己的定位都无法感到高兴的话，那么就算获得你想要的事物，你还是一样不快乐。”

总之，每天快乐地去迎接工作的挑战，以最佳的精神状态去发挥自己的才能，你就能充分发掘自己的潜能。你的内心同时也会变化，变得越发有信心，你的价值也越发得到别人的认可。

换种思维看工作，并非想象得那么糟糕

如果你懂得凡事换种角度思考，你就会觉得豁然开朗，工作并没你想象的那么差劲。也许看似平淡的工作中，有你意想不到的亮点。当你从工作中感受到充实、快乐、成就感等等积极的因素时，你的人生必将进入一种全新的境界。

停止抱怨，工作不是一件苦差使

有个人，整天对人抱怨自己的工作有多糟糕。

有一次，他又向一位智者诉起苦来：“你知道的，世界上再没有比工作更折磨人的事情了。”接下来自然又是一大堆的抱怨。

“请原谅，”智者打断他的话说，“据我所知，工作可不像您说的那样，它并非是一件苦差使。”

“你在说什么呀?”这位满腹牢骚的先生叫了起来，“工作可不就是件苦差使吗?”

“你错了，”智者静静地看着他，接着说，“工作应该是一种幸福的差事，我们有什么理由把它当作苦役呢?”

“是吗，也许你的工作是那样。”这可怜的人苦笑道，“可是我的工作太枯燥了，我实在感觉不到有什么幸福可言!”

“你又错了，”智者认真地分析说，“其实，问题并不是出在工作上，而是出在我们自己身上。如果你本身不能热情地对待工作的话，那么即使让你做自己喜欢的工作，一个月后你依然觉得它乏味至极。”

那位先生若有所悟，开始静下心来认真思考关于工作热情的问题。

其实，工作并不只是谋生的手段。当我们把它看作一种快乐的使命，并投入自己的热情时，上班就不再是一件苦差事。工作是为了自己更快乐！做快乐而又成功的工作，是一件多么合算的事啊!

爱默生曾说：“有史以来，没有任何一件伟大的事业不是因为热情而成功的。”一个热情的人，无论是做清洁工，还是当公司经理，都会认为自己的工作是一项神圣的天职，并怀着浓厚的兴趣。

工作热情是成就一切的前提，事业成功与否，往往取决于做事的决心和热情的工作态度。在工作面前，拥有非成功不可的决心和满腔的工作热情，困难往往迎刃而解，终将取得优良的工作业绩。

有个美国记者到墨西哥的一个部落采访，这天是个集市日，当地土著人都拿着自己的物产到集市上交易。

这位美国记者看见一个老太太在卖柠檬，五美分一个。老太太的生意显然不太好，一上午也没卖出去几个。这位记者动了恻隐之心，打算把老太太的柠檬全部买下来，以便使她能高高兴兴地早些回家。

当他把自己的想法告诉老太太的时候，她的话却使记者大吃一惊：“都卖给你？那我下午卖什么？”人生的最大的价值，就是对工作有兴趣。

然而，在职场中，像卖柠檬老太太那样，对工作充满热情的人并不是太多。恰恰相反，就像我们前面提到的那位先生一样，很多人把工作视为苦役，他们早上一醒来，头脑里想的第一件事就是：痛苦的一天又开始了……磨磨蹭蹭地挪到公司以后，无精打采地开始一天的工作，好不容易熬到下班，立刻就高兴起来，和朋友闲聊之时总不忘诉说自己的工作有多乏味，有多无聊，如此周而复始。

IBM 前营销总裁巴克·罗杰斯曾说过：“我们不能把工作看作为了五斗米折腰的事情，我们必须从工作中获得更多的意义才行。”

我们得从工作当中找到乐趣、尊严、成就感以及和谐的人际关系，这是我们作为职场人所必须承担的责任。即使你的处境再不如人意，也不应该厌恶自己的工作，世界上再也找不出比这更糟糕的事情了。如果环境迫使你不得不做一些令人乏味的工作，你应该想方设法使之充满乐趣。用这种积极的态度投入工作，无论做什么，都很容易取得良好的效果。

寻找你的工作“亮点”

“敬业”、“主动”一直是企业对员工的期望和要求，老板们也在不遗余力地倡导和鼓励这种精神。可令人困惑的是，当对员工进行这方面主题的培训后，员工的精神状态也确实在短期内发生了变化，但过了一段时间，他们又恢复了老样子。于是只好不断地再培训，结果再复发，然后再培训……

为什么敬业精神不能持久？为什么员工很少能自动自发地去工作？

其实，这都是人们对待工作的心态在作怪！因为他们在工作中，由于各种原因，无法体会到胜利感和成就感，也无法在工作中体会到乐趣。工作毫无乐趣，又怎能培养起敬业精神和自动自发的工作态度呢？

有些人虽然明白他是在为自己工作，可仍然讨厌工作，从而在工作中提不起精神。这是因为他还没有找到工作的“亮点”。这个亮点，就是工作能让他满意的地方，也就是工作的乐趣所在。

美国石油大王洛克菲勒在写给儿子的一封信里，这样说道：“亲爱的孩子，如果你视工作为一种乐趣，人生就是天堂；如果你视工作为一种义务，人生就是地狱。”

这是积极的工作心态，相信每个人都能从中受益。

找到工作“亮点”的人，能积极地对待工作，并努力学习与工作有关的知识，以便能更加熟练地掌握工作技能，从而获得更大的成就感。

相反，对工作“不满意”的人，则紧紧抓住他们的消极心态，好像他们宁愿处于不愉快的精神状态中。他们专门寻找能抱怨的每一样东西：工作时间太长、午餐时间太短、老板太执拗、公司没有给足够的假日或奖金等等。他们在工作上以及在生活中都是不愉快的人，消极的心态完全占有了他们。

能否发现工作中的“亮点”，与所做的工作种类无关。如果你想有愉快和满意的心情，你就得控制你的心态，从消极心态的一面翻转到积极心态的一面，这样你就能找到一些方法和方式创造幸福。

如果你能把幸福和热情带到你的工作环境中去，你就会作出少有的贡献。如果你使得你的工作饶有趣味，你就会用微笑和高效表达你对工作的满意。

微软的招聘官说：“从人力资源的角度讲，我们愿意招的‘微软人’，他首先应该是一个非常有激情的人：对公司有激情、对技术有激情、对工作有激情，他们可能给你带来许多意想不到的成果。”

如果你在工作中找不到自己喜爱的部分，你就很难具有这种激情。这时，你可考虑是否是以下原因造成的：也许你并不想换工作，只不过是要找一个新方向。反思一下，你是否喜欢工作中的自己？若答案为否，你能做一些改变吗？

如果不能改变工作，或者说，变换工作后仍然没有效果，那就需要改变你自己了。检讨自己为何对现有的工作不满意，这样会加强自我实现的意志，从而知道自己真正在做什么。

爱工作，等于爱自己

如果你问一个人：“你是否热爱自己的工作？”

那么他十之八九会回答你："不！事实上，我对现在的工作感到厌倦！"

也许就是因为这个原因，每天都会有人突然间辞职、调换工作等。但人们转换工作方向后，难道就会快乐了吗？事实恰恰相反，烦恼依然如影随形。究其原因，人们从来只是把工作当成一种谋生的手段，而不是一生的事业。他们每天上班下班，却没有明确的奋斗目标。

如果一个人不懂得热爱自己的工作，那他注定难成大事。

比尔·盖茨说："你可以不喜欢你现在的工作，但你必须热爱它。只要坚持热爱，平凡的工作也会有伟大的成就。"

假如一个人做什么都做得敷衍塞责，不求甚解，在一个团队中滥竽充数，同事和上司都不会喜欢他。因为他对工作漫不经心，得过且过，既谈不上专长，更谈不上业绩了。反过来，一个热爱工作的人，情况就会大不相同，因为他们对工作的热爱和执着，会使他们成为专家，也会成为同事及老板们所喜欢的人。

在一个世界500强企业的工厂里，有一个很特别的车间，这个车间的工人个个无精打采。

原来，这个车间是整个工厂中最脏最累的一个，每个被分配到车间的人，都认为自己很倒霉。所以，这个车间的工作效率也就可想而知了。

有一天，公司总裁突然到这个车间来暗访，并对这里的状况很不满意。总裁正准备离开，却发现一个小伙子显得异常快乐，他充满活力，不时地招呼他人，甚至高兴起来还吹起了口哨。

"年轻人，你为什么这么快乐？"总裁不解地问他。

小伙子一边忙碌着，头也不抬地回答道："因为我热爱这份工作！"

总裁很受感动，因为他深知，那些自认为自己倒霉的人，决不会热爱工作的。

热爱工作是一种信念，人们怀着这种信念为自己的理想奋斗着。更重要的是，我们劳苦的最高报酬，不在于我们获得多少钱，而在于我们因此会成为什么。那些头脑灵活的人拼命劳作决不是仅仅为了赚钱，使他们保持工作热情的东西比金钱更为高尚：他们在从事一项迷人的事业！而这项事业，也必将结出丰硕的果实。

当然，我们热爱工作，并不是要成为一名工作狂，更不是过劳死！而是要求人们为自己的工作负责，并且在上班时间全力以赴，高效率地去完成任务。

真正热爱工作的人，一定会不断改进自己的工作，使之成为一种艺术。这样，我们不但不会过度劳累，还可以轻松工作，并且取得意想不到的成就。

从某种意义上说，爱工作就是爱自己，就是对自己负责。这是因为，我们只有从内心深处热爱工作，才能在工作中释放自己的热情，从而获取巨大的快乐和成功。

附录：你会煎鸡蛋吗?

通常你会把鸡蛋煎到以下哪种状态呢?

A. 太阳蛋（一边煎熟，一边半熟）

B. 两面都煎熟

C. 将蛋打散再煎

D. 乱煎一通

A 你很在意一家公司的气氛和环境，对你而言只要是外表光鲜亮丽的公司，不管什么工作，只要让你觉得在那里出入很露脸，你就会冲动的想去上班，所以想挖你墙角的，不妨让你看看公司的规模，再耍点嘴皮子，马上就可水到渠成。(门面不美的公司，就别想了。)

B 做事稳当是你的特长，凡事你都会按部就班去做，而不想走一些捷径，相对也反映在你跳槽的指数上，你并不会主动的想要离开旧东家，除非发生重大事件，或公司一直对你存在不满的事，不然你就是老死公司的那一种，跳槽指数低。

C 虽然你做事也很实在，只是工作时常跟着情绪走，造成成绩有起有落，很难维持在同一标准上，一旦你决定要离开公司，不管有没有人挖墙角，或是有没有失业的危机，你的心态就是“大爷要走就是要走，谁也留不住”，新的公司只要对你的味就会成功。

D 你是一个八卦招收站，每次一听到关于公司的一些非议，自己就会紧张兮兮，不安于事的想要跳槽；建议，除非你有专业的技能，否则依你这样朝三暮四的个性，没有哪个老板受得了！

带着憧憬、带着幻想，经过
多日奔波和选择，终于有了自己人生的第一份工作。
你的人生揭开新的篇章。从校园到工作岗位，进入社会角色的转换：承担繁重的工作责任、面对复杂的人际关系，眼界更加开阔，社会知识更加丰富，责任和压力也更加繁重，一切都在瞬间与以前大不相同，但突然地变化，开始让你水土不服。这个时候就不能一再的要求环境适应你，只有你去做调整，才能真正的融入大环境，才能有所作为。

职场如战场，适应是关键

良好的第一印象

职场礼貌不可少

职场勤奋更重要

不要挑企业 毛病”，尽快适应新环境

将远大理想与脚踏实地工作结合起来

把工作当事业来做

职场十忌要注意

良好的第一印象

卡耐基指出：“良好的第一印象是登堂入室的门票。”此话说得很对。我们通常在和人初次见面时，都会在不知不觉中就给对方戴上“此人很不友善”，“此人很直爽”之类的帽子。这是拿对方跟自己已有的经验相对照，并以其体格、外貌、服装等为基准，而对对方产生的一种观念。如果对对方的第一印象不太好的话，就很难修正对方给我们的第一印象。

根据美国心理学家亚瑟所作有关第一印象的研究中指出，在会面之后所得到的有关其人的印象，往往与今后所形成的印象相一致。

因此可见，一个人的“第一印象”是非常重要的，别人对你，或你对别人都是一样。第一印象不好的话，如要挽回，就要花很大的努力。因此，在与同事初次接触中必须注意这点。

初到一个新环境，人人都有紧张、陌生之感，但只要抓住人人都爱先入为主这个特点，从“一开始就树立良好的第一印象”这条策略入手，这个问题就比较容易解决了。

你和同事萍水相逢，互不了解，而你的尊严却首先毫不客气地作为第一信号打入了对方的眼底。机敏的人仅在这一瞬间已凭着心理定势给你对号、打分了。而且这种自我经验又极其固执，人们总是最相信自己的最初判断。有的人费尽心机，却一辈子不景气，有的人却办什么事都那样得心应手，万物顺从，似乎红运天降。其中的奥秘就在于人的整体“形象”起了举足轻重的作用。

只要能正确认识自己，扬长避短，发挥自己独特的优势，形成个人与众不同的风格，就可塑造百万人之中的“这一个”，以各自不同的魅力而引起别人的注意、重视乃至于尊敬。

中国有句谚语：“人靠衣服马靠鞍”，还有一句：“人要衣装，佛靠金装”。就是说衣着对一个人的外表影响非常大，大多数人对另一个人的认识，可说是从其衣着开始的。特别是对办公室人士而言，衣着本身就是一种武器，它反映出你个人的气质、性格、内心世界。

一个对衣着缺乏品味的人，在办公室竞争中必然处于下风。因此，从现在起，立即注重你的衣着。

在多数公司里，往往存在着一套不成文的穿着规例。尤其是行政级人员，选择不多，所以没有人敢标新立异，令自已鹤立鸡群。一旦这样做，意味着这个人离群独处，肯定备受来自上司甚至同事的压力。

你起码需拥有几套西装——其中包括浅蓝色及浅灰色各一套，浅黑也不错，令你显得更具权威。

衬衫方面，白色仍然是最流行最普通的，浅蓝色的也不差。

至于服装的质地，未必要过于高贵，只要能达到整洁、笔挺的效果，也就可以了。

头部：男士头发一定要经常修剪，要保持整洁，不要有头皮屑，更不要蓄披肩发和其它怪发型。要通过头发，给人们干练、庄重的印象。

面部：除非有特殊需要，男士一般不要化妆，更不要使用女性化妆品，脂粉气的男人会给人一种不成熟不可靠的印象。洗脸时特别要注意清除眼角、鼻窝、耳根、脖颈等处的污垢，眼屎、耳屎和鼻涕一定要彻底弄干净。

办公室女性的衣着，可以比男士多彩一些，但也不可过于妖艳，过于妖艳极易被视为“花瓶式”的人物。特别要注意衣着不能过分性感，否则容易令人想入非非，给自已带来麻烦。要举止潇洒，神采奕奕，洋溢着生命的活力，叫人俗虑俱消，使人相形见绌，被你非同凡响的气度摄住。

风度乃气质的外化，它比清秀的面目更有魅力。外形的模仿很难奏效，因为是一种精神上高度的洒脱、自由、无拘无束，无视人间烦恼、俗扰。

万般形态，皆成性格。热情、泼辣、干练、敏捷，也是风度，不必强装风雅、文静、温柔、羞涩。只要有一个中心，真实、自然、谐调，就是风格，都可形成风度。表现适度，都可取得迷人的风采。“人往高处走，水往低处流”。人都有向上的心理，都崇尚有价值的东西，崇拜值得钦佩的人。如果你给他的感觉是个窝囊废、平庸之人，他就觉得没有必要与你浪费时间。所以你就是谦虚也万不可表现得自卑、委琐、自暴自弃、自惭形秽，你必须处处表现从容自信、干练、有条不紊、不卑不亢。要给他这样一个感觉，此人能干，非同寻常，可为我之师，同这样的人交往对我有利！

职场礼貌不可少

初入职场的你，有没有犯过大忌？如果有，你知道自己错在哪里吗？有没有时间观念？懂不懂礼貌礼仪？是不是恃才傲物？会不会太张扬？……如果你很幸运还没有犯错的机会，那也快来听听前辈们的言论，看看自己以后的工作中什么是需要避免的，什么是可以让自己少走弯路的。

时间观念？ 工作效率？

某教育咨询公司市场总监　赵小姐

现在在我们这里做 intern 的一个女孩子是我们在面试过众多人后挑选出来的。名校毕业、拥有诸如高级口译等的王牌证书、校内的学生干部、校外丰富的实习经历，实习单位的 title 都看上去来头很大。面试时候她表现出的谈吐个性也很令人满意，所以刚开始录用她的时候，真的觉得这个女孩子应该很有前途。

可是，我不知道这是职场新人的通病还是她的个人习惯问题，她的时间观念似乎很淡薄。初来上班时还好，没几天就犯了迟到的毛病，一开始几分钟，后来将近十分钟，而且有愈演愈烈之势。我当面跟她提出指正之后，她好了一段时间，不久后就又开始迟到了。在工作上也是如此，布置下去的工作，虽然我口头上没说一定要什么时候完成，可是聪明人应该会估量事情的轻重缓急，揣摩得出这件工作应该何时上交汇报。但是她不一样，不催她是绝对不会完工的；即使是催了她，也要超过一定限度的时间才磨蹭出来。我也不清楚她这是本性如此还是为了讲究“慢工出细活”。还好，只是一个 intern，以后招收正式员工的时候看来一定要仔细挑才行，慢性子的员工真是不好养。

另外，初见陌生的新同事，不要看见对方似乎冷淡、高傲便望而却步，不敢唐突热情。

要知道“日疏愈疏，日亲愈亲”，相信自己的热情能融化任何冰山雪岭。了解新环境的最有效方法便是主动出击，热情袭人。对方不是石头，必受感染，即使先有冷漠，也一扫而光，觉得与你“似曾相识”，“生人”的距离顷刻而破。

称呼，往往是待人接物时说出的第一个词，它好像是一个见面礼，又好像是进入交往大门的通行证。称呼得体，可以使对方感到亲切，交往便有了基础。称呼不得体，往往会引起对方的不快甚至愠怒，双方陷入尴尬境地，致使交往梗阻甚至中断。

那么，怎样称呼才算得体呢？这要根据对方的年龄、职务、级别等具体情况和交往的场合，以及双方的关系来确定，不可能有统一的固定形式。

初来乍到，一切都是陌生的，多观察、多思考、多探听、少说话是尽快适应新环境的最明智之举。

假如你知道同事们对新来的你都颇感兴趣，却又故作平静地在一旁观望你的方方面面时，你会如何给人家正确的印象？

先要多听，听会让你确定别人想要什么。他希望留给你什么印象？是希望你喜欢他，还是受尊敬？

同意他的特定观念，你就可创造出你想要的印象，你可以强调他怎样让你印象深刻，你多么喜欢或尊敬他。不久之后，他会让你意识到，哪些是他喜欢在别人身上发现到的态度和想法。

而最好的步骤，就是去找什么是他认为最糟糕的印象，而去避免它。

一般而言，事先你就要知道要给人的好印象是由哪些组成，还要知道什么会弄糟了它。大部分在想给人好印象上遇到麻烦的人，不知道人家期待他们什么，他们对这件事太马虎。很少人在知道别人期待他什么之后，还不知道怎样在某种状况中采取行动。通常只要花点时间就能了解，最好用耳朵听。

要决定什么是人家期待你的态度，就得考虑：

（1）新同事是什么样的人。

（2）新同事的目标为何。

（3）他害怕什么。

做一个针对他的目标的计划，把他的恐惧也考虑在内，首先避免讨论他们。

要制造出最好、最持久印象的方法，就是去找那些和你兴趣一致、志同道合的人。

要接近一个难以取悦的人，就不要冒犯他。这意味着你应该试着让他解释他的态度、意见和评语，当他们与手边的问题有关时，你不一定要同意他的看法。假如你不能，就不要假装你同意。但是，要很耐心地听别人怎么讲，让人感觉你在赞成他。记住这种人无论什么情况下，对你都十分猜忌，随时都准备好要指出你缺乏真诚的地方，如果他真挑到了，你就再也没有机会说服对方任何事了。

如果你想让人相信你是真的同意，就不该假装同意，但至少也不要明摆着坚持反对的态度。相反，应该表明你没有确定，需要知道更多情况，对方会乐意告诉你更多。不要想让别人对你印象深刻，只鼓励他继续说下去，表达更多他的感受。他说得愈多，你对他的了解就愈清楚，再过一段时间之后，你就有可能同意他某些与你接近的想法，以及利用倾听的力量，来改变他的立场。

一般而言，人们喜欢以他们想要的方式来看别人。大致而言，人们把别人分成两大类：他们“像我”或“不像我”。无论是用统御、控制、赢得争辩、处理、领导、教导或其他影响别人的方法，首先都得先了解有哪些特质会使对方符合“你我”的这一类别。

只有在你了解到“像我”这样的标准对对方的意义时，你才有希望接近他。要创造出一个胜利者的风度，就是要让别人相信，你们彼此有很多共同的地方。

职场勤奋更重要

在一个理想的环境下，某件工作可能需要三星期去处理，实际上，上司可能希望你立即完成，却没有提供足够的培训，所以应随时准备多学点东西，赶期限可能要加班，甚至把工作带回家做。在许可的情况下，可寻求同事的协助，但切忌把同样的问题发问多次有必要时应将重点记下以帮助记忆。

八十年代的职场新人，太多的优越感让他们忽略了很多的缺陷和不足，找不到适合自身发展的职业方向，“眼高手低、嘴到手不到又懒惰”，因此，踏实勤奋就变得尤为可贵！

一家外企公司，招聘了一个名校毕业的新人，能说会道，优越感极强，很引人注意力，结果一段时间试用下来，发现此人工作不踏实，碰到繁琐的工作能躲便躲，惰性极强，很快就被淘汰。后来，另外招聘一个非名校毕业的新人，诚恳、踏实而且很勤奋，很快适应了环境，目前在那家公司发展也比较好。

这个例子更好的诠释了天道酬勤那句话，这是历经实践检验亘古不变的真理。一个站在原地望洋兴叹的人收获的永远是空虚和落寞，只有勤奋踏实学习的人才可能真正的收获知识。爱迪生说过：“世上所有有价值的东西，没有不经过艰苦的劳动而得到的。所有取得成功的人，无一不是勤字为先。”大凡获得发展、成功的人士无不经过漫长的奋斗，闪烁着勤的光彩。

天才在于积累，聪明在于勤奋，勤能补拙。京剧大师梅兰芳生着一双死鱼的眼睛。天资的欠缺使他更加努力，他眼睛每天仰望天空，双眼紧随飞翔的鸽子，穷追不舍；他每天紧随遨游的金鱼。后来他的眼睛变得如一汪清水，顾盼自如，脉脉含情，终成戏剧大师。梅兰芳年幼时不是天才，没有神童式的头脑，他因为勤，所以获得成功。勤能弥补某些方面的不足，让你带上隐形的翅膀，到达属于你的那份幸福。我国著名词学研究家夏承焘曾经有一句耐人寻味的话：“笨字从本，笨是我治学的本钱。”从这句话中，我们能体会到：笨不是耻辱，懒惰才是最大的不幸。因此，勤能补拙是良训。

勤能使人进步，一勤生百巧。齐白石年轻时，听了老管家的提议，挑了一担础石回家，夜以继日地刻。当一担础石统统“化石为泥”，他的篆刻艺术达到炉火纯青的地步；韩愈读书时，经常是口中不断吟诵《六经》，手中不停地翻阅着各种典籍，“焚膏油以继晷”。这不是“天下无难事，只怕有心人”吗？从韦编三绝，囊萤映雪，到墨水瓶挂在脖子上，无一不体现出天才出自勤奋。

而对于一个走入社会时间不是很长的人来说，勤奋绝对是你更好的掌握技能的不二选择。下面两个例子也能很好的说明问题。

学习和成长的机会

这份工作对于李凡宇来说简直是优中之选，新闻专业出身的他“杀”进某中央级媒体。很多从业人员的毕生追求就是拥有他工作开始的平台。该满意了吧！

但刚刚入职两个月，他的失落感却在不断增加。

在李凡宇描绘的工作场景中，他仿佛又变成了一个小学生，什么都得从头学起。每天的工作就俩字“学习”——学习如何用打印机、学习如何发传真、学习如何走最近的路线把一份文稿送到另一个部门……所有琐碎的事情没有一件和业务相关，李凡宇硬生生被整成一个杂工。

“是真把我当成‘蘑菇’了。”李凡宇自嘲地说。一位人力资源管理专家告诉记者，“蘑菇理论”认为，将初出茅庐者安排做打杂跑腿的事情，让他受到批评和指责，从人才培养的角度，有利于他抛却幻想，更加务实，尽快成熟。这种理论将职场新人比喻成蘑菇，“到一个新的环境总是要有一段时间忍受潮湿阴冷的角落”。

惠普公司前董事长卡莉·费奥利娜的第一份工作就是在一家地产投资经纪公司做接线生，她的工作是接电话、打字、复印……到 1998 年，她已经是“美国商界最有权力的女性”。

这是李凡宇常常用来安慰自己的一个经典案例，“卡莉的成功让大家发现，任何事情都能让你学到不少东西，关键在于你是否选择了学习。”

“一开始就能找到感觉，说明这个人没什么上进心”，李凡宇身边也有新来的同事，“有工资拿又轻松，领导还不管，觉得非常舒服”，不像他似的“一身劲使不出来”。但李凡宇始终相信自己必须要有一个积累的过程，才能融入到单位中去，“把握和利用身边的学习环境，机会不经意间就会来了。”

一位资深媒体人，在和几位即将迈入职场的新闻实习生讨论这个问题时说，从学校的练习场进入职场的真正跑道，每个人都会多少有不适应的感觉，但这是成长必经的一步。“因为从入职那天起，你们面前的这个社会，终于不再像你们从小熟悉的家庭、学校那样，以你们的利益为中心，而是以组织、社会的发展为目标了。”

她认为，入职期一切不成熟的心理都该抛弃，开始不适应不代表以后发展不好，感觉良好也可能是个陷阱，青年人应以平常心来代替极端的正负情绪。

“不要苦闷，因为你现在经历的，以后都不会有了，要珍惜学习和成长的机会和时间。”一位参加工作多年的网友留言。

“我愿意加班”

因为清闲，马媛媛在大四那年的5月16日辞掉了她的第一份工作。没有考虑过多的后果，只是想着“两个月的实习期那么清闲”，“觉得自己在那里真是很浪费时间”，“我都不知道自己将来能做什么了，而且工作一点都用不上专业，很没有成就感”。

这一年7月，马媛媛南下广州，在一家外贸公司开始了新的职场生涯。“现在觉得太累了，每天都要加班一两个小时，有时候周末也要加班。”

“我愿意加班，自己做好自己的工作。”马媛媛随即补充道，“只要不是别人的工作没做完要我陪着加班。”

虽然自嘲“清闲的时候非常想找点事情做，现在很忙的时候又想清闲”，马媛媛也一点没有为当初的决定后悔。“我认为上班的时间就是工作，工作就是做些有实际效果的事情。广州这边的工作虽然辛苦一些，但是我知道自己的工作是有意义的：可能领导的一句表扬或者客户的称赞都可以给我带来些安慰和自豪感”。

这些只是一些小例子而已，我们要说的就是，初入职场的你，因为环境需要适应，工作需要磨合，必然会有很多不能适应的地方，这时候最好的解决方法就是要多学习，让自己勤于思考，勤奋摸索，唯有如此才能更好的适应环境，适应身边的一切，让工作更快的进入正轨。

伟大的事业根源于坚韧不拔的工作，以全副精神去从事，不怕困苦，勤能出佳果。马克思艰苦奋斗40年写出《资本论》阅读了不计其数的书刊；司马迁从20岁开始四处漫游，足迹遍及大半个中国，写下了不朽著作《史记》。可见，任何一项成就的取得都离不开勤。

纵观古今，哪一项事业不是经过人类辛勤的汗水赢得机遇，创造财富呢？要坚信：天下无难事，只要勤在先。只有经过勤的光彩，才能取得成功。

一勤天下无难事，只怕心中无勤意！

不要挑企业“毛病”，尽快适应新环境

陌生的环境，陌生的同事，如何才能在第一时间消除隔阂，迅速和周围的人熟悉起来？又该如何更好的适应环境，不让它成为自己前进途中的障碍？

作为八零一代，怎样才能顺利完成从“学校人”到“职业人”的转型的过渡过程，与企业融合、与同事融洽？在转换的过程中，有很多功课要做，其中，最关键的有以下三点适应：

1. 心态适应，不要看企业“浑身是毛病”

小萌毕业后，来到一家中型企业工作，在同学中，算是出来较早的一个。刚来那几天，充满着好奇，充满着骄傲。可是没几天，开始不喜欢这个企业了，觉得与自己理想中的企业相差太远，好多事情都与自己设想的不一样。说管理正规吧，自己看还有好多漏洞，说不正规吧，劳动纪律抓得又太严，自己觉得很不舒服。于是，心态变坏，感到不愉快。与一个同来的伙伴常发牢骚，说：这个企业怎么浑身是毛病，干得真没意思。不知怎么传到上司耳朵里，还没等到小萌对这个企业真正有所认识，就被炒了鱿鱼。开始小萌还满不在乎，觉得反正自己也没看好他们，走了无所谓，可是，当她再次在求职大军中奔波了三个月，还没找到好于这样“浑身是毛病”企业的时候，她心中才感到有些后悔，心想如果下次再有类似那样的企业接纳自己，一定接受教训，好好干。

来到一个新的单位，最重要的是心态要好、角色认知，迅速适应企业、融入企业。很多新人在进入公司后，会被分配到一些不是很适合自己，自己不擅长的位置，或者用学生的眼光看待企业，接受不了企业的规章制度，或者用书本上学到的管理知识来套企业现状，都会使自己心态变坏，没有耐心去了解企业和被企业了解。如果一上班就看到企业这里不好，那里不足，就看到上司太严厉、同事不热情，还忍耐不住说出来，那就惨了，那就会与企业和同事都格格不入，被上司纳入试用期不合格而把你剥离出局。

每个企业都有自己的优势和劣势，每个同事都有独特的优点和缺点，要多看到企业能够给你的一面，看到企业和周围同事能让你学到的东西，这样就会干劲十足。最重要的是学会忍耐，千万不要用你的习惯去改变环境，而是要学会入乡随俗，适应新的环境。不管进入的公司如何，只有两个选择：要么在忍耐中逐步快速融入，快速了解公司环境、上级、同事。最后，在企业对你认识和了解后，找到你适合的位置；要么就是走人。在竞争如此激烈的今天，在自己还没有任何工作经验的时候，显然，前者更加可行。所以，要学会磨练自己的心理素质，包括认知素质、情感素质、意志素质与个性素质。在这些素质中，认知素质影响人的智力发展水平、思维水平，情感素质、意志素质影响个人的成就动机、情绪的管理水平，个性素质影响人的气质和人格特征。

2．工作适应，找回在 Ctrl 中消失的工作激情

小刚在学校是个好学生，学习不错，成绩优秀。可是，自从来到公司后，觉得虽然业务不难学，但是工作担子太重，累得喘不上气来。原来自己最喜欢的电脑也变得不可爱了。整天坐在电脑前进行“人机对话”，通过键盘把自己想说的“话”输入给电脑，电脑通过显示屏把自己的劳动成果输出给自己，没有表情、没有微笑。整天长时间坐在计算机桌前，两眼直视着屏幕，双手不停地敲击键盘，Ctrl + A、Ctrl + X、Ctrl + C、Ctrl + V，工作枯燥，重复劳动，而且饮食不规律、睡眠质量不高，经常要面对电脑辐射、熬夜加班、腰酸背痛、筋疲力尽。心里总想当逃兵，可是当同学集会知道各个都很疲劳的时候，又感到没有退路，只能干下去，可是工作激情渐渐消退。小刚对同学说：Ctrl 的含义就是 C（Ctrl）t（踢倒）r（热情）l（了）。

近年来，随着企业经营环境的发展和人才市场供求结构的变化，越来越多的职场人感到了更大的竞争压力。在这种情况下，工作压力必然加大，对于在职场上打拼多年的白领都越来越难以应付。一个初入职场的新人，面对工作压力，只能咬牙挺住，而不能退缩，不能逃避，大学生在过渡过程中要靠自己的

努力，别人只能帮你，而不能替代你。具有更强的承受压力的能力，以及根据现实环境调整自己期望和心态的能力就显得尤为重要。

最好的办法就是以最快的速度熟悉业务，并在工作中摸索窍门，掌握经验，这样，就会轻车熟路、熟能生巧。在做好本职工作、积累职场经验的同时，要积极为职位提升和下一份工作做准备。储备应该具备的职业技能、核心竞争力，利用空余时间提升自我。学会珍惜时间，与企业的磨合需要时间，积累经验也需要时间，具备竞争力同样需要时间。谁珍惜时间，抓住时间谁就能跑在前面。当你“硬着头皮、咬着牙”挺下来，有了工作业绩，你的激情自然回到你的身边。

3．人际适应，学会与人相处

小琳是个让父母骄傲的独生女，从外貌到学习都很不错，性格直爽，开朗活泼。可是，工作后，直爽成了缺点，在给主管提了点意见后，明显感到得罪了那个大家都称她为“八婆”的女主管。整天面对脸色乌云密布的主管，觉得在主管眼中，她都没有对的地方。心中虽然也知道自己大事不妙，在试用期出错，等于宣布了职位的死刑。可是不知道如何才能挽回。好想走掉算了，可又舍不得这个不错的企业。小琳首先与自己的师傅们沟通，虚心讨教妙招，在老人们的指点下，她主动找主管承认错误，希望她能原谅，给自己机会。通过与主管沟通，主管的脸色虽然还没有多云转晴，可是小琳已经从试用期死刑改为延长试用期了。小琳也明显感到，这个面包干一般的女主管，心肠原来也是很热的。要是真的走掉了，双方将永远失去相互了解和理解的机会。

年轻人容易将事情看得简单而理想化，在跨出大学校门之前，都对未来充满憧憬，初出校门的大学生不能适应新环境，还喜欢提上几毛钱合理化建议。以至于碰了壁还莫名其妙、不知所措。往往又会产生一种失落感，感到处处不如意、事事不顺心。

学会有效沟通：初入职场，表现得不要过于封闭，需要尽快学会与人合作、沟通，有效地进行沟通是职场的重中之重。也不要表现得过于张扬，引起大家反感。

职场新兵应该清楚，公司是要你工作的地方，不是学校，一切要服从上司的安排。“金无足赤，人无完人”，再好的上司也不可能有你想象的那么完美。对上司先尊重后磨合、对同事多理解慎支持，与上司和同事多沟通、相互多了解，这样就配合默契，不容易产生误会了。少看领导的缺点，不管他的缺点多少，她现在就在决定你的命运。学会忍耐是上策，学会妥协，向职场妥协、向现实妥协，将会柳暗花明、峰回路转。委屈的泪水，难解的困惑，会凝结出辛酸的经验，使你成熟、理智，获得的积累将是你职业生涯中一笔宝贵的财富，使你求得机遇，求得发展。

将远大理想与脚踏实地工作结合起来

适应了新环境就要赶紧把工作推向正轨，这个时候就需要将远大理想与脚踏实地工作结合起来。脚踏实地，是一种认真严格、一丝不苟的品质。脚踏实地做好每一件事，这样日积月累，终能有所收获。在生活中一鸣惊人的成就往往很难获得，只有做好每天的事，一步一个脚印前进，这样，虽不是较快达到目标的巧妙捷径，但它却是成功的必由之路。

很多年轻员工恨不得刚出校门，就希望明天能当上总经理；刚创业，就期待自己能像比尔·盖茨一样成为富人之首。要他们从基层做起，他们会觉得很丢面子，甚至认为他的老板对他简直是大材小用。尽管他们有远大的理想，但缺乏对专业的了解和丰富的经验，也缺乏脚踏实地的工作态度。

脚踏实地是一个职场人士所必备的素质，也是实现你加薪升职、成就一番事业的关键因素，自以为是、自高自大是脚踏实地工作的最大敌人。你若时时把自己看得高人一等，自以为处处表现得比别人聪明，那么你就会不屑于做别人的工作，不屑于做小事、做基础的事。

因此，每个职场中的人要想实现自己的理想，就必须调整好自己的心态，打消投机取巧的念头，从一点一滴的小事做起，在最基础的工作中，不断地提高自己的能力，为开始自己的职业生涯积累雄厚的实力。

有这样 则寓言故事：

一位农夫养了一只驴子和一条狗。驴子每天日出而作、日落而息，工作非常卖力而且辛苦；而那条狗整天吃饭、睡觉，无所事事，惟一的工作好像就是当主人回家时，摇头摆尾的跟前跟后，反而得到主人的喜爱。想到这些，驴子不禁自怨自艾起来。

伤心的驴子满腹委屈，不得已向狗儿请教取悦主人的办法。狗儿虽然骄傲却也不吝赐教，他指导驴儿说："这很简单啊，你只要学我在白天时好好养精蓄力，待主人回家休息后，谄媚一点，投怀送抱，主人就会对你另眼相看了！"

驴子恍然大悟，对狗儿的赐教感激涕零，决定言听计从。翌日白天，驴子便呼呼大睡，好不容易等到月落西山，主人从外面归来，驴子终于鼓起勇气学狗一般朝向主人胸怀扑了过去……

主人见状，大吃一惊，心里紧张地想："这头懒驴，今天八成是疯了，白天不干活也就罢了，竟敢趁着天黑袭击我！"于是取出猎枪瞄准驴子，毫不犹豫地扣下了扳机。可怜的傻驴就这么被一枪毙命，呜呼哀哉。

相信读过这则寓言后，您会替那头傻驴而惋惜不已。对于初入职场的年轻员工来说，这则寓言所能带给我们的启示是非常实用的。一个人只有爱上了自己的职业和岗位，他的身心才会融合在职业工作中，才能在自己的岗位上做出不平凡的事业，"干一行，爱一行"说的就是这个道理；另一方面，由于社会、历史、机遇等原因，人们可能对目前的工作岗位不太满意，但是这绝对不能成为不敬业的理由。因为从某种程度上来说，敬业更是一种精神。即使是不喜欢干某件事，但敬业的人仍然能够将它做到最好。

千里之行，始于足下。敬业要求做到脚踏实地，先把眼前的工作做好。大事业之成功，是要彻底解决眼前的问题。很多人的失败就在于总是幻想一些所谓的远大的目标，而对自己眼前的工作和职务看得过于简单，以为不值得他用全副的精力去干。任何宏伟的目标必须分解成若干个小的目标和计划，一步一个脚印地去完成每一件"小事"。"不扫一室何以扫天下"，不能干小事的人注定也干不成大事。无数的事例证明，大多数优秀的企业家们往往也是从基层做起的。不同的是，这种注定将要成功的人士，他们无论处于什么职位都能够尽心尽力将自己的工作做到最好。驴子是不值得同情的，因为它缺乏这种起码的敬业精神。

上世纪70年代初，麦当劳看好了台湾市场。其总部决定先在当地培训一批高级管理人员。他们选中了一个著名的年轻企业家。经过几次商谈，他们还是没有最后定下来，最后一次，总裁要求该企业家带上他的夫人来。在商谈的最后关头，总裁问了一个出人意料的问题："如果我们要你先去洗厕所，你会怎么想？"他沉思不语，但心里在想：要我一个小有名气的企业家去洗厕所，大材小用了吧！面试陷入了尴尬，是他旁边的太太打破了尴尬："没关系，我们家的厕所向来都是他洗的！"就这样他通过了面试。

但他没想到的是，第二天上班总裁真的让他去洗了厕所。直到后来他当上了高级管理人员，看了公司的规章制度才知道，原来麦当劳训练员工第一课就是先从洗厕所开始的，就连总裁也不例外！

现如今，高学历的年轻求职者比比皆是，在这些高学历求职者身上，我们看到的往往更多的是一些傲气和浮躁，而缺少的是一种从底层开始的务实精神。并不是说要所有的求职者一开始都去洗厕所，但从基层干起还是有必要的。创维集团人力资源总监王大松就曾这样说："年轻人只有沉得下来才能成就大事。无论你多么优秀，到了一个新的领域或新的企业，都要从基本的岗位干起，了解情况，积累经验。一走出校门就只想搞策划、搞管理，可是你对新的企业了解多少？对基层的员工了解多少？月薪不低于一万，在任何企业都是相对重要的岗位了，在这样的岗位上要承担巨大的风险和责任，稍有闪失，对企业造成的损害都不是小数目。没有哪个企业敢把这样的位置让刚刚走出校门的人来掌握，那样做无论对企业还是对毕业生本人都是很危险的事情。"

有句格言说得好："我们每个人在一个特定的方向都有一定的天分，而在其他方面我们则完全缺乏任何天分。"这就是红叶子理论：个人职业的成功不在于红叶子的数目有多少，而在于是否具备一片特别硕大的红叶子。这片红叶子不是与生俱来的，需要个人的不断努力，准确地识别。巴菲特非常推崇罗斯福总统的一句话："脚踏实地，根据自己的能力做自己能做的事情。"

很多人把希望、梦想和自信等同起来，以为自信就是不切实际，无论任何事情只要相信自己能够做到就能达到目标。其实这是对自信的误解。你相信长生不老吗？你相信你真的能够移山吗？你相信自己可以做总统吗？这些问题看起来好像很可笑，然而很多企业和职场人士实际经常也会犯下类似的错误。例如时下有不少企业动不动就将"打造世界一流企业"标榜为公司的愿景；有些职场中的年轻员工不顾自身条件，好高骛远，这山望着那山高，一心想求得更高的职位或是高薪报酬，结果高不成低不就，这样的例子实在是太多了。

俗话说："万丈高楼平地起"，年轻人往往充满梦想，这是件好事情。但年轻人还需要尽快懂得：梦想只有在脚踏实地的工作中才能得以实现。许多浮躁的人曾经都有过梦想，却始终无法实现，如果盲目的自信，以为自己可以一步登天，这样空有一腔热血，怀抱一些不切实际的抱负反而对自己是有害的，最后只能剩下牢骚和抱怨。

把工作当事业来做

获得某份工作以后，如果你能将工作当成自己的事业，那么就意味着你已经成功了一半。然而不幸的是，许多年轻员工并没有将工作和事业划等号，在他们眼里，找工作、谋职业只不过是为了赚钞票、混日子而已。

比尔·盖茨说过："如果只把工作当作一件差事，或者只将目光停留在工作本身，那么即使从事你最喜欢的工作，你依然无法持久地保持对工作的激情。但如果把工作当作一项事业来看待，情况就会完全不同。"

现实生活中，幻想着自己能够轰轰烈烈干大事、创大业者不乏其人，而能把普通工作当事业来干的人却是凤毛麟角。每个人都希望有发挥自己才能的愿望，并且希望受他人的认可、尊重、称赞，达到自我价值的实现，而只有把工作当事业，才能吸引别人，发展和完善自己。

把职业当作事业，是所有优秀员工的共同特征。从事卫星上天、计算机研制的科学家们是如此，在平凡岗位上奋发进取的马班邮路乡邮员王顺友、新时代产业工人的楷模许振超们亦是如此。这样的优秀人物便是我们年轻员工航行于职场当中的一座座灯塔。

王顺友是四川省木里县邮政局马班邮路乡邮员。1985 年，走了一辈子马班邮路的父亲把他手中的马缰绳交给了王顺友，那年王顺友才 20 岁。从此，王顺友走上父亲走过的路，一走就是 20 年。

王顺友每天往返的马班邮路是处在高山和峡谷之中，那里人烟稀少、气候恶劣。许多时候都只能露天宿营，在山岩底下、草地上、大树底下搭个简易的帐篷就睡。一路上，先要爬山，翻海拔4000多米的察尔瓦雪山，气温在零下十几度，冷得要命；下山走到海拔1000多米的雅砻江河谷，气温40多度，又热得要命。饿了就啃几口糌粑面，渴了只能喝几口山泉水或吃几口冰块。最苦的是雨季，常常摔得浑身是泥，夜里也只能裹一块塑料布睡在泥水里。到了晚上，山里更是静得可怕。

王顺友说："其实，这些年来我最难受的是觉得对不起我的家人，特别是对不起妻子和父亲。但我不能对不起邮路上的父老乡亲。高原上的各民族兄弟，都讲究做人要实在、诚恳、厚道，这条邮路虽然充满艰辛与坎坷，但我的工作在这儿，我的事业在这儿……"

王顺友先进事迹报告团在北京及全国其他省市做报告许多场，场场爆满，感人至深。与其说是王顺友的事迹感人，还不如说是他对工作的态度与听众产生了共鸣。

实际上，工作苦了、累了，叫个苦、诉个累本也在情理之中，但若是细究一下，这其中却蕴含着两种对待工作的不同态度：不叫苦的人，也许把他工作中的苦与累当成了通往理想目标的一门"必修课"；而叫苦的人，则可能把它当成了一门自己并不情愿的"必修课"。

时下，许多人对工作表现出非常浮躁，特别是初入职场的年轻员工，敷衍、懒散，不把工作当一回事情。与王顺友相比，很多人的工作条件、工作收入、工作地位等等都要优越得多，但还是有好多人总觉得工作没有激情、没有意思、没有前途。如果此时你想一想王顺友的所作所为，或许你会有所明白什么是把工作当成事业，以及把工作当成事业的美好享受。

新时代产业工人的楷模许振超，就是一位把平凡职业当作事业干的人。他对工作全身心地投入，"干一行，爱一行，精一行"，练就了一个又一个"绝活"；他勤奋学习，刻苦钻研，从一名普通吊车司机成长为名副其实的桥吊专家；他胸怀宽广，团结协作，带出了一支技术精、作风硬、效率高的优秀团队，创造了金光闪闪的"振超效率"，名扬国际航运界。

像许振超一样，把职业当作事业，你自己就会愿做、想做，就会积极主动投入到工作当中，对自己从事的职业产生兴趣，主动钻研，有强烈的求知、求深的欲望和行动，主动增强自己的知识储备，充分发挥自己的潜能，在工作中找到快乐。而那些"按钮"式的员工，天天按部就班地工作，缺乏活力，有的甚至趁老板不在就没完没了地打私人电话或无所事事地遐想。这种想法和做法无异于在浪费自己的生命和自毁前程。

把职业当成自己的事业，首要的一条就是热爱自己的本职工作。试想：如果说一个清洁工人因为无法忍受垃圾的味道，经常发牢骚，那他还能成为合格的清洁工吗？如果说一名车床工人，时常抱怨机器的轰鸣，那么他还怎样成为优秀的技工呢？

在企业中随处可见这样的员工，他们的目标只是想过一天算一天。他们不断抱怨自己的环境，就像是一块浮木，在人生的大海上随波逐流，做事情能省力就省力。他们最高兴的是午餐时间、发薪日以及下班后的时候。他们又混过了一天，回到家，一边喝啤酒一边看电视。

单位每逢加班，总能看见一种“有趣”的现象：一些人即使天天都在加班，经常熬更守夜也不叫苦且乐此不疲；而另一些人即使今天是第一次加班，或是很偶然地加一次，嘴里却叫苦不迭。其实，人性中有很多弱点，如贪图享受、容易满足、回避困难、自轻自贱、盲目乐观、懒散傲慢等等。如果没有把本职工作当事业做的想法，这些弱点可能就会变得很难控制。

一位著名的企业家说过这样一段话：我的员工中最可悲也是最可怜的一种人，就是那些只想获得薪水，而其他一无所知的人。

同一件工作，对于将之当成事业者来说，意味着执著追求力求完美。而对于工作不等于事业者而言，意味着出于无奈不得已而为之。

有一句话说得好：“今天的成就是昨天的积累，明天的成功则有赖于今天的努力。”把工作和自己的职业生涯联系起来，为对自己未来的事业负责，你会容忍工作中的压力和单调，觉得自己所从事的是一份有价值、有意义的工作，并且从中可以感受到使命感和成就感。

工作就是生活，工作就是事业。改造自己、修炼自己，坚守痛苦才能凤凰涅槃。这应当是我们永远持有的人生观和价值观。丢掉了这个，也就丢掉了灵魂。坚守了这个，就会觉得一切都是美丽的，一切都是那么自然。这样一想，工作就会投入，投入就会使人认真。同样，工作就会有激情，而激情将会使人活跃。

据一项调查表明：员工中约占 80% 的人是把工作当工作来全力应付，而这 80% 的人仅仅分得世界上 20% 的财富。而 20% 的员工则是把工作当事业全力以赴，那么，终有一天他一定能成功。上天是公平的，成龙还是成虫，完全取决与自己对工作的态度！

将工作当作工作的人：全力应付。

将工作当成事业的人：全力以赴。

职场十忌要注意

第一：不要认为停留在心灵的舒适区域内是可以原谅的。

每个人都有一个舒适区域，在这个区域内是很自我的，不愿意被打扰，不愿意被push，不愿意和陌生的面孔交谈，不愿意被人指责，不愿意按照规定的时限做事，不愿意主动的去关心别人，不愿意去思考别人还有什么没有想到。这在学生时代是很容易被理解的，有时候这样的同学还跟“冷酷”、“个性”这些字眼沾边，算作是褒义。然而相反，在工作之后，你要极力改变这一现状。否则，你会很快变成鸡尾酒会上唯一没有人理睬的对象，或是很快因为压力而内分泌失调。但是，如果你能很快打破之前学生期所处的舒适区域，比别人更快地处理好业务、人际、舆论之间的关系，那就能很快的脱颖而出。

在会议上，一个停留在心灵舒适区域的人会消极的听取领导的话语，消极的待命，很死的完成上级交给的事情，但从来不关心此事以外的任何事情，更不会想到多做一步，让接下来的别人的工作更加容易上手。而敢于打破这个舒适区域的人，敢于在适当的时候提出自己的看法和不理解，并在得到上级认可和指点之后把手头的工作尽快的完成，随时接受别人的批评和调整。（注意：永远不要等待别人把你的想法说出来，这是典型的前者）

在工作上，当前者遇到一名新的同事，他会装作没有看见，继续自己的工作。殊不知新来的同事不久就变成了自己的上司。而后者则大方客气的自我介绍，并了解对方和自己的关系。

在聚会上，前者总是等待别人发言，并喜欢私下里评论对方的言语；如果这个桌子上没有人发言，那直到用餐结束，也没有人认识你。而后者是勇敢的和一同吃饭的开始介绍和闲谈，这看起来很困难，有时候会有失面子，但往往你会发现，对方是多么希望能和你说几句话。

以上只是很小的几个例子，但是要说明的是，大学生在走出校园的同时就要在工作上把校园中的“随意性”从身边赶走，尽早的冲出自己的舒适区域，开始做好和这个社会交流的准备。

第二：不要把“好像”、“有人会……”、“大概”、“晚些时候”、“或者”、“说不定”之类放在嘴边，尤其是和上级谈论工作的时候。

我十分痛恨听到的一句话是：“我晚些时候会把这个文件发给所有的人”；因为这往往预示着我必须时刻提醒他不要忘记。同样，以下这些言辞也会让人觉得厌恶至极：

“到时候有人会把那些东西都准备好”；

“大概是明天”；

“明天或者后天客户会过来拜访”；

“好像他说……”

一般是人都会这样说话的，因为这样第一给自己留下了广阔的余地，第二也不会给别人造成很大的压迫感，好像什么事情一定要弄个水落石出似的。说实话大学里面再用功的人都有一半是混的。一个人要么是在课堂上是混的，要么下课之后是混的。两个都没有带有混的色彩的人，要么是超级牛人，要么是神经病。就因为人人都在混，所以校园是一个浪漫的地方，校园也容易让人单纯。所以学生社团的工作往往是效率很低的，我现在回想起学校里做的工作，当时还觉得挺卖力的，但工作了之后才开始感觉到什么是效率。当你进入了用金钱计算时间的地方之后，你要尽可能的改掉在学校里养成的这种习惯。如果上级问你什么时候能实施你给他的承诺，而你回答“今晚或者明天早上”这样的答案对于他来说完全等同于你没有回答，并且还给他留下了一个坏印象。（当然，这样的回答往往在学校社团，学生会工作中是常见的）

有一个寓言故事，一只小老鼠刚出世不久，老鼠妈妈问小老鼠：你现在能看见了吗？小老鼠说：能。老鼠妈妈说：那你能看到那块红薯吗？小老鼠说：是的。老鼠妈妈说：那是一块石头，这说明你不但还看不见东西，你连嗅觉都还没有。

似是而非的应答往往一样会暴露出你更多的弱点。你可能会被怀疑为以下中的一个或几个：

1. 你之前没有想到这个工作，或者一直在拖延。

2. 你没有责任心，认为这些并不重要。

3. 你应付上级。

4. 你不敢说真话。

5. 你喜欢逞能，答应一些做不到的事情。

6. 你不能独立工作。

当你的上级在以上选项中怀疑的时候，潜意识中你已经同时具备了以上所有的弱点了。

相反的看来，这样的回答，总是让上司恼火，同时让老板得出这样的结论。

1. 他的问题没有得到回答，只是起到了提醒你的作用。

2. 他依然需要记住提醒你，因为他不知道你是否已经真正落实了工作。

3. 他不知道有多少你已经做了的事情中，都是这样没有落实的。（这点非常致命）

4. 往往因为没有得到满意的答案，上司自己的计划不得不被耽搁或推迟或不能给出明朗的结束时间。

所以——————

甲问：你什么时候能把这个漏洞修好？

乙说：我已经通知他们了，他们大概明天就会来修的。

又一天后

甲问：维修公司什么时候回来，你找的是哪家维修公司？

乙说：好像他们说安排不出人来，如果可以的话，今天晚上或者明天下午就能过来。

一天后

甲问：漏洞怎么还没有修好？

乙说：我晚点再问问他们。

甲说：今天下午之前不解决，明天不用来上班了。

第三：不要拖延工作

很多人喜欢在学习和玩耍之间先选择后者，然后在最后时间一次性赶工把考试要复习的东西突击完成。但是在工作中请不要养成这样的习惯，因为工作是永远做不完的，容不得你“突击”。或者，当你在徘徊和彷徨如何实施的时候，你的领导已经看不下去，自己去做了……这是一个危险的信号。

我们往往总是想把事情从头到尾全部想好了，才开始走第一步……就摔倒了。

举个例子：我小学的时候第一次给我一个喜欢的女孩子打电话的时候，想象了各种情况：1. 她接电话的时候在做作业。2. 她在做作业，她妈妈接的电话。3. 她也很无聊，很想找人说话。4. 她正在被父母训斥。5. 她正在想另外一个男孩。6. 她父亲接电话。7. 她家正好来了什么亲戚，亲戚接了电话。8. 她接了电话，但父母就在身边，说话不方便……。我整整想了一个下午，想好了各种情况的心理准备和应对的策略。然后勇敢地拿起电话机，按下了那几个按钮。结果……她不在家。

所以，当你徘徊不前而手足无措的时候，你要意识到你正在拖延工作。徘徊是因为害怕这个事情可能发生的后果需要自己承担或应付。工作的时候需要一种起码的自信，相信自己有能力，不管下一步是什么状况，我都能把它引导到我需要的那条线上去的。另外，告诉自己，不要想太多时间，如果不知道，就赶快求助，或想办法，苦恼和忧虑会给你更多的压力也会把剩下的时间蚕食殆尽。

另外，提醒一下：永远不要想，我知道了，先把上级派的事情放一下，等这集《越狱》看完再说。……90% 的情况下，你会忘记，或者来不及，因为这件事需要比你原先想象的花更多的时间。说做就做，一直是很好的习惯。

第四：不要认为理论上可以实施就大功告成了！

这点太重要了，往往当真正实施的人开始做了才会发现计划完全等于鬼话。如果不亲自实践，做计划的人会早晚被实施的人鄙视。不断地切实提升自己办实事的能力，而不是空谈。

首先，如果你是做办公室工作的，或者做策划和计划的。请千万不要把你自己都认为不太可能或者很难做到的事情，让别人试试看。比如，用一个下午的时间在人流量很少的地方举办露天歌唱会。这会让执行的人觉得你在玩他，拿他做实验。没错，理论上，在任何地方都能举办歌唱会，但是，在不同的地方，执行的人的心情是不一样的。

其次，和执行的人讨论你的安排。比如，新来的你的下属，你可以安排她坐在任何地方，但是如果那是一个很难和大家接触的角落，这可能比你什么都不安排更差。的确，理论上一个人要坐下来，需要的只是空间。但事实上远远不止那些。

再次，不要奢望一切会随着你的计划进行。理论上这个会议会持续两个小时，但是，这是“不考虑在开场后的30分钟全场都在调试话筒”，或者“场下没有提出如此尖锐的问题”的前提下的状态。大学生已经习惯了把事情做到“理论上看上去很美”的程度。论文、ppt讲演、考试、辩论赛……这些校园智商大比拼，都是教我们如何完美的做好“纸上谈兵”的功夫。你一定要相信自己能“搞定”事情的能力比想象得弱。

如果你是在学校的学生，测试一下自己，能否能搞定以下这些状况：

1. 学校要制作一套校服，由你去寻找供应商，砍价，至少有三家公司的报价。

2. 学校保安抓住一个学生偷窃，怎么处理?

3. 学校的一个很重要路段的路灯坏了，你能否让它三天内继续亮起来。

4. 食堂需要请一位专门烧清真菜的厨师，一周内到岗。

当你开始思考以上这样的问题的时候，你会发现，它的思路和“预测两年这个公司的业绩趋向，做出一个下个季度的市场策划方案”要相差极大。你会发现后者只要你做到“看上去很完美”，没有人知道按照你这样做结果会怎样。而上述的工作你只要一想，就会体会到不少的压力。因为你不处理好，结果就是明显的失败更大的问题就会相继发生。

对了，这种感觉就是“工作”给你的感觉！这就是“工作”和“纸上谈兵”的差别！

第五：不要让别人等你

在任何情况下都不要让别人放下手头的工作来等你。在大学中可能只是同寝室的人的几句半开玩笑的抱怨，在工作上很可能导致你的潜在合作伙伴的丢失。

你在做一个工作的同时要知道别人的进度，而永远不要落后。

这不像是在考试，你比别人做的慢，别人可以先交卷，你到时间了做不完你自己承担扣分的后果。在工作中的情况是这样的：这是一场没有人能做完的考试，所有的人，都分配做一张试卷的不同部分，有的人分到的是阅读理解，有的人做的是完形填空，有的人做的是语法……然后大家做完了相互抄，这样，所有人都做完了。如果大家都把各自的部分做完了，而你却还没有做完，那么做得快的别人会开始做你的那部分题目，然后也是相互抄。慢慢地，大家会发现你的工作量完全可以由别人来代替，整个团队中可以不需要你，这个时候，没有人从你这里得到试卷的答案，也没有人会给你他们的答案……很不幸，你已经没有利用价值了。

请一定记住这个例子。

第六：不要认为细节不重要

在大学里，很多人往往做事粗枝大叶，看看差不多就行了。相反，在企业里管理的精髓就在于将简单的事情做到细节。一个慌忙寻找保险箱钥匙的动作就很有可能丧失你晋升财务主管的机会。

公司的管理，其实需要的并不是把很难的事情做到90%，比如，优化管理层的核心工作流程、改变公司在当地政府面前的形象、提高产品质量、改善工作环境……而管理要做的是把每个简单的事情做到100%，比如，把公司的每个人的档案都按照一定的规律整齐的存放起来、在门卫设立一个外来人员的签到台、把会议室多余的椅子拿走、和电视台讲好下个礼拜三来公司做采访、把试用装送到客户手里、在生产的咖啡上加一个口子、给下一期的封面人物拍照……如此。如果你能把所有细节的问题都如实做到，那你才有开口升职的本钱。

很多人在毕业的时候不知道自己将来要做什么，于是就和自己说：我以后做管理吧！做管理？问一下自己，如果，公司资产被偷窃了，所有员工士气低下，办公室杂乱无章，公司电梯又坏了，打印机没墨了，采购计划超支了，产品滞销了，客户迟到了……你愿意解决这样的问题，并从小事开始做起吗？想好了这些再考虑是否把管理看得太空洞了。

第七：不要表现得消极，仅仅因为你所做的事情不是你的兴趣所在。

很显然，在学生时代，当我们做自己喜欢的事情时，会用200%的精力去创造，但如果是枯燥的事务，我们便懒得理睬，最好能有办法应付过去。但在工作上你所做的80%的事情都是繁琐而看似机械的，如果仅仅为此就表现得闷闷不乐，那么你会郁闷更长时间。要知道你的上司为这个项目已经够烦恼了，你还想让他看到你的表情吗？

学会喜欢自己的工作，并把注意力放在日常工作能学到些什么上去。如果现在你努力的抱怨工作，那么接下来你就是努力的寻找工作。尽量少用“有趣”、“好奇”之类的词语来描述自己想要的工作，而是“充实”、“有成就感”、“乐意”之类。

想想以下职位，你会发现生活中很多工作不是在等你有很好的状态才让你做的很有趣的事情：

1. 高速公路收费口的收费员：每天面对的都是一个小窗口，把一张卡片送出去，这样要持续好几年。

2. 学校食堂厨师：永远在烧大排和鸡腿，烧一年。

3. 作家：交稿期要到了，还在孕育灵感，两个星期没吃早饭了。

4. 外科医生：刚刚睡着，马上叫我做一个 3 小时的手术，这样至少一周一次。

5. 门市部销售：产品不好卖，8 点上班来就坐在店门口，一个人，坐到晚上 6 点，今天没有一个人来，和昨天一样。

6. 公交司机：我开车不用你指挥，这条线路我开了三年了。

7. 宠物商店店员：生意不好，还要一早就过来听着 20 条狗的叫声一整天，听一年。

8. 公司职员：晚上两点下班，第二天还要 8 点上班。关键是路上还要一小时，这样已经一个月了。

再想想自己是不是只是接触了这个工作一个月或者还碰没几到个困难，这个时候抱怨的声音却很大？千万不要想着去选择一个有趣的职业，因为没有那样的工作存在。没有哪一“种”行业是开心的，因为如果有，那所有人都去干那个了。最多试着问问自己本身的兴趣吧。

第八：绝对不要把改善工作能力仅仅寄托在公司培训上

人绝对不可能经过一次培训就脱胎换骨。相反，集体培训上学到的东西往往是最用不上的信息。就像食堂烧大锅菜一样，总没有你最想吃的菜，因为这样做容易，并且不容易得罪人。

很多学生很看重所选的公司有没有培训，这说明，你不但不知道这个公司做什么，你甚至不知道怎样学习这些技能。

我的感悟是如果你不知道怎么学你想要的知识，也不知道你想要的知识是什么，你只会做出两种行为：1．等待别人来教你，并且等待别人发现你不知道的地方。2．寻找现成的答案并且拷贝。期待公司培训的人，就很大概率上是第一种人（不排除极少真正优秀的公司培训）。

许多同学有这样的习惯思维：

因为，这个公司的培训能达到什么什么的程度，

又因为，这个程度正好是我想达到的，

所以我尽力进这家公司，

因为我进了这家公司，

所以它自然会使我达到了这个期望的程度。

我们把参加培训和达到效果很幼稚的画上了等号。其实往往集体培训上所得到的信息是最没有实际操作价值的。永远不要期望单靠听课，靠老师把同样的东西给所有的人，你会得到比别人更多。把更多的心思放在观察和思考自己的需要上，找到问题的所在再通过观察和实践得到的答案才是真正的知识。

所以，刚刚开始工作，什么都不会，不要认为那样是正常的，因为公司还没有培训过呢！等我接受培训之后，我就全都会了。如果你一无所知还等待别人会可怜你的无知而施舍你知识，那你会为你的无知而付出更大的代价。

第九：不要推卸责任

推卸责任是害怕的条件反射。不要认为别人看不出这点。

我记得我小学里的一件事情。有一次作业没有带来，老师训斥我，说：你怎么老是不带作业？

我当时说：不是……当我正要支支吾吾时候，老师说：什么不是？你带来了没有？

我说：没有。

老师说：那不就是没有带！什么不是！就是！

之后我就发现，我只是害怕承担责任而条件反射似的就说了“不是”，仔细观察一下周围，你会发现，身边有无数的人在用“不是”作为被责问之后的第一反应。

其实现在很多人面对工作也是这样，当上级责问的时候，会条件反射的就

做出了推卸动作，然而这样的动作，接下来往往是无力的辩解，以及一些很粗糙的借口。这样会让上司感到你这个人很难沟通，并且很不真实。

另外一种情况，就是无论什么情况下，我指责一个人，他永远是强调客观。其实这点才是学生最典型的特征。这说明他太容易受到其他事物的影响，并被它们左右。如果你和上司之间会出现以下类型的对话，想想是不是需要改一下你的处事方法了。

甲：为什么到现在还没有给副总看你的报告？

乙：刚才 c 在打印，我在等他结束，现在他大概好了吧，我去看看。

乙：还有点东西要修改。

乙：b 也要把东西给副总，我在等他。

乙：a 说我报告不用给副总看（a 是乙的同级同事）。

乙：不知道副总在不在哦，他的门关着。

乙：d 叫我帮他打印文件！怪他！（d 是乙的同级同事）

乙：我的杯子突然找不到了，在找杯子。

不愿意负责任的人的不利在于他会让上司怀疑他的忠诚程度，因为上司给他的命令往往会因为一个小事情而被搁置或者打折执行，转而被他人的意识所改变。

第十：不要对自己说“我是大学生”

这点包涵了很多信息。

1. 不要认为自己有多清高

2. 不要仍然以学生的标准要求自己

3. 不要感觉低人一等

4. 不要等待别人的关怀

5. 不要把这个作为犯错误自我安慰的借口

6. 不要忘记搞清楚，公司究竟给自己的待遇是多少，老练些，这不是在做志愿者。

附录：你是一个懂礼貌的同事吗？

办公室内同事和睦相处，不仅增进友谊，对充分发挥团队精神也大有裨益。对照下面几点，检验一下，看看你是否同事眼中懂礼貌的合作伙伴：

1. 同事之间互相尊重，随时关心他人，关心整体的秩序和文明，使自己的言行举止优雅，赢得别人的尊敬。

2. 每天要按时（最好提前10分钟）上班，进办公室后抓紧打扫卫生、打开水，为全天的工作做好准备。

3. 每天第一次与同事相遇，互相打招呼问好。

4. 同事之间讲话应谦恭有礼，尊重别人的态度和意见。当一方站着讲话时，另一方应该站起来以示尊重。

5. 对同事一视同仁，不以职位高低论尊卑，不厚此薄彼、有亲有疏。

6. 办公时间，不要无端去打扰别人，更不要对别人品头论足，搬弄是非。

7. 与同事在工作中产生矛盾，应持对事不对人的态度解决。对别人不斤斤计较，更不要耿耿于怀。

8. 工作中需要合作的地方，要预先商定并相互配合，合作过程中避免因个人原因而影响整个工作的进行。同事需要帮助，应在不影响自己工作进度的前提下予以帮助。

9. 工作中需要请假，应事先提交申请，并估计工作进度，如果影响进度，应安排代理人暂时接替自己的工作。

10. 勇于承担责任，不要碍于面子不肯承认错误。

你是不是也曾有过这样的经历，
觉得公司没有给你更好的更大的空间，使得你
在工作中不能得到更好的发展，然后萌生跳槽的想法？或者你
是不是已经是这种想法的实践者了？那你是不是深思过这个问题，
是自身对公司的关注不够，对行业的发展不了解还是真的是
公司发展太狭窄使得你英雄无用武之地？只有想清楚这些
你才能走出跳槽的怪圈。

适时改变，将舞台不断扩大

不断融入公司的企业文化
你的公司文化适合你吗？
凡事预则立不预则废
关注行业和企业的发展及问题
从冷门入手，捕捉行业发展先机
要有职业敏感性

不断融入公司的企业文化

对于一个新人，要适应一个公司的企业文化，首先应该是不对企业的任何事情做出反应，不论是积极的还是消极的反应。刚到一个公司，对企业文化还不熟悉，过早地表现出自己的好恶，容易造成大家对你的误解，你的任何显露都有可能显示出你的水土不服，最好是深藏不露。没有反应是最好的适应。培训会上没有提任何问题是对的，大家不会认为你与企业文化格格不入。

一段时间以后，要积极适应公司的企业文化。冬天冷了，我们要加衣服，夏天热了我们要减衣服，这些都是对气候的积极反应。企业文化是企业的一个气候，我们也要学会自我调节。对不适合我们的企业文化部分，起初可以采取躲避策略，对适合我们的企业文化部分，要积极响应。

躲避只是暂时的，最好还是入乡随俗，学会适应这种企业文化。比如有的企业总裁是军人出身，企业文化中充满了军队文化氛围。我们没有当过兵，对体罚就会感到不适应。但是对于当过几年兵的人来说，犯了错误或没有达标，原地罚一会儿站是很正常的。想一想连职位比你高的人都要罚站，站一会儿又有什么不可以呢？就当锻炼身体了。

企业领导喜欢个人崇拜，这又有什么呢？文化大革命，我们早请示，晚汇报，开会呼口号，兜里揣着红宝书，遇到问题背语录，连这样极端的个人崇拜我们中国人都可以接受，现在集团总裁把自己的话成为最高指示（实际上是马屁精搞的，这与文化大革命时候林彪搞的那一套一样），认为自己总是对的，不愿意听取不同意见，这没有什么过分的。就当又回到文化大革命了。

人生就是一场戏，企业文化就是在单位这场戏的规则。遵守它，演好戏，把自己当成一名演员，利用自己的演技，扮演好自己的角色，不要试图去改变自己扮演的角色的性格和言行。能扮演各种角色的演员才是最杰出的演员，才能获得丰厚的报酬。

人的一生，其实质是一个不断适应的过程，新员工的适应只是人生某一阶段的一个新起点，我们要学会尽快地适应新环境，主动地适应新规则，用新思想提升自己各方面的能力。

而刚刚加入一个新公司，一切都是陌生的。一般而言，大多数员工都能比较好地适应新环境，但是当新工作环境与以前的环境差异较大，且某些新员工的心理状态有薄弱环节时，就有可能出现适应困难的情况。那么，新员工如何能顺利地接受新环境、进入新角色，进而适应公司的企业文化呢？企业文化咨询师这样说：

想方设法亲密接触企业文化

“说你行，你就行，不行也行；说你不行，就不行，行也不行。”相信这句话大家都耳熟能详。我们无意于纠缠这句话的真实性，但它至少反映了一种让人疑惑的现象：“行也不行”。这种现象在现实中确实存在，究其原因，与能否融入到公司的企业文化密切相关。

据一项对大学毕业生的追踪调查表明，毕业生踏上工作岗位后，一年之内能顺利适应公司企业文化的人数仅占34%，相当高比例的毕业生属于“适应不良型”，即两年之内才逐步适应，甚至三年以上仍难适应，即所谓的“适应困难型”。

那什么是公司的企业文化呢？企业文化是指企业和企业人的思想和行为。公司的业务各种各样，公司的规模有大有小，公司的层次有高有低，这样就导致了不同的公司有不同的企业文化。哈佛商学院终身教授、世界领导与变革领域的权威——约翰·科特（John P. Kotter）曾指出：企业文化对长期经营绩效有巨大的正相关性。而另一位写出《基业长青》的著名管理学者詹姆斯·柯林斯（James C. Collins）认为：伟大的公司都有“利润之上的追求”与“教派般的文化”。可见，优秀的公司无一不对企业文化有着执著的追求。

员工进入一个新公司后，简单地说有两种可能：一种可能是融入企业的文化，然后把企业文化融入到自己的工作行为中去，使自己的工作如鱼得水；另外一种可能就是不能融入这个公司的文化，或者说被排斥，这就导致新员工在企业文化上的障碍，要么在工作岗位上无所事事，要么被迫离开。

对员工而言，如何在企业中表现自己，能否在这个企业长期发展，很大程度上取决于最初进入企业的经历和感受。员工应当主动去了解和适应新企业及其企业文化，包括企业的发展史、经营理念、决策机制和关键的人际关系等等。

“四项注意”快速融入企业文化

新员工适应企业文化的时间因各自情况而不同，一般要经过三到六个月的时间。适应快的人，一个月就能过去；适应慢的人，或许需要半年时间才能过去。因此，如何快速地融入到新公司的企业文化中，避免自己的职业生涯就此搁浅，是每一个员工必须考虑的问题，以下四个方面需要特别注意：

认真对待员工培训

员工培训又称岗前培训、职前教育，是一个企业把录用的员工从局外人转变为企业人的过程。企业对员工进行培训是员工了解所在企业的好机会。它不但可以帮助员工了解企业的行为规范、福利待遇、可用资源等，更重要的是将企业文化大义灌输到员工的大脑。

如今，越来越多的企业认识到员工培训的重要性，在员工入职时已不仅仅只做简单的引见，往往还要安排内容丰富的培训等待员工入职。

拿国内著名企业海尔来说，通常海尔公司在员工入职后做的第一件事就是举办新老“毕业生”见面会，通过师兄师姐的亲身感受理解海尔。新人也可以利用面对面与集团最高领导沟通的机会，了解到公司的升迁机制、职业发展等问题。这无疑是新员工了解海尔企业文化的绝好时机。

又如，联想对新员工实行的“入模子”培训。所有加入联想的员工，在试用期时都要接受为期一周的封闭培训（“入模子”培训），了解公司的文化、理念、产品、历史、发展方向等等。从“模子班”里出来的员工，都感到整个人好像发生了变化，联想的一切已经深深植入脑海。

工作中多学、多问、多了解

投入到一个新的文化环境中肯定有一些陌生的地方，这就要求新员工多学、多问、多了解。对于“可视规矩”，则找来公司的制度、流程和职位说明书加以学习；对于“不可视规矩”，也就是企业文化，就要虚心地向老员工请教。因为他们在公司的工作时间长，对公司的方方面面可谓了解入微，多和他们交流可以让你少走弯路。工作中遇到难题或是处理问题拿不准时，千万不要不闻不问、不懂装懂，而应主动大方地请教身边的同事，培养自己对公司的归属感。

国际贸易专业毕业的小陈，毕业后在一家外企找到了一份市场调研的工作，对于外企公司的工作节奏快、管理要求严，此前小陈早有所闻。所以在刚参加工作时，他尽量改变自己原来读书时拖拉、懒惰、不拘小节等的毛病，争取在最短时间内完成工作，同时多学、多问、多了解。经过三个多月的努力，小陈对工作已得心应手。他感触最深的是，要快速地融入公司的企业文化，最重要的就是多学、多问、多了解，但前提是要掌握好学习和询问的时机。

谦虚行事

身处一个陌生的文化环境，谦虚行事是必不可少的。在对公司的企业文化还没有基本了解的情况下，急于表现自己的所知所能，不但不能让别人对你刮目相看，还容易弄巧成拙，给人锋芒毕露的感觉，容易让人产生厌恶感，这不利于融入公司的企业文化。

小李的专业经验非常丰富，跳槽到国内一家大型 IT 企业后，更是摩拳擦掌，很想大干一场，加入公司不到一周的时间就做出一份长达 30 多页的企划案，放到老板桌前。令小李迷惑不解的是，老板接到企划案后非但没有表扬他，反而大皱眉头。后来小李通过同事了解到：原来公司一贯奉行稳健经营的作风，而小李的企划案虽然具有开拓性，但是存在着巨大的经营风险，和公司的企业文化不符。

每家公司都有自己独特的企业文化，作为新人都要有一个逐步适应的过程。在没有了解公司的企业文化之前，千万不要急于求成，以至于给别人留下不好的印象。谦虚行事才是最明智的做法。

融入团队

现代企业不可能单打独斗，IBM 大中国区总裁讲，现在是“打群架”的时代。企业文化最终体现在员工的行为上，融入到一个公司的企业文化中，也就是融入这个大的团队里。而团队必然有文化和他自身的一套规矩，个人英雄主义是行不通的。想要被一个团队所接纳，就得想办法接受和认同他们的价值观念，在这个团队找准自己的角色和职责。

积极参加公司举办的各种活动，这是新员工融入团队的一个有效方法。哪怕是共进一次午餐，也可以加深你和同事之间的关系。因为在工作中你和同事深入接触的机会有限，大家都忙于自己的事务，不可能过多的交流。而在一些非正式场合则可以对公司的团队有更深地了解。

需要注意的是，融入团队并不是拉帮派、搞小圈子。办公室是一个讲究团队士气和团结精神的地方，和同事相处，要一视同仁，切不可内部分帮分派，游离于公司的主流文化之外。

关于新员工的适应问题，还有许多其他有助解决的途径。总之，不管你以前从事什么职业，有着怎样的工作背景，一旦加盟一家新公司，都会面临新的环境和新的要求，及时调整自己是必须的，包括调整自己的心态和调整工作技能发挥的方向，快速地认知新公司的企业文化方能顺势而行——这是社会和企业对每个职业人的要求。

你的公司文化适合你吗？

问自己：长处在哪里？喜好在哪里？问公司：文化是什么？风格是什么？

在同样的公司，有的员工如鱼得水，有的员工郁郁寡欢。要找到一家适合自己的企业文化的公司，首先要学会分析企业文化的不同类型。反过来，招聘经理也要在了解自己公司文化的基础上，发现适合自己公司的员工。

要想职业生涯成功，必须对企业文化是如何起作用做分析和思考。对于那些想担任领导的人来说，更需要搞清楚在每种文化中，表现出哪些行为才会让自己脱颖而出。从这些氛围和文化背景里，我们会看出一个组织是如何运行的。

要清楚企业对你的期望是什么，需要了解“潜规则”，这些非正式的规则定义了“成功”在不同企业文化中的含义。与正式的规则不同，潜规则才真正指明了企业运行的规律。

那么，怎么才分得清所处的企业属于什么类型呢？有两个模型可以帮助你。一是把公司的风格分成硬汉型、猛干猛玩型、赌未来型和官僚主义型。二是将公司的文化分成四个类别：控制型、合作型、能力型和培育型。这当中的某一种会让你有似曾相识的感觉，对你认清“大势”有帮助。

第一种模型

硬汉型

在这类组织里，冒险是家常便饭，做出决策后需要快速反馈，财务风险很大，大多数情况下，员工在一年之内就会知道他们是否达到了目标。公司内部的压力重重，每分每秒都让人透不过气来。这里，个人主义高扬，但是个人收入也相当可观。也只有在这里才容得下明星文化，因为组织的生存离不开这些牛人。

要想在这类公司成功，你必须强硬，无须对仓促的决策懊恼。当然，你也得接受因此而犯下的错误，但前提是你得很快发现错误。

猛干猛玩型

在这类组织里，员工关心客户的需求并积极满足他们。这里的成功法则是：人要友好、外向、懂人情世故、能适应纷纷扰扰的环境。在这种文化里如鱼得水的人通常都有社会责任感并容易让人产生好感，心甘情愿加热情洋溢让他们轻松胜出。

公司高层也常常加入到“疯狂地玩”的庆功会上，并与员工称兄道弟，为他们在紧张的工作后减压。员工间的情谊在这些场合轻而易举就萌生了。大家可以对自己喜欢的事物畅所欲言。

在这类组织里，需要建立一种良好的战略、财务和控制成本的结构以免因企业快速发展而导致局面失控。因为，一旦失控，公司就会急速走向衰落。没有坚实的管理基础作保障，这类公司很快就会分崩离析。

赌未来型

在这类组织里，风险也是源源不断，但反馈却来得很慢。这里的财务风险大，在做决策的时候，公司高层总是在拿公司来赌明天。

在这里工作就好像在玩一场赌注过高的游戏，如果你有胆量、有精力、有足够的耐心忍受迟缓的反馈，那你就能生存下去。在很多这类的公司里，公司的一张一弛都会让员工对能否保住饭碗不断地产生疑问。这类组织通常有些“老手”，他们在公司多年的起起落落中，渐渐地形成了一个核心圈。新来的人要是没有进入这个核心圈的话，当公司发展缓慢的时候，他们就会有悬在空中的感觉。

这类公司的本质决定了仔细的、反复的审核对避免犯错是有好处的，因为在这里，哪怕是一点小错也会酿成大过。

强有力的分析能力、技术能力加上对过去成功项目和产品的总结，会让这类公司的领导者成长起来。尊重权威和公司的组织结构对这类公司的成功大有裨益。另外，可以适当地安排一些督导人员，向员工传授成功的秘诀。

官僚主义型

这类组织很难适应技术和市场的快速变化。在这类组织里生存需要明确潜规则，学会明哲保身。对于什么样的表现才能获得进步，官僚主义型组织却付之阙如。大多数人对他们的活干得到底怎样不甚了了，通常是犯了错误、受到责备之后他们才知道错在什么地方。

在这里，经理人只要表现得中规中矩就行了。为人和气、随大流对是否能得到提拔至关重要。在这里顺风顺水的人一般是那些严格按规则和程序办事之辈，他们喜欢“操正步”，他们恪守时间，他们注重细节，他们严格执行命令而不管对错，他们深谙办公室政治。

第二种模型

控制型

这类组织重实效，包括实际经验、实用性和适用性。决策的过程强调客观、推理和规范。艾默生电气的首席执行官曾说：“我们希望每个员工都回答这样四个问题：在你最近的工作中，成本降低了多少？我们的竞争对手是谁？在过去6个月里，你同管理层碰过面吗？你清楚自己的工作职责吗？”

听起来让人觉得兴奋，难道不是吗？公司高层清楚地认识到，合理的决策是管理过程的核心，他们相信系统的成本/利润分析对做出现实和准确的决策休戚相关。这个观念在一定程度上是正确的。比如，程控现金出纳机会提供每日的销售量和成本的准确数字，这类系统化的、真实的数字可以帮助买家根据销量来调整订单，从而把库存控制在一个合理的水平上。但是，涉及到公司的文化时，还有很多方法可以奏效。

显然，那些与公司系统较劲的经理常常受挫。而另一些懂政治技巧、个人演说能力强的经理却学会了如何驾驭公司的文化游戏。他们无须投入太多精力就能让人看起来很有效率，他们当中的一些人提拔的速度比那些成绩突出但不善夸耀的同辈们快。所以这一切皆因传统的评估和提拔系统包含了太多主观的因素。比如，一些与绩效表现无关的因素，如毕业于某特殊院校或有某种特殊的社会关系，起到了决定性的作用。

合作型

与“控制型”组织相仿，“合作型”组织也强调实际经验、实用性和适用性，但这里的决策程序却是由人推动的、自然形成的，同时也是随意的。互动和介入是关键，离群索居和卓尔不群在这里没有市场。这里的生活虽然忙碌，却也浑然天成。

在这种“做得到”的文化里，和谐和合作相当重要。Chapparal 钢铁公司的首席执行官戈登·佛沃德说：“我们把员工当成年人看，我们所做的一切都基于诚信。上下班考勤是对人的不信任，在我们这里就不搞这一套。”

Chapparal 鼓励员工营造互信的文化氛围，为团队的表现竭尽全力。当有利润的时候，公司会拿出毛利的 8．5% 来奖励员工。

要想在这里出人头地，需要你能当好一个领导者，也当好一个追随者，同时要有良好的个人绩效表现。在这里，擅长自我管理的经理们还能受惠于随意的、充满信任的文化，那些不怕挑战的经理们在这里过得有滋有味。

能力型

这类组织关注的重点是潜力、想象力、别出心裁和推理。在这种文化背景下的生活是紧张的，人们总有要达到和超越的目标，工作任务重。这里的工作标准是追求卓越、挑战自我。这里的人们笃信，理想和现实一定有结合的地方。在这里，既有成本/效益的绩效考核标准，又奖励实用的发明创造（比如一款有市场潜力的新品）。

但是，这种文化的缺陷也很明显。为了争夺稀缺的资源，在由专家组成的团队和“大明星”之间常常充满了竞争。但结果也往往是，为了地位、权力和尊严，让个人、集体、民族和国际的声望经常悬于一线。

培育型

在这类组织里，有个人魅力的领导者充当着“领头羊”的角色，这些领导促成、培养和发展员工，他们帮助大家发挥潜力，他们点燃大家的激情，引导员工追求高远的目标。这类组织通常带有主观色彩和感情色彩。决策的内容和程序都掌握在员工手中。

富有创造力的Herman Miller家具公司前首席执行官马克斯·德普利就是一个领头羊的例子。“我们是群富有感染力的生物，对于什么是好的东西，我们通过产品、知识、信息和关系来传递，”德普利曾经注意到，“在我们面前，挑战一直在等着我们，那不是什么外来的神秘力量。我们能做什么？这样的问题始终萦绕在我们的脑海。因为我们无论做什么，都会展现出这个公司的人的精神面貌。”

要想在这里有所建树，就必须在每天的工作中体现出公司的核心价值。你的KASH是什么（Knowledge，知识；Attitudes，态度；Skills，技能；Habit，习惯）。

了解这些不同的组织模型后，你就能发现哪类组织最适合你生存。分析下自己的K. A. S. H，你就能发现自己的长处和短处。接下来，把自己的K. A. S. H形象同上述各类组织对照一下。

知识

你现有的技术、经济和社会政治知识有助于你在目前的工作和公司文化中发挥作用吗？你是否清楚如何使用个人评估和个人发展的信息来制定自己的职业计划？

态度

你的工作态度、价值观和信念是否与公司和行业的成功因素相匹配？你能在保持个人价值体系不变的情况下，改变你的管理风格吗？

技能

你是如何运用你的技术、经济和社会政治知识来适应你当前的职业发展形势的？为了发展你的职业潜力，不管是在现有公司，还是在其他公司工作，你是否还需要发展其他技能？

习惯

你的个人习惯是否和公司的大环境相匹配？在工作中是否有什么不适应？为了更好的适应环境，需不需要自己改变一下生活习惯？

凡事预则立不预则废

凡事都要早做准备，只有这样，才能比别人更快地进入做事状态，更快地想出办法，更快地付诸行动，更快地达到目标。俗话说“笨鸟先飞早入林”、“早起的鸟儿有虫吃”，即使我们不是“笨鸟”，也要“先飞”，也要“早起”，因为只有把工作提早开始，我们才能比别人更早获得机会，从而比别人更早获得成功。

拿破仑·希尔曾经说过：“自觉自愿是种极为难得的美德，它驱使一个人在没有人吩咐应该去做什么事之前，就能主动地去做应该做的事。”

李一男，毕业于华中理工大学少年班，1993 年，他进入著名的科技企业——华为公司。十几天后，李一男即被提为主任工程师，一年后被任命为公司总工程师，27 岁时李一男被提拔为华为公司最年轻、最受倚重的副总裁。这位才华横溢的年轻人之所以晋升如此神速，就在于他不但对技术的发展趋势非常敏感，而且总能够给总裁任正非提供许多前瞻性的建议，总能提前为所开发的技术项目解决难题。当别的员工还在为一个产品在市场中的成功开发而陶醉时，李一男已经给任正非提出新的建议，并着手开发下一代产品了。很显然，这样的员工无论在哪个公司都会受到老板的青睐。

几乎所有的领导最先看到的就是那个第一个完成工作的人，如果一个人什么事情都能够比别人做得更出色，又能够超越他人率先完成，那么这个人没有理由不从众多员工中脱颖而出，没有理由不出类拔萃，没有理由不受到领导的重视和青睐。

我们提前提交工作成果，就能为领导留出更充裕的调整时间，增加他指挥若定的资本，老板自然就会对我们的工作赞赏有加。

没有成功会自动送上门来，也没有幸福会平白无故地降临到一个人的头上，这个世界上一切美好的东西都需要我们主动去争取。机会经常是属于那些跑在前面的人，因为只有走在别人前面的人才能有机会握到成功之手。只有凡事比别人提前一点，你才会离成功更近一点。

某企业打算招聘一位技术主管，在众多求职者中，其中甲和乙两个人在个人知识、技术和能力方面都很接近。正当公司为录用哪一个更合适而发愁时，乙主动给公司的人力资源部打了一个电话，并发一个邮件过来。信中详细表达了他对这家公司的向往以及他为什么认为自己是合适人选的原因，此外还有他在学校发表的论文、导师的推荐信及他希望来公司所作的一些课题的打算等。

正是因为乙的这番积极主动的做法，集团决定录用乙。很多时候，比别人跑得快了一点点，得到的却是完全不同的另一种收获。

工作中惟有那些积极主动，跑在别人前面的人才善于创造和把握机会，并能从平淡无奇的工作中找到机会。

小谢大学毕业后在一家贸易公司当了一名临时职员。从上班那天起，她就时刻提醒自己，一定要做一名合格的正式员工。为了达到这个目标，她认真全面地了解公司的目标、经营方针、组织结构、销售方式等，以便在以后的工作中能更准确、更有效地采取行动。她积极主动地向同事们请教问题，除了努力提高自己的技术能力外，在同事遇到问题或忙不过来时，在完成自己的本职工作后她就主动前去帮忙。在领导下达给那些正式职员一些任务时，她自己也主动完成一份，完全按照正式职员的标准要求自己。在结束一天的工作之后，她还常常不怕辛劳，准备好第二天要用的资料。对此，有的人总笑她太傻：那么辛苦干嘛，领导又看不见，太不值得了。面对这些，小谢总是一笑了之，从不辩解，只是继续做着自己认为应该做的事情。

半年后的一天，领导向办公室主任要香港会议上所用的资料。办公室主任有些慌了，他前两天给职员小张交待了一下，因为领导后天去香港，也就没催促他快点完成，现在好像还没做好呢。“临时有了变动，今天下午就要去的。还没准备好吗？我不是前两天就给你说了吗？你自己想办法解决！”领导忍不住发了火。

正在办公室主任一筹莫展的时候，小谢拿出自己准备的那份资料交给了他："我准备的，您看一下吧。"主任一看，比以前小张准备的还要整齐、全面，于是赶忙给领导送了去。"这是谁准备的?"领导看了看问。"一个临时职员，我看还非常全面。"主任连忙回答。"嗯，不错，能够提前做好准备，是个做事情的料。"看来领导很满意。

几天后，领导从香港回来，第一件事就是把小谢转为正式职员。现在，她已经是领导的办公室助理，协助领导打理生意上的很多事务。

在还没有得到这个职位以前就已经身在其位了，凡事比别人快一步，主动去做上司没有交待的事，并把这些事做好，这就是小谢获得提升的原因。

任何老板，都需要那些自发寻找任务、自发完成任务、自发创造财富的员工。他们总是以更高的标准来要求自己，在工作中积极主动、时刻以公司制定的长期目标为导向，把握每一个表现自己的机会，主动承担责任，设身处地地为老板、上司着想，主动思考提高产量、降低成本、增加销售额、创造更大利润的切入点，主动提出并实施有益于公司发展的项目和业务。

当你主动给自己更高的定位，并主动把这些事情做好时，你就会比同事走得更快、更好，你在老板心目中的位置也会随之升高，带给你的也将是更多的发展机会。

关注行业和企业的发展及问题

关注行业的发展及问题，能够帮助一个人更清楚地理解企业的问题；关注企业的发展及问题，是一个人为企业创造价值的前提。

观察每一个企业的发展时，其所处行业的情况都是至关重要的参考。比如对于一个家具厂而言，木工设备行业的相关变化，原材料的变化，五金连接件及其相关企业的变化，新的设计、新的结构等方面的变化，一个城市中分布着哪些家具城哪些具有影响力的家具大卖场等，所有这些情况都或直接、或间接、或急迫或不那么急迫地影响着家具厂的经营和管理活动。

因此，能不能相对全面、相对系统地了解这个行业的情况，能不能对行业的相关变化作出及时的反应，甚至于对某些变化作出预测，将在很大程度上决定着一个家具厂能不能健康发展。

企业在不同的发展阶段上，都会遇到各种各样的问题。怎样看待这些问题，如何理顺问题与问题之间的关系，把哪些问题定义为重要问题，并投入企业主要的资源加以解决。所有这些，有的时候并不是以企业意愿为转移的，都必须对照着行业整体的发展以及行业整体的问题，来加以综合判断。

虽然不能说，某一个人就能够决定企业发展的空间，就能够包办企业所有的问题，但是一个业内的资深人士，一个对行业有着全面和系统判断的人，将为企业的发展提供非常有价值的分析及判断，依靠这样的分析及判断，企业就会少走很多弯路，避免很多低级错误的同时，看清在哪里有陷阱。当一个人要伴随企业的发展实现共同进步时，他就必须关注企业所属行业的整体发展，只有对行业的整体状况以及面临的问题作持续的跟踪和研究，才能够为企业的发展献计献策，才能够为解决企业的实际问题提供富有价值的参考。

在现实工作中，企业的决策者会面临很多日常性的问题，也要处理很多棘手的突发事件。此时，如果有人向他们提供关于行业整体状况的报告，而且是一种持续的、系统的报告，相信所有企业的决策者都需要这样的信息，都需要收集、整理、分析这些信息的人。

在市场经济的背景下，谁能够为消费者解决问题，提供价值，谁就发展得更快。因此，关注行业整体的发展，你就会发现这个行业中新技术的变化能够为产品的更新提供哪些机会；你就会发现，相关行业的变化为这个行业的多数企业带来了哪些挑战和机遇，由此再结合企业自己的发展战略，就更容易找到努力的方向。

不论是个人还是企业，只有找到了问题，才能给自己准确地定位，也才能够就此确定努力的具体方向。那么什么是问题呢？如果没有对行业整体情况的了解，而是钻到了自己企业内的一个局部里，那么定义的许多问题可能是别人已经解决的，或者是暂时不能解决的，不论是这两种情况的哪一种，都将消耗企业的大量资源，同时却不能够为企业带来效益。花精力去研究这些内容又有什么意义呢？

如果，就现实的技术而言，在解决某种问题上，存在着巨大困难时，企业是不是应该考虑将有限的资源首先投入到那些能够迅速产生效益的领域中。相信，对绝大多数企业而言，这样的选择是明智的，尤其对于众多中小企业而言，在开发重大技术之前，确实需要慎重的考虑。因为，当解决重大问题所需要的资源远远超过企业可以调动的资源时，企业将不可能成为先驱，而只可能成为“先烈”。

只有在更大一些的背景下去观察和分析问题，才能够相对准确地给出判断。这一点几乎对所有问题都适用。因此一个人要为企业创造更直接、更大的价值时，其中一个重要的前提，就是他能在更大的范围里分析问题。但这个大背景，往往源自对企业所属行业整体情况的了解。

要为企业解决问题，创造财富，就必须首先认清企业所面临的问题，就需要根据重要程度为问题排序。要把问题看得更清楚一些，就需要以背景来做支持。

从冷门入手，捕捉行业发展先机

2000 年 7 月 17 日，杭州人马云成为 50 年来第一个登上《福布斯》封面的中国企业家，理由是马云创建了全球最优秀的电子商务网站。该杂志如此描写马云：“深凹的颧骨，扭曲的头发，淘气的露齿笑，一个 5 英尺高，100 磅重的顽童模样。”又说，“这个长相怪异的人有拿破仑一般的身材，同时也有拿破仑一样的伟大志向!”

据说这是个让人疯狂的人。他每年会在全球 10 所大学演讲，在美国麻省理工学院讲台上，他口若悬河的表情和张牙舞爪的样子，令他所说的内容仿佛不可置信；在哈佛讲台上他与诺基亚总裁激烈辩论，最终赢得了台下 1000 多名听众长时间的起立鼓掌。

这是一个善于创造奇迹的人，全球商人热烈地追捧着他。他的阿里巴巴两次被哈佛选为 MBA 案例，掀起全美研究热潮；他被“世界经济论坛”选为“未来领袖”；公司成立至今仅 4 年，全球十几种语言 400 多家媒体对阿里巴巴的追踪报道从未间断!

2003 年 7 月英国首相布莱尔访华，点名要见“中国的马云”，因为“他正在改变全球商人做生意的方式!”

一个中国教师的美国传奇

马云考了三次大学，最终只考了个杭州师院英语专科，却因该专业当年男生名额没招满，混入了本科。他狂热地喜欢英语，有四五年时间，他每天在杭州饭店门口，逮到外国人就同他练口语。

马云现在有很多国际上的朋友，就是当年这样交上的。1985 年，20 岁的马云接受一位澳大利亚朋友之邀出国游玩。正是这第一次出国机会，改变了马云的观念——“国外的情况与我们在国内了解到的不一样啊！”他认识到，一种语言就是一种生活方式，就是一种文化和历史。真正了解不同国家的惟一途径，就是学习对方的语言，否则只能猜测。

从那以后，马云的思维方式开始变得新潮而大气、快速而实用。毕业后分到杭州电子工学院教英语，他随心所欲地坐在讲台上授课，被同行视为异类，被学生喜欢得不行。

1992 年，下海做生意突然变成潮流，生性活跃的马云发挥特长成立了个海博翻译社。课余时间四处活动接来翻译业务，然后回学校找教授来译。初涉商海，马云对经商似懂非懂因而有较强的应变能力，饱含高雅而浓厚的人文气质因而有一种美好的学院派情结。海博翻译社稀里糊涂地折腾了两年，总算没有倒闭。

到 1995 年，海博翻译社钱没赚多少，却因马云超强的活动能力而争了不小的名气。就在这一年，因他的名气而带来的一个传奇故事，使他真切地领略到了什么才是英语世界里最真实的痛苦与欢乐。

1995 年，一美国商人签约投资浙江某段高速公路，临到合约到期，美元还迟迟没能到位。于是中方聘请“杭州英语最棒的”马云为翻译兼顾问，到美国去“参加对方公司的董事会”以商讨解决办法。马云带着数百民工和浙江省交通厅的重托只身飞到美国，被投资商菲利蒲·卡文纳别有用心地安排住到了一幢别墅里，好酒好肉地款待着。事实上，马云被软禁了，而这个美国人是个地道的骗子。

那段日子里，马云每天想的就是如何逃出去。他与这位美国人之间调查与反调查的故事，“堪比美国大片”。“最后我终于‘胜利地’逃出了美国，回到杭州时，身上只剩下1元人民币。”语气中充满哀怨的马云重重地强调了“胜利地”三个字。

这更加激起了别人的好奇心。原来马云因祸得福，美国人的欺骗使他发现了今天阿里巴巴的山洞！当时马云被美国人软禁起来，一会儿带去游山玩水，一会儿请他加盟其子虚乌有的美国公司。后来马云识破真相，几次逃脱失败后，马云对美国人说要去西雅图见一位朋友。对方也玩累了，想将马云扔掉算了。于是开车送到机场，说，去售票处说你叫马云，他们会将我已经买好的票给你。马云刚下车，美国人立刻绝尘而去。到售票处一问，哪有什么马云的票！马云再次上当，顿感气尽意绝。幸好，他身上还藏着美国人带他去拉斯维加斯游玩时，用25美分在老虎机上赌得的600元美金。于是马云自己买票到了西雅图，结束了那段噩梦般的日子。

在西雅图，马云受到了真正的朋友式的款待。

在西雅图，马云第一次见到了互联网。这一刻，决定了马云的一生。

当时互联网在中国还是一片空白。有着孩子般好奇心的马云，坐在电脑前立即将烦恼抛到脑后。他学会了上网，并请朋友为自己远在杭州的海博翻译社做了个网页，他要在网上将它介绍出去，他想知道是否真的如朋友所说会获得“前所未有的惊喜”。上午10点，马云把网页发出去，中午12点，果真收到6个反馈邮件，4个来自美国，一个来自德国，一个来自日本。“哇，我很激动啊！这真的是天上掉馅饼啊！”现在谈起，马云仍然眉飞色舞。

“这就是我想要的，这里有大大的生意可做！“马云意识到这是一口很深的井，这里有一座富矿，他立即决定与西雅图的朋友合作，他要把中国企业的资料放到互联网上去向全世界发布。

一个全球首创的BtoB电子商务（企业与企业间的网上交易活动，即商家对商家的销售）模式，就这样开始有了创意。

1995年春天，马云带着一颗精疲力尽而又极度狂热的心，胜利地回到了杭州。

“来吧，所有打击我都扛得住！”

马云的想法是，把中国企业的资料集中起来，快递到美国，由设计者做好网页向全世界发布，利润则来自向企业收取的费用。马云相信“时不我待，舍我其谁!”

找了个学自动化的“拍档”，加上妻子，一共三人，两万元启动资金，租了间房，就开始了。这就是马云的第一家互联网公司——海博网络，产品叫做“中国黄页”，一个好名字。

今天，马云坦陈他成功的秘诀是：第一没钱，第二对互联网一窍不通，第三他想得像傻瓜一样。换言之叫做第一不怕输，第二无知者无畏，第三痴迷加狂热加理想化。三者结合，马云无牵无挂义无反顾。

一位杭州的朋友曾在大排档里见过马云。据他形容，马云是个喝得微熏，跟一大帮人神侃瞎聊的小市民。在他身上只有手舞足蹈，看不到杭州人的安静和从容。说到这里，马云抬起眉头：“我有一副天生的好口才，为什么不可以在大街上宣传我的公司?!”马云就这样，每天出门对人讲互联网的神奇，请他们同意付钱并把企业的资料放到网上去。人们不相信他，“互联网是什么东西呀?”马云只好“兔子先吃窝边草”，动用自己还算优秀的个人资信，去说服朋友们把公司资料免费放到网上。在那段时间里，马云过的是一种被人视为骗子的生活，但是最终功夫不负有心人。

中国黄页的第一个正式的付费客户，是当时望湖宾馆的老板。马云为了拿下这个客户，是跑断了腿，磨破了嘴，最后望湖宾馆的老板总算是给了马云一个面子，签下了这个单子，数额是2万元。

中国黄页的第二个正式的付费客户是雅士达公司。为了拿下这个客户，马云连续数日不知疲倦地奔波，好说歹说，终于把这个单签下了，也是2万元。

1995年7月上海开通互联网专线，马云为了拿下一家企业，一连去拜见了那个老板5次。老板根本不相信马云说的东西，老把马云当骗子。但马云不放弃，一遍一遍地跟他讲解互联网的神奇作用，后来为了让老板相信，马云决定在杭州上网给客户看。他找来一台486电脑，然后从杭州拔长途电话到上海连接互联网，再通过互联网把望湖宾馆的照片和资料从美国传过来。结果花了三个半小时，望湖宾馆的照片终于出来了！焦躁得如热锅上的蚂蚁一样的马云终于欣喜若狂，委屈的泪水稀里哗啦地掉了下来。老板最后也在马云的诚心感召下，最终把这个单给签了。

从此马云挺直了腰，也开始有了收入。他们在全国27个城市一个一个地开拓业务，在所有没有互联网的城市，他们都被视为骗子。但马云仍然像疯子一样不屈不挠，他天天都先这样提醒自己："互联网是影响人类未来生活30年的3000米长跑，你必须跑得像兔子一样快，又要像乌龟一样耐跑。"然后出门跟人侃互联网，说服客户，说服记者。业务就这样艰难地开展了起来。

1996年，马云的营业额不可思议地做到了700万元！

也是1996年，随着互联网渐渐普及，全国各地的COM公司群雄并起，竞争对手步步紧逼。马云将过去的"空中轰炸"策略改为"地面跟进"。同时他意识到另一个生存法则：背靠大树好乘凉。

他决定同杭州电信合作，对方出资占70%的股份。但是这次他却失败了，对方急于做大赚钱，马云则认为，做COM公司犹如养孩子，你不可能让3岁小孩去挣钱吧！双方分歧日深，以至马云的任何提议都被无情否决，最终马云不得不决心分道扬镳，放弃了自己的海博网络。

马云遭遇了人生中第二次重大挫折，但马云从不因失败而掉泪。创业以来，他承受的各种白眼和闭门羹难以计数，"这些事太多太多。每次打击，只要你扛过来了，就会变得更加坚强。我又想，通常期望越高，结果失望越大，所以我总是想明天肯定会倒霉，一定会有更倒霉的事情发生，那么明天真的有打击来了，我就不会害怕了。你除了重重地打击我，又能怎样？来吧，我都扛得住。抗打击能力强了，真正的信心也就有了。"

"所以我现在最欣赏两句话，一句是邱吉尔先生对遭受重创的英国公众讲的话'Never never never give up！'（永不放弃），另一句就是'满怀信心的上路，远胜过到达目的地'。"

马云从摔倒之处爬起来，舔干血迹重新上路了。以"中国互联网时代的先驱"的身份，1997年底，马云带领自己的忠实盟友远走北京，加盟了中国外经贸部下属中国国际电子商务中心，出任该中心信息部总经理。一年内，马云和他的团队为政府建立了一系列网站，净利润做到了287万元。以致后来他敢于在任何场合口出狂言："我做阿里巴巴网站不是不能赚钱，而是不急于赚钱！"

还是他的"养孩子"理论，他说，等孩子长大了，他会赚大钱。

立刻！现在！马上！像拿破仑一样疯狂

一年多的北京之行，马云学会了判断国家宏观经济发展方向。更重要的是，在中国互联网大潮风高浪急、人人争锋之时，马云却可以以“过来人”的角色思考：下一个将要到来的浪潮是什么？互联网最有潜力的方向究竟在哪里？

1998 年底，马云的 BtoB 思路渐渐成熟：用电子商务为中小企业服务。他研究认为，互联网上商业机构之间的业务量，比商业机构与消费者之间的业务量大得多；前 5 年的经历，使他对国际贸易市场、国内生产厂家和进出口公司有较深的了解；而商业机构中最需要电子商务支持的，是大量的中小企业。

马云选择为中小企业服务，他打了一个比方：“听说过捕龙虾富的，没听说过捕鲸富的。”

这就是马云的故事，字里行间透露出的是马云对于行业的前瞻性，正是这种对行业信息的前瞻性把握，对于行业发展趋势的捕捉，使得他对互联网这片处女地投入了如此多的心血，也正是因此，他才有别人没有的成就。

一个人最终决定创业，他一定是比别人预先看到了某个行业的前景，不然他不会去冒险。正如柳传志发现了电脑的前景，戴尔发现了电脑直销的前景，创维老总黄宏生发现了彩色电视的前景，耐克老总菲尔·耐特发现了运动鞋的前景，马化腾看到了即时通信 QQ，而马云看到的是电子商务等等，从而打开了一片新天地。而要具备这样的眼光，我想并不是他们突发奇想，一定是经过深思熟虑的。你每天不想这些事情，机会摆在你面前，你也抓不住啊！孙正义研究了 40 种行业，2 年读了 2000 本书籍，最后决定干互联网投资这一行。

尤其是现在很多在中国做的很成功的企业，他们很多有出国的经历，因为西方国家毕竟领先中国 20 ~ 30 年，在他们国家做的很成功的行业，在我们国家也许才刚刚起步，很多行业尤其 IT 方面，几乎完全复制国外，像百度与谷歌、搜狐、网易、新浪等门户网站，当当网、卓越网与美国的亚马逊网上书店简直如出一辙，前面提到的马云正是因为出国看到了互联网的前景，最后义无反顾的辞职投身进去，而黄宏生也是因为到日本看了人家的彩色电视机以后，开始从遥控器干起，最后成长为中国做电视的老大。所以我觉得有机会应该多走走，尤其如果能够有出国的机会那是更加要抓住，关注各种行业的信息，对比自己的优势，看看自己合不合适去干，也许发现彩色电视前景的还有很多人，但是最后真正干成了的又有几个。

因此，能够真正的把一件事情做好做成，也是我们最需要探讨的和摸索的。不是现在成功的每个人都在干他最初决定创业时所干的行业。要发现机会是一个长期的过程，有的人做着做着就来了灵感，也积累了很多经验和资本，锻炼了队伍，再做的时候他已经能够比别人吸引更多的投资，成功的机会也会更大。

阿基米德说过给他一个支点，他就能撬起整个地球。但是我觉得他永远都撬不起地球，因为寻找那个支点正是最难的地方。

不过大家不要灰心，现在世界上虽然不是遍地黄金，也不致于全无机会。象金平谈到的外贸虽然说不一定能做到世界五百强，但是要赚钱，机会还是挺大的。

马云说过一句话：如果没有发现互联网，没有发现电子商务，他可能去上海开个理发店或饭店，但他一定要把它做成全上海最好的理发店或饭店，反正是要去做点事的。我认为，不管做什么把它做到好到连自己都感动，我想要赚钱是根本不成问题的。尤其像中国大部分地方服务这么差，完全不考虑顾客这样一个背景下。张蓝女士做餐饮（俏江南），大家可以去网上了解一下，做得这么有创意，这么好。所以不一定要去做一个别人从没做过的行业，当然有这样一个行业那是求之不得罗。最重要的是能不能把它做到最好，最有创意啊。

要有职业敏感性

对于职业，要有一种敏感性，判断一个人对他所从事的工作是否有真正的兴趣，或者能不能在自己所从事的职业里找到乐趣与快乐，并做出成绩来职业敏感性是个很重要的因素。举个例子来说。

银行职员小张：

比如我从事的金融行业，一个明显的职业敏感性的例子是，由于以前的证券行业客户的钱都是在券商那里，因此屡次出现客户资金被挪用的现象，中国证监会屡禁不止，因而，中国证监会出台文件，要求实现新的资金运营模式，就是券商那里不再存在实际的资金，也由相应的商业银行来代为保管客户的资金，从而避免客户的资金被挪用。

然而，在这个时候，银行和各个券商就需要有相应的系统平台来做这个事情。而最先推出这个平台就是我们公司要做的事情。这个事情给我的经验就是，要有职业敏感性，行业敏感性，前瞻性。也许，我们的系统不是最好，但走在最前面。想当初即时通讯软件市场，腾讯公司由于走在最前面，最早推出QQ 即时通讯软件，而抢先占领了这个大的市场，拥有了庞大的客户群，像后来网易推出泡泡，新浪推出 uc 等等，还有微软的 msn 到如今为止，用户群还是比较小。可见商业时机的重要性。这也许就是商业和技术难于平衡的地方，商业需要的是价值，公司需要的是利润，而且是当下的利润。而如果为了技术的原因，公司放弃这样一个东西。那么对大多数公司可能会是失败的。

毕竟中国的公司不是 Intel，微软，SUN，oracle，IBM 这样的大巨头，可以引领技术潮流。

对公司而言，信息显得太重要了，对信息的敏感性尤其重要，当一个公司不能成为行业领军时，就应该是市场的弄潮儿，抓住关键信息，关键时机，关键机会。机不再来，机不可失。

再来看一个例子。

仅一天，就在火车站入站口抓获三名逃犯，这个人叫刘秀环，是广州火车站派出所的民警。“普通人和逃犯是不一样的，一个眼神、一个动作、一件小东西，都不能放过，干这行，既要会察言观色，也要会以貌取人，”刘秀环说。

刘秀环在查验一名青年男子的车票时，这名男子装作没听见，掉头就走。“有戏”，丢下这两个字，刘秀环几步跨上前去，抓住了这名男子的胳膊。几个回合下来，这名男子时而自称“陈伟”，时而又冒称“陈义明”。经不住刘秀环刨根究底，该男子终于在纸上写下了“陈德强”三个字。嗒嗒嗒，一敲键盘：果然，陈德强的大名赫然在目：男，26 岁，湖南沅江人，被公安部网上通缉。

看似“偶然”，机会说来就来，用刘秀环的话说，一个眼神就可能看穿逃犯，凭的是第六感觉。什么是第六感觉，说得深一点，那就是职业敏感性。

所谓职业敏感性，就是一个人对他所从事的行业中随时可能发生的事件所具备的敏锐的洞察力和灵敏的反应能力。不同职业有不同的职业敏感：教师对铃声、军人对枪声、护士对针头、运动员对篮球等，都有强烈的职业敏感性。

在汶川地震发生时，中央电视台有一个记者正好在四川。大地摇晃的刹那，当她意识到是地震时，她的第一反应是看手表，确定准确时间，第二反应是往台里打电话，当得知电话已经打不通，立即发了一个短信，而这一切用了不到二分钟。她发完第一个短信后，所有通讯全部中断，这个时间是 5 月 12 日下午 2 点 30 分，这个短信是中央电视台收到的第一个关于四川地震的报道。

作为一个专业的执法人员，不论寻找线索，应对突发事件，还是判断案件的形势和走向，也都需要这种职业敏感性。我们能当场发现违法行为的时间往往非常短，并且很多违法线索不明显，需要我们敏感、及时、准确的做出判断。比如一个老百姓看到发货单上写着广东潮州和福建云霄，可能没有什么感觉，一个专业执法人员听到就应该感觉不一样；再比如在检查询问过程中，当事人目光游离的、故意躲避的、闪烁其词的、故作镇定的，捕捉这些细节对判断案情可能会有“意外收获”。对于专业执法者，街头的一枚烟头、一个烟盒，现场的一个电话本、一张纸条、一张名片，当事人不经意的一句话、一个眼神、一个动作，这些别人看来很不起眼的细节，在特定背景下可能就意味着丰富的内容，就有可能为发现案源或取得案件突破创造战机。大同市局“八·三一”案件侦破，很大程度上得益于一个小本子和几张欠条。当时办案人员在胡某处发现了一个普通的小本子和几张欠条，小本子上记着一些符号和人名，办案人员警觉地感到小本子和欠条非同寻常，于是围绕小本子和欠条做文章，最后牵出了一个涉案人员达 30 余人，案值几百万元的假烟网络案件。“现在回头看，假如当时的基层专卖管理人员在第一阶段就麻痹大意，战机可能就会永远丧失。”大同市局局长高兰生深有感触地说。

当然，职业敏感性不是一天两天就能具备的，它是经验的积累，是能力的升华。除了有扎实的业务功底，还要求执法人员要求做个有心人，“眼要尖、心要细”，不随手放过哪怕再小的细节。

每一种职业都有自己的道道，入道者进入了它的门槛，不入者永远在门外徘徊。如果说这话是正确的，那么，职业敏感性就是进入门槛的必备要素。

有人说发现问题比解决问题还要重要，那么，这里的发现问题，是就他所在职业从其应然性上来说，他发现了能成就事物的门道。就是说他发现问题，靠的是职业敏感性。

往往一件不起眼的小事，却对某些人的发展走向起了至关重要的作用。一些心理教育方面的书上说的那些学习上遇到严重困难的孩子，它的起因却出人意料的可笑：穿的鞋子不合适或带的什么学具在他看来有问题等等。

但，敏感，即使是对你自己工作的敏感，也不是可以无限增长的，这除了自己的神经生理结构性制约之外，还有一个事实上的制约，即你的敏感可能使你心神不安，从而使你可能觉得不适应社会和环境，强烈的不适应会引发厌恶和厌倦感，从而产生心理问题。看看一些有精神缺陷的人，他们有些是对事物有入木三分的看法的。

所以，弗洛伊德知道所谓一个正常的人和不正常的人的区别。平庸的人都被视为正常的人，反之亦然，正常的人也都是平庸的人。这里的平庸的人不是通常我们所说的那种很有贬义的无能的意味的人，它主要是一个心理学的概念和意义。这样一来，我们倒要感谢我们的平庸了。

所以，想要在自己的职场生涯中取得异乎常人的成就，就要培养自己的职业敏感性，只有拥有这样的敏感性，你才能在大多数人忽略了问题的同时看到机会，你才有可能抓住这样的机会，创造出价值。

附录：如果你是透明人，可以四处自由穿梭，无人能知道你在做什么，拥有这样无穷的力量，你会想做些什么事？

A. 偷窃贵重物品

B. 四处搞破坏，做一些变态的坏事

C. 接近倾慕的人

D. 恶作剧，开些无伤大雅的小玩笑

A 你的野心很大，想吃下不少东西，不管是权位还是利益，你都不愿放过。这些企图也在主管的眼里，不过，只要你是个人才，老板当然也不会亏待你。你必须先创造个人最大的优势，尽力求表现，先拿到高分，才有机会与人谈判。可是也不能太过自满，若是遇到不会惜才的老板，可能会想些法子来杀你的锐气。

B 你自觉能力不错，所以绝不愿受任何委屈。如果有什么差别待遇，你马上就会大喊冤屈。不过，你也很会看人，会先观察主管是属于什么样的角色，才决定该不该叫屈。有时候，你也知道该先闭上嘴，好好做出一些成果来，然后在适当时机，再为自己争取到应得的利益。

C 你有点贪吃，不过，只在可允许的范畴内，你才会动手动口。平常时候，你会克制自己的欲望，即使觉得自己受到不公平的待遇，你还是会隐忍下来。对于上司，还是很尊敬对方的权威。你默默期待公理出现，相信只要一直努力，总会让人发现自己的价值与贡献。

D 你好像是隐士高人，办公室里的斗争永远都不会掺和上一脚，因为你根本就志不在此。每当到了人事调动的时候，你总是置身事外，毫不关心，因为不喜欢太复杂的人事斗争，所以不会特意表现。你很怕被卷入争权夺利的漩涡中，宁可守着自己的工作，安安分分做个小职员。要升官的话，就得看你的上司有没有这种眼光了。

很多人在工作中不能找到合适
的方法，结果导致很多的机会被错过，导致工作没有
前途，晋升无望，薪酬太低，直接影响工作的热情和态度。
这时候自怨自艾是没有用的，
关键是要改变自己的工作方法，实现平步青云的腾飞。

告别默默无闻，实现自身飞跃

讲究工作效能，工作不需要“愚公”

一直以来，“愚公”精神都是我们学习的榜样，但是在工作中，我们讲究的是效能，是灵活的变通，而不是一味的“愚公”。在竞争激烈的职场中，讲究的是效率，是不断的创新，寻求更好的发展。而不是墨守成规，死守着那些条条框框，能看到光明却走不出那扇窗户。这样，我们只可能被社会，被竞争所淘汰，只能拥有过去，却永远没有明天。

灵活变通是成功的重要途径

一则故事说，古时有个人横扛着几根竹竿想进城赶集，因竹竿太长被城门挡住了，此人于是费尽力气地想把竹竿压弯后进去。旁人看他如此愚呆，提醒他，城门口又没说不许直着扛竹竿进城，你将竹竿转个向不就进去了！

另一则故事说的是，某地一老农一天赶毛驴车进城卖瓜，卖完后想到闹市走走，却看到禁止毛驴车通行的标志。正犯愁时他突然灵机一动，将毛驴装上车，自己拉着车走。交警看到后把他拦下了，告诉他，这里禁止毛驴车通行。老农不服，“你没看是我在拉车吗，我这是人力车。”交警说，“你车上明明有毛驴，怎能不认帐！”老农反驳道：“按你的说法，如果火车装上马，就变成马车了？”

世事是变幻无常的，没有人能够总是一帆风顺地过上一辈子，所以那些已经取得了成功的人的一个重大发现之一就是，他们发现在通往成功的路途，必须要能适时地灵活变通，否则通往成功的路途也会崎岖难行。

当你树立了一个明确的目标之后，你必定要制定一个相应的计划，这时你已经知道自己必须付出什么样的代价，可是，这还远远不够，因为任何事情都是处于变化之中的，往往一件事的发展总是会在你的意料之外。你原有的计划将不再适合于已经变化了的局面，你必须对此做出改变。对于改变，一个思想僵化、保守的人显然是难以应付的，只有那些最为乐观而最富创造性的人才能够思路开阔地、灵活机变地对待不可避免、持续发展的变化，而这些变化恰恰是实现目标所必需的。

对于某些思想僵化的人来说，一些微小的变化当然不足以引起他们的注意和敏感，即使遇到了某些重大的变化，他们也往往无所适从，只得顺其自然。其实，发现变化并不困难，因为当你老是持续不断地遭遇抵制，或是老是处在困境当中，你就应当敏锐地意识到自己是在错误的道路上前行了。

这时候，你可能感觉到自己已经付出了巨大的努力，却没有取得什么效果，你该怎么办呢？

这时，你所应做的就是做改变的准备了。你得停下来，甚至退后一步，所谓“退后一步天地宽”，在退后一步的过程中，你会发现原有的计划之中的许多问题，也许这些问题就是造成阻碍的原因之一。你应该借此机会重新审视你的计划，确认你正在为之奋斗的目标仍然是你所希望实现的，你要考察一下你在这个计划中是否采取了错误的策略。随后，你就得准备重新检查和修改你的方法了。在这个过程中，你更应该注意排除个人因素，把所有的注意力都放在“什么是正确的”上面，而不是放在“谁是正确的”上面。

当你的计划看起来让你收效甚微的时候，你可不要一味地苦干蛮干，而是必须停下来反省一下，想一想自己的行动是不是有些错误的步骤。你可以不断地修改你的计划，直到它们变得完美无缺。如此，你就会摆脱不安和困惑的影响，顺利前行了。

很多人认认真真做事，可最终的结果却是失败或破产。这只在于他们在假设中的计划提供的产品和服务会有足够大的市场，他们以为只要自己出现在市场上，客户就会从原有的供货商那里把生意投向自己；他们以为自己很有天分，拥有高超的技术能力，是在低价出售产品和服务，他们以为自己在这种情况下是能够获利的。可是，在现实生活中，他们的这种假设有可能是错误的，这种情况在任何一个公司都不鲜见，世上哪有百战百胜的公司呢？即使是像微软公司这样的超大企业也同样会犯假设方面的错误。而只要一个假设是错误的，那么也极有可能造成经济上的灭顶之灾。

真正能够把自己引向成功的态度应该是：乐于对自己的假设提出质疑，即便事情并未遭遇危机或失败，也应常常质疑，从另外的角度反思自己的假设，同时还要用事实来检验它，最重要的是，你要在内心里真诚地接受自己也会犯错误的可能性。

在全球化的浪潮中，灵活变通是必须的，所谓“穷则思变”，灵活机变的素质能把你引向成功的坦途，同时它也将成为你棋高一着的标志。

质疑习惯与流行

卡耐基认为，习惯就像是走路，假如人们选择了一条路，就会沿着这条路一直走下去。习惯的力量会使人们不自觉的强化自己的选择，并让自己无法走出自己选择的道路。

一位哲学家也曾经说过：“习惯的养成有如纺纱，一开始只是一条细细的丝线，随着我们不断的重复相同的动作，就好像在原来那条丝线上不断缠上一条又一条丝线，最后变成一条粗绳，把我们的思想和行为缠得死死的。”

习惯成自然，这话一点不假，我们每天都在有意无意的办事，久而久之便成了一种习惯，潜移默化就形成了习惯性思维、习惯性动作。

一个公司的董事长即将退休，他想挑选一位才智过人的接班人。经过一段时间的物色和观察，他挑出了班尼和威利作为最后的人选。碰巧的是，班尼和威利两人都擅长骑马。一天，董事长邀请他们两人到自己的农场。董事长牵着两匹同样好的马走出来，说：“我知道你们都精于骑术，这里有两匹好马，我要你们比赛一下，胜利的一方将会成为我的接班人。”班尼和威利接过马后，不约而同地打量马的素质和衡量自己的技术。这时，董事长宣布比赛的规则：“我要你们从这里骑马跑到农场的那一边，再跑回来。谁的马“慢”到，谁就是下一届的董事长!”班尼和威利顿时呆住了，两人心里奇怪，“骑马比赛都是比速度，谁快谁就赢，怎么会比慢呢?”董事长见两人都张着嘴没说话，便说道：“我再重复一次，这次比赛是比“慢”，不是比“快”。你们各就各位，我数三下开始。”“一、二、三，开始!”董事长发令，班尼和威利仍然站在原地，不知怎样做。过了好一会儿，班尼突然灵机一动，跳出习惯思维的束缚，迅速跳上威利的马，然后快马加鞭，向农场另一边跑去，却把自己的马留在原地。当威利想通是怎么一回事时，可惜已经太晚了。结果，威利的马最先到达终点，威利输了！董事长高兴地对班尼说：“你可以想出有效创新的办法，这证明你有足够的才能继任我的职位。”

走出习惯性思维成全了班尼，而下面这个例子却拯救了很多人的性命。

一家化学实验室里，一位实验员正在向一个大玻璃水槽里注水，水流很急，不一会儿就灌得差不多了。于是，那位实验员去关水龙头，可万万没有想到的是水龙头坏了，怎么也关不住。如果再过半分钟，水就会溢出水槽，流到工作台上。水如果浸到工作台上的仪器，便会立即引起爆裂，里面正在起着化学反应的药品，一遇到空气就会突然燃烧，几秒钟之内就能让整个实验室变成一片火海。实验员们面对这一可怕情景，惊恐万分，他们知道谁也不可能从这个实验室里逃出去。那位实验员一边去堵住水嘴，一边绝望地大声叫喊起来。这时，实验室里一片沉寂，死神正一步一步地向他们靠近。

就在这时，只听“叭”地一声，大家只见在一旁工作的一位女实验员，将手中捣药用的瓷研杵猛地投进玻璃水槽里，将水槽底部砸开一个大洞，水直泻而下，实验室里一下转危为安。

在后来的表彰大会上，人们问她，在那千钧一发之际，怎么能够想到这样做呢？这位女实验员只是淡淡地一笑，说道：“当我们在上小学的时候，就已经学过了这篇课文，我只不过是重复地做一遍罢了。”

这个女实验员用了一个最简单的办法来避免了一场灾难。《司马光砸缸》我们都学过，砸缸救人，关键在于冲破了缸的束缚，得到了解脱。

但多数人的思维都只想到了要怎么关掉水龙头，没有想到其他让水流掉的方法。其实这个“缸”就可以看作我们的惯性思维，很多时候我们对很多机会视而不见，只因我们被我们思维束缚住了。这个时候惟有打破，才能放飞我们的思维，进入一个新天地。

在我们的生活中。习惯性思维已经渗透到各个方面，不是说都不好，好的习惯当然要坚持，但是，很多好的经验在不同的环境或许已经行不通了，甚至有些习惯性思维给我们带来的是负面效果，这个时候就要摆脱习惯性思维。

一般情况下，如果遇到有悖常理的事情，习惯性思维就会乱了分寸，就会大惑不解。而生活是一部极其深奥的教科书，他教会了我们如何思索，让我们学会了逆向思考、反向思维。假如你想要创造，你必须抛弃所有的制约，否则你的创造力不过是抄袭，它将只是一个副本。既然生活如此，在我们的工作中，也要善于打破常规，只有这样才有可能实现创新，用新的思维新的方法解决问题，灵活机智的处理事情，才能走出习惯性思维的疴结，提高我们的工作效能。

80/20 法则

“时间就是金钱”的观念早已深人人心，而对于职场中人来讲，做好时间管理不仅意味着丰厚的经济利益，更能令自己的事业突飞猛进。保持焦点，一次只做一件事情，一个时期只有一个重点。聪明人要学会抓住时间，抓住重点，远离琐碎。应该把精力用在最见成效的地方，所谓“好钢用在刀刃上”。

把时间用在刀刃上

美国企业家威廉·穆尔在为格利登公司销售油漆时，头一个月仅挣了160美元。他仔细分析了自己的销售图表，发现他的80%收益来自20%的客户，但是他却对所有的客户花费了同样的时间。于是，他要求把他最不活跃的36个客户重新分派给其他销售员，而自己则把精力集中到最有希望的客户上。不久，他一个月就赚到了1000美元。穆尔从未放弃这一原则，这使他最终成为了凯利－穆尔油漆公司的主席。

格式化。许多信件和表格都可以借助电脑，提前予以格式化，用时则只需几分钟就可输出。电子邮件的地址列表有类似的功效。

现在就做。许多人习惯于“等候好情绪”，即花费很多时间以“进入状态”，却不知状态是干出来而非等出来的。请记住，栽一棵树的最好的时间是20年前，第二个最好的时间是现在。

不得不走。要学会限制时间，不仅是给自己，也是给别人。不要被无聊的人缠住，也不要在不必要的地方逗留太久。一个人只有学会说“不”，他才会得到真正的自由。

避开高峰。避免在高峰期乘车、购物、进餐，可以节省许多时间。

巧用电话。要尽量通过电话来进行交流，沟通情况，交换信息。打电话前要有所准备，通话时要直奔主题，不要在电话里说无关紧要的废话或传达无关主题的信息与感受。

成本观念。在生活中，有许多属于“一分钱智慧几小时愚蠢”的事例，如为省两元钱而排半小时队，为省两毛钱而步行三站地等等，都是极不划算的。对待时间，就要像对待经营一样，时刻要有一个“成本”的观念，要算好账。

精选朋友。多而无益的朋友是有害的。他们不仅浪费你的时间、精力、金钱，也会浪费你的感情，甚至有的“朋友”还会危及你的事业。要与有时间观念的人和公司往来。

避免争论。无谓的争论，不仅影响情绪和人际关系，而且还会浪费大量时间，到头来还往往解决不了什么问题。说得越多，做得越少，聪明人在别人喋喋不休或面红耳赤时常常已走出了很远的距离。

积极休闲。不同的休闲会带来不同的结果。积极的休闲应该有利于身心的放松、精神的陶冶和人际的交流。

集腋成裘。生活中有许多零碎的时间很不为人注意，其实这些时间虽短，但却可以充分利用起来做一些事情。比如等车的时间可以用来思考下一步的工作，翻翻报纸乃至记几个单词。

提前休息。在疲劳之前休息片刻，既避免了因过度疲劳导致的超时休息，又可使自己始终保持较好的“竞技状态”，从而大大提高工作效率。

搁置的哲学。不要固执于解决不了的问题，可以把问题记下来，让潜意识和时间去解决它们。这就有点像踢足球，左路打不开，就试试右路，总之，尽量不要“钻牛角尖”。

对时间做好合理的管理

对个人而言，时间是一种最重要、最宝贵的资源。时间管理的实质是面对时间而进行的自我管理。时间管理是对金钱的管理、对效益的管理，是职业成功的源泉。

上学的时候，有一篇课文叫《统筹规划》，教的就是让我们如何去合理的安排自己的时间，做好时间的主人。然而，在我们的工作中，往往是因为时间安排不合理而浪费了很多的时间，使工作没有达到预期的效果。

浪费时间的原因有主观和客观两大方面。这里，我们来分析一下浪费时间的主观原因，因为，这是一切的根源。

1. 做事目标不明确。

2. 作风拖拉。

3. 缺乏优先顺序，抓不住重点。

4. 过于注重细节。

5. 做事有头无尾。

6. 没有条理，不简洁，简单的事情复杂化。

7. 事必躬亲，不懂得授权。

8. 不会拒绝别人的请求。

9. 消极思考。

一项国际查表明：一个效率糟糕的人与一个高效的人工作效率相差可达10倍以上。所以，人人都需要掌握时间管理的方法和理念。

人们一般每8分钟就会受到1次打扰，每小时大约7次，每天50次~60次。平均每次打扰用时大约是5分钟，总共大约4小时。大约50%~80%的打扰是没有意义或者极少有价值的。

每天自学1小时，7小时一周，365小时一年，一个人可以像全日制学生一样学习，3~5年就可以成为专家。

一个人如果办公桌上乱七八糟，他平均每天会为找东西花1个半小时，每周要花7个半小时。

善于利用时间的人不会把时间花在需要的事情上，而会花在值得的事情上。在时间管理当中最有用的词是“不”。做一件事情实际花费的时间往往会比预期的时间多一倍。

如果你让自己一天做一件事情，你会花一整天去做；如果你让自己一天做两件事情，你也会完成它们；如果你让自己一天做12件事情，则会完成7~8件……

数字往往会揭示一些人们意想不到的真相。这些数据是否令你感到惊讶？我们不妨留意一下，找出一些和自己有关的时间数字，使自己始终保持危机感，警惕时间的流逝，抓紧利用好每一分、每一秒。

时间管理的方法

要管理好自己的时间，我们还要很好的掌握一些时间的管理方法，掌握好了这些方法，无论是在工作上还是在生活中，都能起到事半功倍的效果。时间管理的方法有很多，这里我们来分享集各种方法之大成的5个；

6点优先工作制：

该方法是效率大师艾维利在向美国一家钢铁公司提供咨询时提出的，它使这家公司用了5年的时间，从濒临破产一跃成为当时全美最大的私营钢铁企业，艾维利因此获得了2.5万美元咨询费，故管理界将该方法喻为“价值2.5万美元的时间管理方法”。

这一方法要求把每天所要做的事情按重要性排序，分别从“1”到“6”标出6件最重要的事情。每天一开始，先全力以赴做好标号为“1”的事情，直到它被完成或被完全准备好，然后再全力以赴地做标号为“2”的事，依此类推……

艾维利认为，一般情况下，如果一个人每天都能全力以赴地完成6件最重要的大事，那么，他一定是一位高效率人士。

帕累托原则：

这是由19世纪意大利经济学家帕累托提出的。其核心内容是生活中80%的结果几乎源于20%的活动。比如，是那20%的客户给你带来了80%的业绩，可能创造了80%的利润，世界上80%的财富是被20%的人掌握着，世界上80%的人只分享了20%的财富。因此，要把注意力放在20%的关键事情上。

根据这一原则，我们应当对要做的事情分清轻重缓急，进行如下的排序：

A 重要且紧急（比如救火、抢险等）——必须立刻做。

B 重要但不紧急（比如学习、做计划、与人谈心、体检等）——只要是没有前一类事的压力，应该当成紧急的事去做，而不是拖延。

C 紧急但不重要（比如有人因为打麻将“三缺一”而紧急约你、有人突然打电话请你吃饭等）——只有在优先考虑了重要的事情后，再来考虑这类事。人们常犯的毛病是把“紧急”当成优先原则。其实，许多看似很紧急的事，拖一拖，甚至不办，也无关大局。

D 既不紧急也不重要（比如娱乐、消遣等事情）——有闲工夫再说。

麦肯锡 30 秒电梯理论：

麦肯锡公司曾经得到过一次沉痛的教训：该公司曾经为一家重要的大客户做咨询。咨询结束的时候，麦肯锡的项目负责人在电梯间里遇见了对方的董事长，该董事长问麦肯锡的项目负责人："你能不能说一下现在的结果呢?" 由于该项目负责人没有准备，而且即使有准备，也无法在电梯从 30 层到 1 层的 300 秒钟内把结果说清楚。最终，麦肯锡失去了这一重要客户。从此，麦肯锡要求公司员工凡事要在最短的时间内把结果表达清楚，凡事要直奔主题、直奔结果。麦肯锡认为，一般情况下人们最多记得住一二三，记不住四五六，所以凡事要归纳在 3 条以内。这就是如今在商界流传甚广的 "30 秒钟电梯理论" 或称 "电梯演讲"。

办公室美学：

秩序是一种美。均匀、对称、平衡和整齐的事物能给人一种美感。简洁就是速度，条理就是效率。简洁和条理也是一种美，是一种办公室的美学、工作的美学。

我们应当养成如下良好习惯：

物以类聚，东西用毕物归原处；

不乱放东西；

把整理好的东西编上号，贴上标签，做好登记；

好记性不如烂笔头，要勤于记录；

处理文件的 3 个环节：第一，迅速回复。第二，迅速归档，以免文件弄乱或弄丢。第三，及时销毁。没用的文件要及时处理掉，以免继续浪费空间和时间。

莫法特休息法：

《圣经新约》的翻译者詹姆斯. 莫法特的书房里有 3 张桌：第一张摆着他正在翻译的《圣经》译稿；第二张摆的是他的一篇论文的原稿；第三张摆的是他正在写的一篇侦探小说。

莫法特的休息方法就是从一张书桌搬到另一张书桌，继续工作。

“间作套种”是农业上常用的一种科学种田的方法。人们在实践中发现，连续几季都种相同的作物，土壤的肥力就会下降很多，因为同一种作物吸收的是同一类养分，长此以往，地力就会枯竭。人的脑力和体力也是这样，如果每隔一段时间就变换不同的工作内容，就会产生新的优势兴奋灶，而原来的兴奋灶则得到抑制，这样人的脑力和体力就可以得到有效的调剂和放松。

掌握好了这些方法，合理的安排好了自己的时间，让自己的工作每天都是井然有序，既轻松又有很好的效率。

随机应变才能独当一面

曾经看过一个香港的电视连续剧，是讲消防队员的生活的。教官在培训消防队员时问他们一个问题：如果看到在一个斜坡上有一辆原本停止的大卡车正在缓慢下滑，该怎么办？学员们说出很多答案，如往车轮底下填东西，找几个人到车尾把车顶住，把车窗打破拉上手闸等等，教官都摇头否定。末了，教官说，有一个四字的办法，你们回去想吧。第二天，一个消防队员在路上猛然发现了教官问他们的场景：一辆货车正从斜坡慢慢地往下溜！他连忙冲上去，先自己用身体去把车抵住，但根本无法奏效；又跳到车前，打破驾驶室玻璃，去拉手刹，才发现手刹已经坏了；想找锲状物塞到车轮下，但一来车在移动，二来环顾四周，竟一下子找不到东西。眼看着下坡不远处有一辆停在路边的油罐车，货车很可能与之相撞！在这千钧一发之际，教官赶到。他迅速爬到货车上，货车上装了一些木板箱子，教官以飞快的速度把这些箱子往车后的地面上连踢带扔，箱子落地后以各种角度叠在一起，最终自然形成了锲形木块，在货车即将与油罐车相撞前阻止住了货车。惊魂未定的消防员问教官，您昨天教我们的四字方法是什么？教官长出一口气说，哪有什么一成不变的方法，就是“随机应变”四个字啊！

现实生活是不断变化发展的，可能会出现很多难以预料的现象，因此，不能照搬条条框框，搞本本主义，犯教条主义的错误。即使是好的理论也要与实际情况相结合，必要的地方要做一定的变通。马克思列宁主义是好东西，但到中国来也得与中国实际相结合。苏联革命成功的经验在中国完全行不通，毛泽东是个善于随机应变的高手，他马上就从失败中汲取教训，及时调整，制定了“农村包围城市”的战略，最终取得了成功。红军中的将领也都掌握了毛泽东军事思想的这个精髓，比如刘伯承就这样总结刘邓大军的所向披靡：“没有别的秘密。就是不讲老规矩，不按老路子打，一切看情况，打赢了算数”。既粗且俗的一句话，竟然是制胜宝典！

那如何在工作中成功地应变呢？

首先要明确目标。当情况发生改变，需要作出反应时，要保持清醒头脑，时刻明白自己的目标是什么。现代社会人的精力太容易分散，在经历一系列变化之后，很容易忘了自己原来的目的是什么。比如说在面对一些人时，有些人的粗暴态度就不太可取，那样的做法只能使情况更恶劣。虽然这些人的做法和表现可能让你很失望，但工作就是要把任务好好的完成，不能因为任何人的影响使得工作完成不了，每一个公司员工都要有使命必达的感觉，这样才能更好的实现既定的目标。

举两个不太恰当的例子。拿教师这行来说，有些教师目标很明确，但是不太正确。比如只看重分数，其它一概不看。在这样的目标下，可以灵活机动的余地就很小了。学生上课精力不集中，他要批评；作业质量不高，他要批评；考试成绩不好，更是没什么好脸色给学生了。我以前看到过一个例子：一名数学教师在准备给学生上课时，突然发现学生们被窗外吸引了，原来外面下起了鹅毛大雪。教师当机立断，决定暂停上课，带着学生到室外去欣赏雪景。对于教师来说，虽然这节课受到损失，但是与学生的距离却一下子拉近了。学生的需求得到了满足，反而激发了学习的动机，以后对待数学的态度有了改变，数学成绩反而提高了。还有一个例子：一位语文老师在上课时，一只小鸟突然飞进课堂，惊叫着，在教室里乱飞乱撞，学生的注意力全被飞鸟吸引住了。玻璃窗外有防护网，小鸟一时又飞不出去。老师见状，灵机一动，说：“唉呀，这只鸟真漂亮，大家仔细观察一下，第二节课我们写一篇关于这只小鸟的作文好吗?”于是一堂生动的观察课开始了。在这两个例子中，教师的随机应变都建立在教师的正确教育观、学生观的基础上。因此他们有正确而长远的目标，而不拘泥于一时一事。

教师职业是大千世界工作的一个小缩影，从教师行业身上就可以看到其他工作也要保持随机应变的机动灵活性，并且要目标明确。

其次要判断形势。当形势发生变化时，一定要及时地做出正确的判断。要判断原来的计划是否仍然可以实施，如果情况不是很糟，那么就不要做什么改变。如果情况急转直下，那么便“计划不如变化快”，随之而变。上面的两个例子中，教师都有一个判断形势的过程。学生被雪景或者小鸟所吸引了，教师如果按照原来的计划授课势必收不到效果，因此需要作调整。

判断形势的过程是复杂的，需要做详尽的分析。如果不好好分析现实情况，只是一味的盲目认为，并且自以为是的作出决定，很有可能使事情状况急速恶化，最后不可收拾了。

最后要做出决策。这个决策要马上作出，正确的决策是建立在正确的形势判断基础上的。前面数学教师觉得带学生出去欣赏雪景能改善师生关系，既能满足学生的需求，更有利于以后的教学，于是决定带学生出去玩；语文教师觉得让大家感兴趣不已的小鸟是一个求之不得的作文的素材，于是马上改变计划，让学生先仔细观察小鸟，第二节课写作文。这都是随机而作、因势利导之举。

决策一定要考虑后果。有些愚蠢的决定就是因为只顾眼前，不顾后果而作出来的。有些情况下头脑一热作出冲动的决定，没有想到一时的冲动使得情况变化太大，一时不好应付，那种焦急的心情真是一种煎熬啊。这种决策就是只解决眼前问题，而不顾后面的事情。要是眼光更放得长远一些，情况可能就不会是这样的。

随机应变对人的要求是很高的。但是这里所谈的随机应变不是耍小聪明。中国人似乎历来头脑就比较活络，善于随机应变。韩国国民大学中文系教授彭哲浩在他所著的《随机应变的中国人》一书中就认为随机应变几乎是中国人智慧的“缩写”。但是国人的随机应变往往表现为乱穿马路、乱插队、开后门等不正之风上。我们这里所指的随机应变是一种高素质，是在遵守社会和道德准则下的应变，它需要员工具备一些品质，这些品质在平时工作中可以着意培养。

第一个品质是冷静。在变化来临时，冷静尤其显得重要。诸葛亮所摆空城计是一个绝好例子，在生死悬于一线之际，诸葛亮居然还能坐在城墙上弹琴，而且琴声丝毫不乱，最终吓退司马懿，这需要多么坚强的意志品质啊！曾经有一位戴眼镜的班主任新到班级上第一节晨会课时，就发现黑板上画了一个戴眼镜的头像，旁边还写了三个美术字“四眼狗”。这位班主任开始时怒火中烧，额上的青筋都暴了起来，真想来个“新官上任三把火”、“杀鸡给猴看”。可是，他终于慢慢地冷静下来，控制住了即将爆发的情感。他扫视全班学生后，转身将黑板轻轻地擦干净，然后面对同学，笑眯眯地风趣地说：“黑板上的人头像画得不错，抓住了人物特点。画画的同学可能是为了向我和同学们显示一下自己的绘画才能，也可能是为了考验一下我和同学们的鉴赏能力。但是，不应该采取损伤别人人格的做法，更不应该用骂人的语言作为人物肖像的题目。”这时，学生们的目光一下子集中到了画画同学的身上。这位学生脸胀得通红，低下了头。班主任趁热打铁说：“我想这位同学此时一定已经感觉到自己错了，不过不要紧，这位同学可将功补过，把画画才能用在班级板报上。这样既可以表现、发挥和提高自己的绘画水平，又可以为班级服务，这该多好啊！”后来这位同学真的成了班上的一名称职的宣传委员，班级黑板报图文并茂，全校有名，师生感情也非常融洽。

第二个品质是敏锐。善于随机应变的人应该有敏锐的洞察力，否则如何做出正确的判断？变化通常都是有征兆的，很少有无缘无故的变故。事情发生了变化，敏锐的人通过观察就可以发现气氛和往常不一样，然后去做调查研究，就能大概知道事情的发展脉络。这样再去解决，事情就会比较容易解决。

第三个品质是机智。现在提倡要做“智慧型”的人，因此要表现的机智一些。机智的背后是博学。一个有丰富经验和学识的人往往表现得更为机智。古代的晏婴就是一个非常善于随机应变的人。他的随机应变更多的表现为机智。比如在《晏子使楚》中，楚灵王处处刁难晏婴，在宴会上，楚灵王一见到晏婴，马上问：“齐国是不是很缺乏人才？为什么派你这样一个矮子来出使楚国？”晏婴却不慌不忙：“大王，齐国人多着呢。国都临淄人口百万，每人呼一口气，可以呼气为云，每人淌一滴汗，可以挥汗如雨。行人来往川流不息，摩肩接履，又怎么能没有人才？只是敝国有一个规矩，贤明之人出使贤国，不肖之人出使不肖之国，大人出使大国，小人出使小国，而今我无才无德又最不肖，只好来楚国为使，希望大王原谅。”楚灵王自讨没趣，一时无言以对。

随机应变是一条原则，也是一种态度。“不是我不明白，只是这世界变化快”。以不变应万变的时代已经过去了，我们要活到老，学到老，随机应变到老。

下面再讲几个周总理随机应变的故事，正是因为周总理的随机应变才使得他在国际上赢得了很高的赞誉，也才使得他的工作更好的开展下去。

1. 一位西方记者问周总理：“请问总理先生，现在的中国有没有妓女?”不少人纳闷：怎么提这种问题？大家都关注周总理怎样回答。周总理肯定地说：“有！”全场哗然，议论纷纷。周总理看出了大家的疑惑，补充说了一句：“中国的妓女在我国台湾省。”顿时掌声雷动。

这位记者的提问是非常阴毒的，他设计了一个圈套给周总理钻。中国解放以后封闭了内地所有的妓院，原来的妓女经过改造都已经成为自食其力的劳动者。这位记者问“中国有没有妓女”这个问题，你周恩来一定会说“没有”。一旦你真的这样回答了，就中了他的圈套，他会紧接着说“台湾有妓女”，这个时候你总不能说“台湾不是中国的领土”。这个提问的阴毒就在这里。当然周总理一眼就看穿了他的伎俩，这样回答既识破了分裂中国领土的险恶用心，也反衬出大陆良好的社会风气和台湾的对比。哎呀，周总理考虑问题周密细致，同时又那么快速反应，你不佩服他也难啊！

2. 在日内瓦会议期间，一个美国记者先是主动和周恩来握手，周总理出于礼节没有拒绝，但没有想到这个记者刚握完手，忽然大声说：“我怎么跟中国的好战者握手呢？真不该！真不该！”然后拿出手帕不停地擦自己刚和周恩来握过的那只手，然后把手帕塞进裤兜。这时很多人在围观，看周总理如何处理。周恩来略略皱了一下眉头，他从自己的口袋里也拿出手帕，随意地在手上扫了几下，然后走到拐角处，把这个手帕扔进了痰盂。他说：“这个手帕再也洗不干净了！”

尽管中美当时处于敌对状态，但周总理一贯的思想，还是把当权者和普通美国民众分开。在谈判桌上横眉冷对，那是一点情面也不讲的。但会场外，他可是统战高手，尽量做工作，力图潜移默化。他对普通美国民众一直是友好的，包括新闻记者在内。所以，在那个美国记者主动要和周总理握手时，周总理没有拒绝。但这个记者纯粹要使周总理难堪，否则不会自己主动握手，然后又懊悔不迭地拿手帕擦手。周总理在他擦手之前，也不会意识到他会这样做。

当时大堂里人很多，就看你周恩来下不下得了台。所以周总理也拿出手帕擦手。请注意两人做法不同的是：记者擦完手后仍把手帕塞回裤兜，而周总理是擦完手后把手帕扔进了痰盂。周总理的意思是：你的手帕还能用，我的手帕因为擦了以后沾染了你的细菌，你这无耻小人的病菌，再也不可能洗干净使用了，所以我就把它扔到痰盂里去。

3. 有一次周总理应邀访问苏联。在同赫鲁晓夫会晤时，批评他在全面推行修正主义政策。狡猾的赫鲁晓夫却不正面回答，而是就当时敏感的阶级出身问题对周总理进行刺激，他说："你批评得很好，但是你应该同意，出身于工人阶级的是我，而你却是出身于资产阶级。"言外之意是指总理站在资产阶级立场说话。周总理只是停了一会儿，然后平静地回答："是的，赫鲁晓夫同志，但至少我们两个人有一个共同点，那就是我们都背叛了我们各自的阶级。"

周总理不管在何种场合，遇到什么样的对手，都能以超人的智慧，应付自如，对手甭想占到便宜。他坦言"我们都背叛了我们各自的阶级"，出其不意地将赫鲁晓夫射出的毒箭掉转方向，朝赫本人射去。此言一出，立即在各共产党国家传为美谈。

4. 九一三事件发生以后，苏联大使找到周总理，阴阳怪气地问道："总理同志，听说最近中国发生了一件惊天动地的大事?"周总理平静地回答："也没什么大事，只不过是森林里倒了一棵树，一棵树上落下一片叶子而已。"苏联大使故作关心地说："据权威人士推测，此事对中国的影响极为不利呀!"总理答道："恰恰相反，一颗毒瘤在肌体上自动消失，有百利而无一害。"苏联大使有些恼怒："总理同志，有句话我早就想说了，你们在国际上口口声声骂我们是社会帝国主义，把我们说得比厕所还臭。既是这样，那么请问：你们的林副统帅在国内一人之下、万人之上，为什么偏要投奔我们苏联呢?"周总理冷笑道："正因为厕所臭，苍蝇才喜欢那个地方。大使同志既然明白这个道理，又何必多此一问?"苏联大使被说得哑口无言。

林彪叛逃苏联并摔死在蒙古的温都尔汗。这个消息传出后，国际上一些敌对分子幸灾乐祸。中苏关系当时严重恶化，苏联大使和总理见面时存心想看好戏，让周总理难堪。他见兜圈子达不到目的，就摊出所谓的"王牌"，料想周总理一定无话可说，结果周总理反戈一击，苏联大使陷入十分狼狈的境地。

真正智慧的人是随机应变的高手，这在周总理身上可以看到，每一个渴望自己事业能够如履平地的人都要好好学习这样的随机应变，唯有如此，才能真正的驾驭各种突发事件，不给自己的事业增加不必要的麻烦。

做事到位，提出合理化建议

每个员工仅仅认真做好自己的工作是不够的。对于自己每天在做的工作，要用心地思考，这样做是不是最正确的呢？如果换个方法的话，效率是不是会提高呢？是不是还能有其它更好的方法呢？

而所谓的合理化建议就是在你完全熟悉工作任务的基础上，通过自身的思考所得出的结论。每一个合理化建议都应该可能对公司的业务有很大的帮助，对于任何一个真正想要成功的员工，提出合理化建议无疑是得到领导重视的很有效的方法，但是建议的提出是建立在做好本职工作的基础上，唯有如此才能更快的走向成功。很多国际知名的大公司都会有比较完备的合理化建议的体系，来保证工作的合理进展。西门子就是一个很好的例子。

西门子的“3i”管理

西门子仅在中国就拥有员工4．3万人，它怎样对员工的合理化建议进行管理，保证每一条合理化建议都能被有效处理？

当克虏伯先生1872年最早提出合理化建议管理概念之时，西门子也开始了与中国的第一次合作。那一年，西门子为中国带来了当时世界上最先进的电信技术。

时至今日，西门子的足迹已经遍布中华大地——公司在中国建立了近50家运营公司和众多本地办事处，拥有员工43000多人。如此庞大的组织机构，西门子如何保证每一位员工的合理化建议都能够正确的有效处理？作为一家有着悠久历史的跨国公司，西门子的合理化建议管理，对于发展中的中国企业有何可借鉴之处？

别具一格的"3i"

在西门子，合理化建议有一个特别的称呼"3i"，即："建议（ideas）、激励（impulses）、主动性（initiatives）"。3i 对合理化建议的几个要素进行了很好的概括。早在 1890 年，西门子便有系统地提出了合理化建议管理体系，并且 1997 年明确成文提出 3i 项目，目的就是面向员工进行合理化建议的流程管理。

在世界各地，西门子的 3i 尽管采用了因地制宜的管理方式，各具特色，但是其组织原则和工作流程却大体一致，从而使西门子员工合理化建议的管理保持了全球范围内的一致性。

但与德国企业传统的合理化建议管理机构不同，3i 既不是一个自上而下的管理机构，也不是近年兴起的引进"点子公司"的方式，而是一个介于员工与部门经理之间的平衡机构，其主要作用在于平衡员工与部门经理之间关于建议的分歧。"3i 是保证流程得以实现的重要手段，是第三方的督促者。员工和部门主管之间的平衡需要 3i 协调。"西门子（中国）业务发展部 3i 办公室专员宋小玲如是说。

多渠道保证

针对西门子庞大的组织构架，《中外管理》了解到：西门子采用了多种方式保证员工合理化建议的上传下达，在基本层面分为直接建议和间接建议。

直接建议的模式为：每一个员工，不管职位如何，在工作周围，如果发现一些可以改进的地方，并且对这些地方有一定的思考，不管问题是否在自己的职权之内，都可以直接接触相关主管，相关主管会尽快判断并给出答复，如果不能采用，将详细告知不可为的原因。

而间接建议则是针对西门子庞大的组织机构，许多员工的发现，可能不知道如何向上反映，无法找到直接负责人。那么员工在确认事情确实需要解决并且可以解决的时候，可以提交给 3i 办公室，然后由 3i 出面去找专门的管理者。

此外，当员工的建议有向高层传达愿望的时候也极为便利，西门子所有员工的联系方式是公开的。内部网上任何一位员工都可以查找到所有管理层人员的联系方式，包括：主管部门、email、手机和办公室电话。

西门子更加提倡的是直接建议，但是间接建议的道路一直保持着畅通。所以在直接建议的过程中，如果员工觉得自己没有被采纳的建议是对公司有所帮助的，依然可以再去找3i办公室沟通，这样可以保证员工正确合理的建议切实地对公司有价值。

在各种渠道都保持畅通的情况下，西门子的每一位员工，都可以确定自己的建议会被主管部门看到并接受到反馈，这就为合理化建议的管理奠定了良好的基础。

做好经理的工作

西门子将合理化建议的支撑要素分为两部分。首先，当然是员工的参与，其次就是各级经理们的支持。动辄几万人的企业，如何保证每一位员工的合理化建议都能够得到重视并及时反馈，是困扰许多企业人力资源部门的难题。据《中外管理》调查了解：西门子并不像国内的许多企业一样，分门别类地划分不同建议的类别。在员工直接建议盛行的西门子内部，部门经理的作用便显得至关重要，因为部门经理将对员工针对本部门的合理化建议直接做出判断。这种类似于“上级主管管理模式”的方式，不仅极具针对性，而且大大缩短了建议从提交到反馈的流程。对于许多大企业来说，可能是效率最高，且最易实现的。

重奖成就3i

无论实行哪种管理模式，德国企业对合理化建议的奖励标准基本是一致的。在采访《中外管理》时发现：西门子对于合理化建议的奖励达到了通行标准的最高水平。

其现金奖励分为两部分：一种称为LA（一次性奖），另一种叫经济价值奖。例如：员工建议改进了流程、提高了质量、缩短了工时、提高了工作的安全性，甚至在环保方面做出了贡献，西门子通常采用一次性奖的方式，最多不超过8000元人民币。

而经济价值奖，则是根据员工建议实施之后所带来的经济价值计算的。西门子有一套完整的计算公式，例如：建议本身所带来的经济价值、执行的成本等等，这些要素都会被综合考虑进去，最高15万元人民币，在德国是15万欧元。员工的单条建议如果对整个公司各个分集团的类似部门都起到了作用，甚至可以进行累加，但是不超过15万元。因为西门子内部实现了相对独立的独立核算，因此奖励由相关受益部门发放，但是采用同一的标准。西门子在中国奖励金额为建议所带来的经济附加值的一部分，最高可达25%.

有报告显示：尽管西门子为此付出了巨额的奖金，但是公司却因此每年削减了2．5亿欧元的成本。

诱导员工“有作为”

曾经有一个德国实习生，在中国实习时，不到三个月的时间为西门子公司提了46条建议，最终被采纳了一条，这条建议奖励了他400元钱。“对于行政部门而言，这也许是很痛苦的事情，可是却能生动地反映出员工的积极性。”一位西门子中层管理人员如是说。

西门子对于合理化建议的重视从奖金标准上便可见一斑。奖励的目的是提高员工的积极性、发挥员工的主观能动性和创造性，集众人之智，谋企业发展。因为员工只需要做好本职工作，便可以获得全额的工资收入，但是奖励机制的实施，使员工的热情高涨。宋小玲认为：只要公司有明确的政策和严肃的制度支撑奖励，则员工在“可以作为”的时候，便会更加认真地对待周围的工作，去发现自己职责之外的许多问题。

如果说渠道的畅通保证了员工“能作为”，那么重奖之下，员工就会主动地追求“有作为”。企业中“有作为”的员工越来越多的时候，那企业的健康快速发展，就会简单许多。

对于暂时不能采纳的员工建议，西门子除了有非现金奖励机制——如礼品、鼓励等措施之外，在制度上也有保证：员工提出的建议只要在三年之内得以实施，便同样可以获取同等奖励。同时3i部门会专门进行相关调查：为什么三年前没有实施？是什么条件或者环境发生了变化？这样一来，使得员工的

建议从制度上有了完善的保障体系，从而保护了员工的积极性

西门子的例子恰恰说明公司得到好的发展，那些提出合理化建议的员工是不会没有好的发展机遇的，正是这样的合理化建议的提出使得员工和公司得到长足的发展。每一个渴望大的发展的员工都要好好珍惜这样的机会，抓住机遇，做好本职工作，从而提出合理化建议。

公司与员工双赢 A 计划

而合理化建议的提出可是实现公司与员工共同最佳途径。

有一天，董事长乔纳博士视察研发部门。他走到艾德身边问道："做得如何?" 当时艾德手上正负责一项放映机计划。"真高兴你问了我，我对家庭摄像机有些新构想。"艾德说，此话引起乔纳博士的兴趣，希望知道艾德更多的想法。所以，艾德继续谈论他关于"随取灯源式家庭摄像机"的构想，分析市场的特性，以及为何此计划能符合公司的长期策略。这番话让乔纳博士印象深刻，在时间仓促的情况下仍记下了重点。

数星期后，这项计划竟然成形了。公司内各环节悄悄地打通，这项"随取灯源式家庭摄像机"竟成了研发部门的第一优先计划。艾德的创新构想在市场上大获成功，一直到摄录放影机（V8）这项新科技出现前，"随取灯源式家庭摄像机"都是该公司最重要、也是利润最高的产品。

艾德的成功，不仅在于他的好构想，更在于他想到如何让计划符合公司的整体目标。他下过功夫，当机会来临时就能立即向董事长报告他的好构想。

在有些公司，一项工程布置下来，大家明明知道无法完成，但都心照不宣不告诉老板。因为反正也做不完，大家索性也不努力去做事，而是花更多的时间去算计怎么把这项工作的失败怪罪到别人身上去。正是这些人和这样的工作作风，可能把公司拖垮。

一些管理经验表明：开放的心态是团队成功的基本要素。心态开放的成员总是乐于处理各种问题，懂得营造一种开放的氛围让其他人畅所欲言，以促进彼此之间的交流。这些团队成员实际上是真正高明的沟通者，他们善于营造一

种氛围来促进成员之间的相互交往，使得团队无论遇到什么问题都能得到有效而合理的解决，最终使团队的整体绩效提高。

开放型成员能够坦率地发表自己的观点，乐于提出问题并找到解决问题的可行方法，并接受大家的反馈意见。下面就是一个这方面的例子：

日本东芝电气公司1952年前后曾一度积压了大量的电扇卖不出去，7万多名职工为了打通销路，费尽心机想了不少办法，依然进展不大。

有一天，一个小职员向当时的董事长石坂提出了改变电扇颜色的建议。在当时，全世界的电扇都是黑色的，东芝公司生产的电扇自然也不例外。这个小职员建议把黑色改为浅色。

这一建议引起了石坂董事长的重视。经过研究，公司采纳了这个建议。第二年夏天，东芝公司推出了一批浅蓝色的电扇，大受顾客欢迎，市场上还掀起了一阵抢购热潮，几个月之内就卖出了几十万台。

身为企业的一员，如果我们能够在问题还未发生之时积极主动地提出合理化建议，就会使整个公司尽可能地避免重大问题的发生，这对于整个公司未来的发展具有十分积极的意义。同时，对于提出合理化建议的员工个人来说，提出建议的过程本身实际上就是一个自我能力充分展现和提升的过程。

员工应当积极地向组织提合理化建议。合理化建议是团队成员用积极行动推动组织发展的最积极的表现，它不只是起到“好产品、好主意”的作用，还是发动员工参与管理、促进上下沟通的良好形式。几乎所有的成功企业都把合理化建议活动的开展和企业的兴衰连在一起。一个企业要兴旺发达，单靠自上而下的指导是不够的，必须要与自下而上的建议相结合。

除了极少数的人能直接创建自己的事业，大多数人都必须走一条相同的路，依托组织奠基自己的事业生涯。只要你处于组织中，是组织的一员，就应当以组织为家，和组织肝胆相照，荣辱与共。

员工向领导提出自己的合理化建议，这说明你尽了一位组织成员的责任，对组织充满了爱心，你也会得到领导的信任。适时地提出一些大胆的建议，可以让你的价位在领导心目中水涨船高。

但一些企业员工却认为，向公司提出合理化建议需要冒一定的风险，比如受到领导的猜疑、同事的排挤等，还需要付出不必要的时间和精力。更有一些企业员工认为，公司发展得是好是坏与自己并没有太大的关系，既然公司的现状已经如此，那么自己实在没有必要再将心思花费在这上面，得过且过，能混到什么时候就混到什么时候。一旦看到公司遭遇危机，这些企业员工不是躲在一边说风凉话，就是一副事不关已、高高挂起的没事人的样子，丝毫没有为公司分忧的“冲动”，更不可能提出解难的“妙招”。

“覆巢之下，焉有完卵“。企业如果面临危机，那么其员工的事业发展前途也必将受到严重影响。虽然在企业林立的现代社会，当自己所属的公司出现重大危机之后，其员工可以有很多重新就业的机会，但是这种建立在组织遭受重大创伤基础之上的重新选择对于任何一个有着较强事业心的人来说都是一种无奈，更何况，这实际上很可能会使人们的事业不得不走上或左或右的弯路，身为企业的一员，当我们积极地为公司眼前遭遇的难题或者未来的发展积极主动地贡献自己的心力之时，我们与公司的事业都将会获得实质性的进展。

针对公司内部存在的问题向公司提出相关建议，这既是每一位员工的责任，也是员工应有的权利。因为，公司就是一个大家庭，这个大家庭当中的任何一名成员都可以为了公司的发展提出自己的意见或建议。通常，能否积极主动地向公司提出有建设性的意见或建议，往往被当作公司衡量员工对企业是否忠诚的一项重要标准，因为一个将公司发展置身事外的员工是不会花费时间和精力在自己工作范围之外的事情上的。当然了，向公司提出建议需要看准时机，并且需要讲究方式方法，贸然行事只会事与愿违。要想使自己提出的建议受到公司重视并得到采纳，同时又使自己得到公司领导的支持和赏识，从而实现公司事业与自身事业的共同发展，企业员工要尽可能地从以下几方面使自己得到充分锻炼：

1.培育自己对企业的归属感

缺乏强烈归属感的员工很难从公司的根本利益出发，积极地提出合理化建议。在企业中经常见到一些员工，他们本身对企业未来的发展持以消极漠视的态度，在自己的本职工作上常常做不到位，却总是在企业的经营活动过程中指指点点，表面上看他们是在积极地向公司提出建议，实际上他们只是在满足自己的自我表现欲，或者根本就是在掩饰自己的消极工作态度。只有不断培养自己对企业的强烈归属感，才能真正地站在公司的立场上为公司未来的发展和眼前存在的问题提出合理化建议，也只有对企业具有强烈归属感的员工，才能发自肺腑地维护公司的整体利益。当企业员工从根本上基于公司整体利益积极地为公司提出合理化建议时，这些员工也会在公司大家庭的繁荣兴盛前景中不断实现个人进步。

2. 不断提升自身业务素质

如果没有优秀的业务素质，就很难根据公司的业务开展情况提出有价值的意见。而且，在企业中通常会存在这样一种情况：如果一位企业员工自身的业务能力不强，连完成自己的本职工作都显得捉襟见肘，那么他所提出的建议不但得不到同事的尊重和领导的重视，反而会被认为有些自不量力。这并非是在打击企业员工向公司提出合理化建议的积极性，其实企业员工在踏实做好自己本职工作的过程中也应该认识到，如果自己的业务能力确实达不到公司的某些标准，那么自己提出的建议实际上也很难起到促进公司发展的作用。

因此，企业员工必须不断提升自身的业务素质，这样既有利于自己的进步，还可以使自己对公司提出的合理化建议更有分量，更重要的是可以使自己花费一定时间和精力提出的建议真正起到推动公司发展的作用。

3. 把握提出建议的适宜时间和地点

主动地向公司提出合理化建议，这是应企业领导之所需，也是企业发展的需要。不过，凡事都应讲究合适的时间、地点和对象，即人们常说的“天时、地利、人和”。如果企业员工在提出某些建议的时候选择了不恰当的时间和地点，往往会“好心得不到好报”，即使这些建议是非常合理的，有时也会得不到充分采纳，甚至还会引起周围人对自己的不满。正所谓，没有“天时、地利”，哪里来的“人和”！

在选择时机上，企业员工要尽可能地做到及时，提出合理化建议宜早不宜晚，针对某一问题提出的建议时间越早，公司遭受的损失就会越少，可能获得的利益就会越多，反之亦然。在现代市场上，经常有一些企业因为没能及时对相关问题进行有效处理，结果导致企业损失惨重。对于员工个人而言，尽可能早地提出合理化建议也比做“事后诸葛亮”更能体现自身的价值。

在选择地点上，企业员工需要根据不同的建议类型选择相应的地点。通常认为，如果是针对公司中存在的某些不合理现象提出意见，或者是针对公司领导的管理方式等提出意见，最好选择相对封闭的空间，要尽可能地避免在公开场合提出此类问题。一些有利于企业技术革新、节约增效等方面的建议，则可以在公司的会议室里提出。

事业生涯除了自己之外没有别人可以掌控，这是你自己的事业。这就要求自己比领导更积极主动地工作，对自己所作的结果负责，并且持续不断地寻找解决问题的方法。照这样坚持下去，你的表现便能达到崭新的境界，为此你必须全力以赴。

身为公司的一员，你应尽可能地站在公司的立场积极地提出自己的建议，这样做本身是值得提倡的，不过在复杂的公司环境中，你同样需要在提出建议之前综合种种因素，结合企业内部的潜规则，在合适的时机、情境下，用适当的方法提出合理的建议。在为公司提出建议的时候，企业员工需要特别注意以下问题：

1. 紧密围绕公司经营管理实际，提出针对性强、具有实际操作性的建议，避免夸夸其谈。

2. 提建议之前尽量考虑充分，做到胸有成竹，从而使你提出的建议经得起他人和实践的考验，记住：经不起考验的建议最好不要轻易迫不及待地拿出来展示。

3. 在企业遭遇重大危难的时候及时提出妥善的解决办法，往往胜过平时在会上的一百次无关痛痒的发言。

4. 不要为了引起领导的注意而独吞建议成果，适当地让同事分享成果可以有效避免引起同事的妒忌，并且有助于自己赢得团队的尊重和信任。

伺机而动，不放过任何机会

在人的一生中，果断坚定，把握机会，就可能会品尝到成功的欢乐；犹犹豫豫，思前想后，就会错过很多机会，甚至留下永远的遗憾。

有这样一个故事：一个年轻人非常想娶农场主漂亮的女儿为妻。于是，他来到农场主家里求婚。农场主仔细打量了他一番，说："我们到牧场去。我会连续放出 3 头公牛，如果你能抓住任何一头公牛的尾巴，你就可以迎娶我的女儿了。"

于是，他们来到牧场，年轻人站在那里，焦急地等待着农场主放出的第一头公牛。不大一会儿，牛栏的门被打开了，一头公牛向年轻人直冲了过来，这是他所见的最大而且是最丑陋的一头牛了。他想，下一头应该比这一头好吧。于是，他跑到一边，让这头牛穿过牧场，跑向牛栏的后门。

牛栏的大门再次打开，第二头公牛冲了出来。然而，这头公牛不但体形庞大，而且异常凶猛。它站在那里，蹄子刨着地，嗓子里出发“咕噜咕噜”的怒吼声。“哦，这真是太可怕了……无论下一头公牛是什么样的，总会比这头好吧。”年轻人想。

不大一会儿，牛栏的门第三次被打开了。当年轻人看到这头公牛的时候，脸上露出了微笑。这头公牛不但形体矮小，而且非常瘦弱，这正是他想要抓的那头公牛！当这头牛向他跑过来的时候，他看准时机，猛地一跃，正要抓住牛尾巴时，但是——这头牛竟然没有尾巴……

这是一个很令人遗憾的故事，但说明了一个问题：机遇在我们的生活中是可遇而不可求的，永远不要奢望下一次机会会比这一次好。

许多人都像故事中的主人公一样，对已经来到面前的机会没把握好，就在犹豫不决的时候，已经把机会错过了。人生路上，机会稍纵即逝，要好好把握住机会。因为把握住机会就等于成功了一半，“机不可失，时不再来”。如果把握不住，机会就会像流云一样从你面前飘然而过，所以机会来时，要当机立断充分把握住机会。如果你能抓住机会并利用好，你就能成为成功者。如果你任凭机会擦肩而过，也许你注定就会一生碌碌无为。

我们知道，美国杰出的成人教育家戴尔·卡耐基，1909 年，他毅然放弃销售卡车的职业，决定“为生活而写作，为写作而生活”，他的巨著《成功之道全书》是继《圣经》之后出版史上的第二部畅销书，他的勇敢坚定，终于换来了成功。他在书中写到：“我们常常会有很多机会，可是却很少能发现并把握机会，因此，当发现机会时，我们需要立即行动。”

现在，摆在我们面前有很多机会，就是看你会不会把握！上天赋予每个人的机会是一样的，就是看你会不会珍惜。机会只偏爱有准备的人。我们每个人一生中都会遇到不少的机会。有的人抓住了，便成功了；有的人毫无准备，机会便从他的手心悄然溜走了。

善于把握机会的人，到处是机会；不善于把握机会的人，即使再好的机会来了也会错过。机会就是在人生原野上驰骋的烈马，你把握住了它，就能在未来的开拓中留下延伸的脚印；你没把握住它，那只能对着远去的机会独自品尝错过的苦涩。这就是为什么对有些人来说，机会是引火的火种，可以借助它点燃人生道路上的熊熊大火；而对另外一些人来说，它不过是一堆灰烬，只能随风飘散。

“弱者等待时机，强者创造时机。”因循等待是人们失败的最大原因；徘徊观望更是成功的最大敌人。

不观望，不等待，是我们每个人必备的心态；

把握机会，不要错过，才能品尝成功的快乐。

而当你抓住了机会时，你要做的是保持好的心态，珍惜眼前的工作机会。

当企业从成千上万份简历中选中了你，当你从几份录用通知中选择了某一家企业，人生中的第一份工作就摆在了面前。在对工作期待和对未来憧憬之余，大家是否明白，工作态度将会成为决定将来事业成败的关键因素之一。

珍惜成长的机会

前些天在地铁车厢里听见两人一段对话，一位抱怨自己不是正式员工，薪水较低，却还要加班完成额外的工作，很不值得。另一位就劝她今后遇到加班就说自己家里有事，能推则推。我感到，这两位女士犯了为薪水而工作的毛病。她们只看到了眼前的薪水，却没有看到薪水背后学习技能和能力培养的机会。

初入社会的学子们往往会为一份高薪的工作而自豪，为短期内无法加薪升职而苦闷，无法保持尽职尽责的工作态度，以为领导对自己不重视就可以混一天算一天，为自己的懒惰寻找冠冕堂皇的理由。殊不知工作懈怠，浪费的是自己的时间和机会，到头来工作能力得不到有效提升，薪水也就只能维持原地踏步的水平了。

如果地铁车厢里的那两个人能够不计较目前微薄的薪水，利用加班的机会多学习公司业务，提高工作能力，为企业做出更大的业绩，总有一天领导会肯定她们的努力，终会有晋升和加薪的一天。即使没有，也提高了她们的能力，学到了工作方法和经验，未来会有更多机会等待着她们。请大家记住，要为成长而工作，要为未来而工作。

调整远大的目标

在招聘工作中，不少很有才华的学生，他们有远大的目标和抱负，也有吃苦意识和进取心。但进入企业时间不长便离职了，几年中工作换了一个又一个，但始终没有达到自己的目标，而与他们同龄的其他学生已开始得到企业的重用。于是，心有不甘的他们选择出国深造，以期通过学识水平的提升来实现自己的目标。

他们的问题在于自己的目标过于远大或过于分散。过于远大的目标不是一朝一夕能够达到，容易产生心态失衡，最终放弃和退缩；过于分散的目标则势必分散人的精力和热情，容易顾此失彼，最后一事无成。

如果他们能够调整自己的奋斗目标，使之更加明确和切合实际，并能够分阶段实现，其结果则会大大改观。当他们通过努力达到了一个阶段的目标，心态会变得更加平和，自信心也会大大增强，攀登事业高峰的勇气和能量也会不断提升，总有一天他们能够到达自己不曾想到的事业巅峰。

敬业让你更具竞争力

当全国人民的心都被四川地震灾区的救援行动牵动的时候，大家都在为每一个生命的奇迹而激动不已。在这些生命奇迹的背后，反映出无数部队官兵、救援人员、医护人员等人的坚持不懈、永不放弃的敬业精神。在以后更长的一段重建家园的日子里，需要更多建筑工人、学校老师、金融工作者的辛勤工作。我想说，敬业精神让他们创造了奇迹，敬业精神让他们赢得了尊敬和荣誉。

诚然，为人民服务、救死扶伤是人民解放军和医务人员的天职，即使不发生地震灾害，他们也应该这样做。但正是抱着敬业的工作态度去做这些平凡的事情，才能迸发出那样舍生忘死的工作激情，才会创造出如此不平凡的成就。如果敬业，你也会迸发出最大的工作激情，从而拥有比别人更大的竞争力。

你善于把握机会吗？

假如在行路时有人向你问路，而恰好你们方向相同，你会如何呢？

A．告诉他方向相同，可以一起走。

B．很详细地告诉他，等他起步后，再从后面跟去。

C．默默地带他到目的地。

D．告诉他走法，自己走另一条路。

结论

A“人生何处不相逢”，这是一种缘分，你能借此同行，可说是个善于利用机会的人。你做事负责，有涵养，懂得尊重人。

B 你把自己的事和别人的事分得很清楚。你喜欢跟在人家后面求安全。也是这个原因，使你得到许多成功的机会。

C 你是个独立性颇强的人，你不善于表白自己，并且不善于体谅别人的困难。你容易树敌，但因为你的强硬，也有不少人会跟着你走，你属于政治家之类的人。

D 你生性软弱，内向，自卑，常怕人低估自己。你缺乏运用机会的才能，一旦有人请托，则觉得负担，感到厌烦。你没有意气相投的朋友。也没有敌人，是个较为孤僻的人。

附录：测试你是否将平步青云？

这项测试中，云朵描绘的高度，投射出人在潜意识中所认定的自我能力可能到达的高度，也可以解读为未来事业发迹和成就的到达点、当然这也是你对自己所划定的界限的暗示。

1、云朵描绘的位置与 A 相近的人

2、云朵描绘的位置与 B 相近的人

3、云朵描绘的位置与 C 相近的人

4、云朵描绘的位置与 D 相近的人

云朵描绘的位置与 A 相近的人

将云朵描绘在画面的顶端、高楼的顶点或高于大楼的人，常常把首席、第一作为自己的事业或人生目标，能够处于主宰地位对于你来讲有着巨大的吸引力。所以说你的晋升愿望、上升志向为 100 点满分！但是你忽略了在到达人生目标之前往往需要付出相应的辛苦和不懈的努力。

“我要拥有自己的公司、我将会成为自己的老板”这样的话可能是你经常在周围人面前流露的吧。

虽然目标制定得高而长远，可在事业上却始终不能显露头角。所以，你的未来成就和事业上是否能够发迹还是一个未知数。

建议

其实应随时根据已有的经验，对自己的理想目标做适度的调整。生活中，我们需要一种深刻的智慧：内在与外在的同步成熟。作为成年人，必须肩负起职责和责任的重担，并在你所选择的领域辛勤耕耘，才有可能取得真正的成就。

云朵描绘的位置与 B 相近的人

将云朵描绘在稍微低于大楼最顶层或在图片中间以上位置的你，晋升愿望、上升志向为 90 点。在工作中常常保持坚定的信念，一定要居于首位。也许正是因为这种强烈意念主导着你的生活与工作模式，认真地了解自我，计划并把握自己的未来。你深知要到达自我设定的目标，就必须付出艰辛的努力，所以会经常鼓励自己不断地汲取新的经验，并在其中解读所包含的甘苦与艰辛，深刻地发现自己具有的某一种品质。这样看来，你的未来成就是充分让人期待的！事业成功晋升度也同样为 90 分！也许是过于苛求自己，有时你很难接受自己的过失，使心灵在低谷中徘徊不安。

建议

正视你本性中的一切，它是你人格中的一部分，当你理解自己而不是责怪自己时，心灵就开始通往心境平和与拥有成熟心智的路途。所以要懂得善待自己，用明天优秀的自己来包容今天失落的自我。

云朵描绘的位置与 C 相近的人

将云朵描绘在图片正中以下的位置的你，是早已为自己设定了能力界限，还是对于未来的成就和事业上的晋升已经放弃了呢？虽然对眼前的一些繁琐细小的事情仍会竭尽全力，可是你会经常向周围人传递将来的事情没有必要也不愿去考虑、比起事业和未来的成就我更愿意为了兴趣、爱好而生活！”的心理信息。

这样看来你的晋升愿望、上升志向为10点以下，过度的压低自己，就是阻碍发展自己的才能，所以你的未来成就和事业的成功点数也只能在10点以下了。

建议

在通往远方的道路中，我们经常会遇到一些未能跨越的障碍，许多人甚至永远无法超越童年或青少年期的心理症结，这时我们需要的是悦愉自己，包容自己的局限，制定适合自己的人生目标和期望是幸福进入无限循环的内驱力。

云朵描绘的数量与D相似的人

在图片中描绘了复数云朵的你，性情、情绪有些不安定，虽然一直在辛苦地寻找属于自己或者是适合自己的职业，但是，很难在一个固定的工作位置停留。面对各种各样看似有前景的职业、商机，你都会挺身一试，但每次都因为一些你个人的原因而半途而废。也许你丰富的想象力已经画好了一幅鲜明的图画：很快便会取得辉煌的成就。但是一碰到真正的困难，你的热情洋溢动力就马上丧失了。然而，自尊又不允许你承认自己在躲避困难，因此，转换新的职业方向或工作场合，便成了挽救面子的策略。工作也往往只停留在自己这一领域的边缘，而不深入其核心。于是经常看到你的心灵在向前创造的心境与自毁的心境之间徘徊、冲突。所以说你的晋升愿望、上升志向为80点，但是未来的成就和事业上的发迹度在20点以下。

建议

在我们的个人生活中，必须生活在长期的价值观中，你在承认自己的能力的同时，又应该扪心自问，看是否有不够成熟的心理迹象，看是否因幼稚而受到诱惑。你应该把逃避困难、逃避成熟的一切，当作你身上毫无价值的东西把它们全部抛弃。试着记住“铁杵磨成针”这句话，只为一个适合你的目标而持之以恒地努力。

工作几乎是所有人赖以生存的谋生手段，但是，几乎每个人都会遭遇生活和工作的冲突，例如用健康做代价，例如家庭关系紧张，再如工作和人生规划冲突，是考研还是工作？是创业还是为人打工？失败是很多人面前的拦路虎，只有处理好这些问题才能使你的人生之路走的通畅无阻。

找好平衡点平衡生活和工作

劳逸结合，不拿健康做赌注

让时间听自己的话

做事分清轻重缓急

做事要有计划

“ 放慢脚步，享受生活”

今天，你陪家人了吗？

找一个支点平衡工作和考研

就业和创业孰重孰轻？

劳逸结合，不拿健康做赌注

这几年来，“英年早逝”的事件在各地屡有发生，“过劳死”仿佛已经离我们的生活不再遥远，如何在工作和生活间找到一个安全的落脚点，成为大家迫切想得到解答的问题。

通常认为，过劳死有三大高发人群：第一类是有遗传早亡血统，却自以为身体健康的人；第二类是富有而且只知消费不知养生之道，生活过分奢华长期偏离正常作息规律的人。这两类人本来就是少数人群，而且问题易见，也容易制定出针对性强的解决方案。然而第三类人的情况就复杂得多了，他们就是一般人口中的“工作狂”。

“为什么工作一定要做到这个份上呢?”这恐怕是旁人最想知道的答案。过劳状态在这群“过劳模”的身上与其说是生理问题，倒不如说是心理问题。如果不看清在他们身后推得他们无路可退的一只只无形大手，恐怕再多的良医妙方也是于事无补。

完美主义——完美和效率的较量

对一个完美主义者来说，一件事情完成了90%和只完成了10%，他受到的挫折程度是一样的。因此，虽然完美主义者并不关心效益，但是由他们完成的工作通常产生的效益都是最高的。

一件事情，做得“完美”比做得“不错”是要多付出好几倍的努力的。从管理学上引申而来的“8020定律”就认为，很可能把一件事情完成80%只需要付出你20%的精力，但是要把剩下的20%完成却需要耗尽你剩下的80%精力。也就是说，完美主义者们虽然工作的效益很高，但是效率却很低，因为他们总是在努力地把大部分的精力用于把本来已经完成得不错的工作做得完美无缺。当面对大量工作时，他们就会毫无疑问地开始透支自己的身体。

任何人都要明白，一个人一生最多也只能把一件事做得完美，如果你的完美主义已经泛滥，那你肯定已经处于过劳状态了。对此心理医生建议：当你不堪劳累时，可以把最佳的性价比作为追求完美的对象，如此一来，当看到一件事情你的完成程度和投入精力的比例确实是一个“完美”的最大值时，同样也能产生很大的成就感，相信你的身体也会感谢你的。

球长意识——地球不为任何人停止转动

有的人身居高位，肩负重任，很容易就会产生一种对任何事情都不放心的心态，事无巨细，事必躬亲。好像任何事情都必须他亲自操办才可靠，权力也很少下放。

松下公司的创始人，“经营之神”松下幸之助在他60岁的时候，由于过度工作而病倒，医生建议他放下工作静养数月，他马上表示反对：“静养？你知道每天有多少事务在等着我处理吗？你知道我们公司养活着多少员工吗？我怎么有时间休息！”

医生没有反驳他，只是带他来到一间教堂的墓地里，指着一个个墓碑说：“你迟早也会像他们一样躺在这里，你去世后，公司马上会产生新的董事长，所有人都会一如既往地继续工作。你的身体只是属于你自己的，地球不会因为谁而停止转动。”松下幸之助沉默了，回去之后，他很快做出了一个惊人的决定，在他的事业正处于巅峰状态的时候宣布退休。

你我都不是地球球长，没有人独力承担着天下苍生的命运，在你想对别人负责之前，先对自己的身体负责，对自己的生命负责。

无尽的焦虑——老板生气了，后果很严重

还有一种最常见的情况，就是工作总是很繁重，领导又非常严厉，让人不得不每天超时工作才能完成一天的任务。尽管身心疲惫不堪，但是却有种肉在砧板上，只能任人宰割的无奈和酸楚。

但是这样并不意味着你完全是个受害者，你至少可以思考两件事：

第一，是不是所有的同事都和你一样长期地处于身心透支的工作状态。如

果是的话，那这绝对不是一个健康的单位，也不可能有稳定的发展，劝你及早换工作。但事实上很可能是，其他同事的工作量和你差不多，但是工作得却要轻松许多，那么也许你对自己工作的定位有误，或者这份工作的类型并不适合你，可以考虑尝试更换别的岗位。第二，是不是上级对你的期望过高导致安排给你过量的工作。如果是的话，很可能是你打肿脸充胖子令上级产生了错觉。求上进是没错的，但是不要给自己制造太多的泡沫形象，否则身体迟早会跟着幻想一起崩溃。适当地让上级知道你的能力极限，会更有利于你集中有限的精力更好地完成工作。

让时间听自己的话

王君是搜狐的一名员工，工作已经快十年了，对于时间的管理和安排他有很多自己的体会和认识。他曾经接受过专门的时间管理方面的培训，有很深刻的感受。

你还有多少时间可以掌控?

曾经有个老师让我们玩了个小游戏：老师给了一张白纸，让我们折成十格，以代表人生不过百年，每一格代表十年。但是根据中国人的平均寿命而言，大概是七十年，所以从下面撕去三格。而且，人的一生中大概有二十年在睡眠中度过，所以又撕去两格，然后吃饭占用六年，所以又撕去0．6格。然后需要再撕去每个人已经走过的时光。最后，眼睁睁地看着一张A4白纸变成不多的一块。

说实话每当你撕去某些部分的纸时，你心里都很不舍。那感觉是很难形容的。

一句常说的话，做时间的主人。反过来想想，为什么要做时间的主人？因为很多时候，我们都是时间的奴隶，被时间追着跑吧。而可笑的是，其实时间是上天赐予的，无论贫富，每个人的每天时间都是二十四小时，而且过期作废。

时间虽然是上天赋予的，但它也是有价格的。理智上，公司雇佣你的时候，就是购买了你的时间。以一个年收入为6万元左右的人而言，年工作时间254天，每天（工作）价值是236．22元，每小时（工作）价值29．52元，每分钟（工作）价值0．48元。

怪不得以前看过一篇报道说比尔·盖茨看到地上有掉的钱都不会捡起来，因为那个为完成这个动作过程所花掉的时间就值不少钱了，哈哈。

你用什么方式管理你的时间？

时间用比较直观的表达就是：0：00—24：00，但我们提到时间的时候，其实是指发生在这个时间长轴上的事情。因此，管理时间，其实就是管理事情。

作为时间的“主人”，就是看我们对“时间”做了哪些行为：消费、浪费、投资。

管理时间的几种方式

第一代：便笺与备忘录

第二代：日历与预约表

第三代：优先顺序

第四代：人生管理＝指南针管理＋时钟管理

专家介绍了几种管理方式的优缺点，比如“第一代管理”是最直观，但也容易产生混乱的，TEAM里的很多成员一直在第一代时间管理中徘徊。黄色的便笺纸满天飞，虽然在我的帮助下，开始用日历的方式做管理了，但仍然丢三落四的。

假如船不知道该驶向哪个港口，那么吹什么风都没有用处。所以第四代人生管理的意义，在于首先要了解你自己（心里的自己，还有在社会上别人眼里的你），比如你想要成为一个什么样的人。

指南针管理

每一个人都应该尽量让自己清楚一个指南针的存在是基于你的价值观、优势、角色的共同作用的结果。

价值观：代表一个人对周围事物的是非、善恶和重要性的评价，让你感觉美好、快乐、活力十足的属于自己的原则。价值观往往会左右你的选择，那么如何去发现自己的价值观呢？从你过往曾经无意做出的抉择，或者自己制作一个表格来完成填写，不断地填写、修正，你就会总结出自己认可的价值观。

我们常听人说，不快乐的话，给再多的钱也不会从事那份工作，其实在很大程度上，那是因为价值观不相符合。价值观无所谓好坏，但一定是让你舒服的。

优势：一个人做什么事情得心应手。优势=才干+知识+技能，一个人的才干是在3—15岁就已经根深蒂固的，而知识是后天培育的，技能是人们做一件事情的步骤。

比如，我的优势是：Focus/专注；Individualization/个别；Achiever/成就；Communication/沟通；Self-Assurance/自信。

角色：相对另外一个群体的定位，扮演不合适的角色就有不安全感。最常见的问题就是角色冲突、角色不清、角色中断、角色失败。

你清楚自己的角色么？对每一种角色做什么样的诠释，应该承担什么样的责任？重要性排序。

一个人在生活中最可能扮演的角色大概是4—5种，如果过多，可能就比较辛苦了。因为要顾及的人太多（比如：女儿、母亲、妻子、朋友、经理、领导）

基于自己的角色的责任，原则，制定目标，亦称为角色目标，包括一些最基础的目标管理原则：S-M-A-R-T原则。

时钟管理

指南针管理可以说是从人性的角度来提示我们要做“正确的事”。

而“时钟管理”会教会我们如何正确地做事。时钟管理代表着的步骤、方式，也就是我们做事方式，比较工具性。

选择重要的事情，并排定优先顺序

1. 时间管理的第一步，就是将你使用时间的方式忠实记录下来，这是帮助您开始时间管理的最佳方式。

2. 时间管理矩阵

第一象限：既重要且紧急。亦称：必要性象限

第二象限：重要且不紧急。亦称：领导力象限

第三象限：紧急不重要。亦称：欺骗象限。紧急程度是最好判断的，但它也是最具欺骗，让你误以为重要。

第四象限：既不重要亦不紧急。亦称：浪费象限。对时间的耗费与浪费。

时间管理矩阵帮你识别出我们是否把时间花在有效的活动上了。它包括紧急的事，像电话铃，以及为我们的目标做计划有关之类重要的事情。我们的活动总是紧急和（或）重要的组合。

所以，您可以将你记录的事情所花去的时间填写到不同的象限里，看看自己哪个象限的比重最大?

第一象限中的活动，又紧急又重要，并且我们都会经常性的遇见它。

第三象限中的活动是紧急（压迫性的），但像阅读信箱里的垃圾邮件一样的不重要。

第四象限中的活动是一些琐事，例如无目的的上网浏览。

人们花大多数的时间在第三和第四象限，就会过着不负责任的生活。

为过一个有效、充实的生活，你必须努力在第二象限中工作，它是不紧急但重要的工作。为预防危机做每周计划就是第二象限的例子。

如果你将时间花在第二象限，会发现你遇见的危机会减少，它会帮助你取得成功。

养成习惯经常问自己：此刻你正在哪个象限中工作。

如果你发现自己在第三象限，你需要学会对不重要的事情说“不”，如果你发现自己在第四象限，你需要努力离开一些东西了。长期处于第三、四象限的人是因为不清楚你在生活中真正想要什么，以及什么是重要的。如果是这样，你应当考虑定义你的使命以及目标设定。

如果你长期处于第一象限，可能会一直压力重重，就像救火队一样，心力憔悴。就像老师给的这个忙人的告白。

有人说：当你心中有一个“是”，你才能微笑地说“不”。

因此，当你制定计划之后，可以学着归类。按照时间管理矩阵方法排出优先次序。

如何制定计划和安排日程

如何制定每周计划？

1. 回顾上周之成就
2. 回顾长期/短期角色目标
3. 回顾即将到期的预约事件
4. 订立本周内的各角色目标
5. 将角色目标分配至每天
6. 每日前一晚的思考

远离时间的盗贼

下面再列举一下高效能人士的好习惯

（一）高效能人士的7个习惯：

1. be proactive　习惯一：主动积极
2. begin with the end in mind　习惯二：以终为始
3. put first things first　习惯三：要事第一
4. think win－win　习惯四：双赢思维
5. seek first to understand，then to be understood　习惯五：知彼知己
6. synergize　习惯六：统合综效
7. sharpen the saw　习惯七：不断更新

（二）管理时间的法则

前面提到过的管理学界所熟知的“80/20原理”，建议将80%的时间花在那最重要的20%身上。将注意力放到有限的范围内。

该法则也被推广至社会生活的各个部分，且深为人们所认同。例如，在企业中，通常认为它80%的利润来自于20%的项目或重要客户；经济学家认为，

20%的人掌握着80%的财富；心理学家认为，20%的人身上集中了80%的智慧；推而广之，我们可以认为，在任何大系统中，约80%的结果是由该系统中约20%的变量产生的。“80/20”原理对所有人的一个重要启示便是：避免将时间花在琐碎的多数问题上，因为就算你花了80%的时间，你也只能取得20%的成效：你应该将时间花于重要的少数问题上，因为掌握了这些重要的少数问题，你只花20%的时间，即可取得80%的成效。

人的专长可能很多，但真正发挥作用的很少。所以，要善于掌握自己的优势，寻找那些自己非常喜欢、非常擅长、竞争不太激烈的事情去做，一定会有收获。找到人生最关键的事情，才有可能获得成功的人生。在安排自己的时间上，有所不为才能有所为。要集中自己的时间精力，抓关键的人、关键的环节、关键的岗位和关键的项目。

(三)一些时间管理的忠告

尽量先放大石头，再放小沙粒。(做过那个小试验吧，将沙子与大石头放到一个杯子里，如果先放沙子，大石头就放不进去了!)

每一个时段不要期待太多的目标。

避免帕金森定律，设定清晰的时间期限。

总是将你的日程表放在你身边

先将主要的事项及活动计划好

多花些心思在每天的开始。因为一个好的开始往往带来有效的一天。

学习曲线告诉我们：尽可能将有关事项及活动归纳在一起，比如将要打的电话集中起来处理。

时间封锁，每天有60%的应该BLOCK掉，不要被干扰。

确定容许足够的时间在每一件工作上，但不能给予太多的时间，以2小时为宜。

建立一些弹性时间应对突如其来的事件上。比如每天有40%的时间是弹性的。

每天拨些时间用来思考。

考虑如何将等待及旅行时间变得更有用，譬如阅读。

如果可行，试着将你的生理时钟与你的工作相配合。

学习如何控制自己不去做没有排入行程的事情。

每日下班前先将明日行程安排好。

青春像小鸟一样不回来。一个没有时间管理的人，必将成为别人时间管理的一部分。

做事分清轻重缓急

要事第一

有一个实验：

有一堆大的鹅卵石、一堆碎石子、一堆沙子和一个广口杯，老师要求学员把三样东西都装入广口杯，而且说明，这三样东西肯定全部能装入广口杯中，请两位学员来做。第一位学员走上台，先把沙子倒入广口杯中，然后把碎石子倒入广口杯，最后把鹅卵石倒入广口杯，可是倒了一大半，剩下的怎么压都压不下去了；第二位学员上台，先把鹅卵石倒入广口背，接着把碎石子倒入广口背，并且摇一摇，再加一些，接着把沙子也慢慢倒入了广口杯，结果三样东西都倒入了广口杯。

这是一个时间管理案例。广口杯代表的是一个人固有的时间，鹅卵石、碎石子和沙子代表的是不同重要程度的事情。结果同样的一个广口杯，由于顺序不同产生的结果也不同。第一个学员的安置顺序致使很多重要的事情无法完成。

很多人看似很忙，却没有把时间花在真正重要的事情上，没有把时间花在刀刃上。如何辨别轻重缓急，如何真正做到要事第一，是时间管理的精髓所在。

亨利杜赫说过，人有两种能力是千斤难求的无价之宝——是思考能力，二是分清事情的轻重缓急，并妥当处理的能力。

鲁克曼说：“就记忆所及，我每天早晨 5 点起床，因为这一时刻我的思考力最好。我计划当天要做的事情，并按事情的轻重缓急做出安排。”

长期的经验告诉我，没有人能永远按照事情的轻重程度去做事。但我知道，按部就班地做事，总比想到什么就做什么要好得多。

假使萧伯纳没有为自己定下严格规定，保持每天写出 5 页稿纸的文字，他可能永远都是个银行出纳员。他度过了 9 年心碎的日子，9 年总共才赚了 30 块钱的稿费，平均每天才一分钱！由于他一直把写作当成最重要的事去做，终于成了世界著名作家。就连漂流到荒岛上的鲁滨逊也不忘每天定下一个作息表呢！

不为小事抓狂

前面我们讨论过目标的重要性，有了目标，可以帮助我们确定事情的轻重缓急。正是因为缺乏目标，勤奋的人才容易陷进无穷无尽的日常事务当中。一个忘记最重要事情的人，会成为琐事的奴隶，有人曾经说过，“智慧就是懂得该忽视什么东西的艺术”，这句话包含着重要的哲理。要发挥潜力，勤奋的人应该懂得，要全神贯注于自己有优势并一定会有回报的方面。当你不停地在自己有优势的方面努力时，这些优势会进一步发展。

从一个人怎样对待信息可以看出一个人是否善于从一大堆事情中分离出重要的事实。有很多人对于在报上所看到的所有消息全部接受，而不会加以分析；他们对别人的判断，也是根据这些人的敌人、竞争者或者同时代的人评语来决定。这种人一开口说话时，通常都是这样说：“我从报上看到……”或者是“他们说……”思想方法正确的人都知道，报纸的报道并不一定正确，也知道“他们说”的内容也有很多是不正确的消息多过正确的消息。这说明这些人还没有养成重点思维的习惯。当然，在新闻报道和他人的传言中也包含很多的真理与事实，但是聪明人都不会把他所看到的以及所听到的全盘接受下来。

养成重点思维，就是要避免眉毛胡子一把抓，要分清主次。我们要时刻避免自己被不重要的事情引入歧途。某件事情很有趣并不意味着它就值得去做。即使这件事情是有帮助的，但并不一定意味着这件事情就是值得做的。问题在于，它能有多大帮助？换句话说，它是否比你能从事的其他事情更有帮助？

重要与否同结果有关系。重要的事情是那些会对你的使命、价值观、优先的目标有帮助的事。

决定什么重要并确保自己集中精力做好这些事情的能力，是拥有平衡的生活方式的基本条件。歌德："最重要的事情，可千万别被那些最不重要的事情随意摆布，永远不要。"

一个勤奋的人也许要问：如果80/20法则如此有效，为什么那么多人不去使用它呢？答案很简单，它需要具有创造性的思维，而且它还需要你成为与众不同和非传统的人。这两个要求使得绝大多数人都无法运用它。

设定优先顺序

请根据自己的实际情况，在每道题之后选择"是"、"否"或"说不清"：

1. 你养成了为第二天要做的事做出事先安排的习惯。
2. 每天上班后的第一件事是将全天工作排出一个顺序。
3. 你经常拒绝参加对你来说没有必要出席的会议。
4. 对不想接听的朋友电话，你不能耐着性子听他说下去。
5. 对于可能打乱你一天时间安排的人，你坚决说"不"。
6. 你做任何事情都习惯于为自己设定时间限制。
7. 你习惯于一次性地处理大部分的文书工作。
8. 你不但珍惜自己的时间，也非常珍惜别人的时间。
9. 你如果为自己制订了时间计划，你总是能坚持下去。
10. 你经常反思和调整自己的时间管理的方法。

选择"是"得1分，选择"否"或"说不清"得0分。如果你得8分或以上，说明你的时间管理技巧的水平较高；如果你得6分或7分，说明你的时间管理技巧处于中等水平；如果你得5分或以下，说明你的时间管理技巧水平较低，需要进一步提高。

在设定事情的轻重缓急的顺序之前先要问自己这样几个问题：

1. 我必须做什么？

这有两层意思：是否必须做，是否必须由我做。非做不可，但并非一定要你亲自做的事情，可以委派别人去做，自己只负责督促。

2. 什么能给我最高回报？

应该用 80% 的时间做能带来最高回报的事情，而用 20% 的时间做其他事情。所谓“最高回报”的事情，即是符合“目标要求”或自己会比别人干得更高效的事情。最高回报的地方，也就是最有生产力的地方。这要求我们必须辩证地看待“勤奋”，“业精于勤而荒于嬉”。勤，在不同的时代有其不同的内容和要求。过去，人们将“三更灯火五更鸡”的孜孜不倦视为勤奋的标准，但在快节奏效率的信息时代，勤奋需要新的定义了。勤要勤在点子上（最有生产力的地方），这就是当今时代“勤”的特点。前些年，日本大多数企业家还把下班后加班加点的人视为最好的员工，如今却不一样了。他们认为一个员工靠加班加点来完成工作，说明他很可能不具备在规定时间内完成任务的能力，工作效率低下。社会只承认有效劳动。勤奋已经不是时间长的代名词，勤奋是最少的时间内完成最多的目标。伟大的苏格拉底说：“当许多人在一条路上徘徊不前时，他们不得不让路，让那些珍惜时间的人赶到他们的前面去。”

3. 什么能给我最大的满足感？

最高回报的事情，并非都能给自己最大的满足感，均衡才有和谐满足。因此，无论你地位如何，总需要分配时间于令人满足和快乐的事情。唯如此，工作才有趣，并能保持工作的热情。通过以上“三层过滤”，事情的轻重缓急很清楚了。然后，以重要性优先排序，并坚持按这个原则去做，你将会发现，再没有其他办法比按重要性办事更能有效利用时间了。

美国伯利恒钢铁公司总裁查斯·舒瓦普向效率专家艾维·利请教“如何更好地执行计划”的方法。艾维·利声称可以在 10 分种内就给舒瓦普一样东西，这东西能把他公司的业绩提高 50%，然后他递给舒瓦普一张空白纸，说：“请在这张纸上写下你明天要做的 6 件最重要的事。”舒瓦普用了 5 分钟写完。艾维·利接着说：“现在用数字标明每件事情对于你和你的公司的重要性次序。”这又花了 5 分钟。艾维·利说：“好了，把这张纸放进口袋，明天早上第一件事情是把纸条拿出来，做第一项最重要的。不要看其他的，只看第一项。着手办第一件事，直至完成为止。然后用同样的方法对待第 2 项、第 3 项……直到你下班为止。如果只做完第一件事，那不要紧，你总是在做最重要的事情。”

艾维·利最后说："每一天都要这样做——您刚才看见了，只用10分钟时间——你对这种方法的价值深信不疑之后，叫你公司的人也这样干。这个试验你爱做多久就做多久，然后给我寄支票来，你认为值多少就给我多少。"一个月之后，舒瓦普给艾维·利寄去一张2.5万美元的支票，还有一封信。信上说："那是他一生中最有价值的一课。"5年之后，这个当年不为人知的小钢铁厂一跃而成为世界上最大的独立钢铁厂。

人们普遍认为，艾维·利提出的方法功不可没。

做事要有计划

永远不要把你今天可以做的事留到明天做，延宕是偷光阴的贼。——狄更斯

要学会强迫自己天天读书，不要把今天的工作搁到明天。今天丢弃的东西，明天怎么也补不上了。——苏霍姆林斯基

敏捷而有效率地工作，就要善于安排工作的次序，分配时间和选择要点。只是要注意这种分配不可过于细密琐碎，善于选择要点就意味着节约时间，而不得要领地瞎忙等于乱放空炮。——培根

有本杂志上刊登过这么一个故事：

有一个商人，在小镇上做了十几年的生意，到后来，他竟然失败了。当一位债主跑来向他要债的时候，这位可怜的商人正在思考他失败的原因。

商人问债主："我为什么会失败呢？难道是我对顾客不热情，不客气吗？"

债主说："也许事情并没有你想像得那么可怕，你不是还有许多资产吗？你完全可以再从头做起！"

"什么？再从头做起？"商人有些生气。

"是的，你应该把你目前经营的情况列在一张资产负债表上，好好清算一下，然后再从头做起。"债主好意劝道。

"你的意思是要我把所有的资产和负债项目详细核算一下，列出一张表格吗？是要把门面、地板、桌椅、橱柜、窗户都重新洗刷、油漆一下，重新开张

吗?”商人有些纳闷。

“是的，你现在最需要的就是按你的计划去办事。”债主坚定地说道。

“事实上，这些事情我早在15年前就想做了，但是一直没有去做。也许你说的是对的。”商人喃喃自语道。后来，他确实按债主的主意去做了，在晚年的时候，他的生意成功了!

做事没有计划，没有条理的人，无论从事哪一行都不可能取得成绩。一个在商界颇有名气的经纪人把“做事没有条理”列为许多公司失败的一个重要原因。

事实上，做事有计划对于一个人来说，不仅是一种做事的习惯，更重要的是反映了他的做事态度，是能否取得成就的重要因素。对于任何人来说，做事有计划同样是非常重要的。

有一位爸爸是这样教孩子有条理地做事的:

这位爸爸是一位收藏爱好者，他发现自己的女儿做事非常没有条理，常常乱放东西，用的时候又拼命地找。为了使女儿养成做事有条理的好习惯，这位爸爸就想出了一个好办法。

有一天，爸爸对女儿说:“一个人如果爱好收藏，他就会感到很快乐。”

女儿有些怀疑地看着爸爸，说:“是吗?那应该收藏一些什么呢?”

爸爸说:“什么都可以，比如你喜欢画画，那就可以收藏各种美术作品。”

女儿说:“那很容易，我会收集好多好多画片的。”

谁知，爸爸却说:“‘收’容易，‘藏’就不容易了。”

女儿有些纳闷了:“怎么不容易?”

爸爸说:“‘藏’就是会分门别类，就是要学会条理化。”

做事有计划是非常重要的。它可以帮助我们有条不紊地处理应该处理的事情而不手忙脚乱。做事没有条理的人，他将无法很好地料理自己的生活，也无法很好地进行学习和工作。在走向成功的道路上，做事没有条理、没有计划的人将会比其他人走得更辛苦。写日记总结也是不错的一个办法。”如果能够把计划制定、实施情况、心得体会都详细地记录下来，等计划完成后，会发现自己又多了一笔财富!

“放慢脚步，享受生活”

这是一个杂志上的一段话：放慢脚步，享受生活。

这是这段时间来在心里对自己说得最多的一句话。

快一个月了，忙碌的工作让自己几乎没有了畅快呼吸的自由。没有办法让工作轻松一些，事情总是一件接着一件。于是，默默地对自己说：“放慢脚步，放慢脚步。”哪怕是走路上班的时候也提前一点，慢慢地走，别像平常那样掐准时间，捷步如飞，用8分钟的时间走完1公里多的路程。其实也只有在路上的时间可以提前一点给自己放慢脚步的机会，在学校里，不管是去哪个教室或活动室，总是以跑步的方式在穿梭，尽量留多的时间出来做事。这样的工作状态让我有点后怕，耳闻了多少个某某名人因过度疲劳而怎么怎么地。

还好，最近精神状态不错，一个星期也有四个中午的时间用来排练舞蹈，对于我来说，跳舞不仅是身体上的放松，更是精神上的放松。于是，一次次的汗流浃背释放了身体里所有的疲惫感。

可是，生活中有多少人能在紧张忙碌的工作中得到像我一样放松的机会呢。看着身边匆忙行走的人，我真想对他们说：“放慢脚步，给自己的精神一个悠闲的出口。”

让我的这种感觉更加强烈的是今天妹妹打来电话，电话中告知，堂兄查出肾衰竭，而且是双肾。堂兄大我四岁，小时候一起玩，一起上学。我家没有兄弟，他就是我和妹妹最亲的哥哥，一米八的个头，站在他身边就有一种安全感，小时候特别喜欢跟着他。

听到这个消息，心里酸酸的，泪，已经忍不住往下掉了。和老公一起开车回去看他，他已经很清楚自己的病情，依然和我们谈笑风生，虽然发现得并不算晚，但治疗起来也不是那么简单的。

又是一个春天，又一个亲人因病而无奈地放慢了生活的脚步。而三年前的春天，辛苦忙碌了一辈子的外婆因肺癌离开了她时刻牵挂和眷恋的我们，未曾好好享受这越来越好的日子。

放慢脚步，享受生活吧！辛苦忙碌的我们都只是想让生活更舒心些，可我们却忽略了边忙碌边享受，总是会说："等我退休以后要好好享受享受了。"可真到了那时，我们还能有多少精力去享受呢？或者说，我们还真的有很多时间去享受吗？是不是又会因为照顾孙子孙女儿忽略了自己呢？

能走路上班的就走路上班吧，提前一点，放慢一些脚步，用心去领略路边每一步的风景，深深呼吸清晨阳光里最清新的那一缕空气。

过马路时请放慢脚步，别在汽车开过来之前突然冲向对面，给别人，给自己都会带来麻烦。

开车时请放慢速度，多开几分钟照样可以开很多路的，心浮气躁只会带来更多的不便。

和孩子在一起请放松心情，别因为家务的琐碎、工作的繁忙而剥夺了与孩子交流的机会。

放慢脚步，好好享受生活，辛勤的付出需要用心的享受才能看到价值。

说得很好的一段话，每一个在喧嚣都市忙碌的人都应该意识到这个问题，停下脚步，享受生活，不要因为乱花迷了自己的双眼，只有真正的从繁忙的工作中停下脚步才知道生活有多么的美好，而我们为之奋斗忙碌所带来的烦恼和困惑就是因为忽略了这些生活罅隙里的美景。

并不是提倡所有人都去过慢生活，那样估计要阻碍社会发展了，但那些对工作投入时间过多，已导致生活失衡，甚至在心理生理上都已造成创伤的都市人，有必要改变一下时间分配。放慢脚步，从工作中拿回一些时间，给自己，给家人，给朋友。改变之前需要一番整理，需要一些仪式，演着演着你就入戏了。

很好的一篇文章，值得每一个忙碌而忘了享受生活的人看看，在经历了一天激烈的打拼后，不少职场中人会将工作场所的紧张情绪带回家中，回到家中仍然无法放松。如果发生这种情况，试试以下几种调节方法，它们能够帮助你从办公状态调整到居家状态：

1. 真的下班了

下班时间前10分钟，整理桌子，文件夹收起来，杯子洗好倒扣；检查邮箱，确认无需及时回复的信息；检查包包，把有关工作的文件留在办公室；穿制服的，换掉。下班时间到，你，一个自由人，下班了。

2. 跟加班说不

如果面试时老板跟你说，本公司员工每个礼拜休息一天，至少加班三天，不提供晚餐，没有加班费，没有交通费，一天时间要干两天的活……你还会选择这家公司吗？不会。可是为什么，你现在正心甘情愿地这么干呢？在工作时间内完成你的份内工作，对加班说不，一个好的老板不会记你的仇。

3. “工作的事情我们明天上班时间再谈”

朋友聚会，家人吃饭时，看到有人接工作电话并且长篇大论，那是相当扫兴的一件事。如果当时你接起电话说的是“工作的事情我们明天上班时间再谈”，那就帅呆了。

4. 关手机

睡觉前，把手机关掉，除非你等情人电话。你知道，领导半夜给你打电话，多半不会是正事，或许只是让你给老板娘打个电话，说他正跟你在开会要通宵……看电影，拜托把手机关掉，别人2个小时找不到你不会怎么样，你知道符合“非你不可+必须在两小时内解决”这两个条件的事情没多少。

5. 为什么你不可以

同一个单位，同一个工种，同一档次的专业以及智力水平，拿同样的工资，有人清清爽爽地做好自己的活就走，你却为一堆杂事焦头烂额。而她，或许比你更受领导器重同事欢迎。善良的你会说，我也很羡慕她，她就是闲云野鹤的个性。那为什么你不可以？你是受虐狂还是闲事公闲事婆？

6. 你的午餐不等于工作餐

一天8小时工作日，不包括午餐的一两个小时，也就是说这个时间，你没必要呆在办公室。你可以去和朋友吃个饭，去幼儿园看一下小孩，还可以去附近逛个街，去书店看一个小时书……实在非得在单位吃饭，那就吃完饭散步半小时，回来小憩半小时。别急着投入工作，这个时间，好好为自己打算。

7. 拿回假期

你忙得忘了还享有年休的权利，你总说手头的事情放不下，放假在家也没事做。试试看吧，这次你非要年休，就当测试一下公司是不是没你不行，你休个假领导会不会降低对你的信任度。在家没事做？不会没事做，只是你不想做和想不到去做。培养兴趣和闲情逸致，对工作是有利的。

8. 在住所门口放置一个杂物盒

购买或制作一个大篮子或是木头盒，把它放在住所门口。走进家门后立即将公文包或是工具袋放到里面，第二天出门之前绝不去碰它。

9. 静坐

在进晚餐、去健身房锻炼或是抱起小孩之前，花上3—5分钟闭上眼睛做深呼吸。想象着将新鲜空气吸入腹部，将废气彻底呼出。这样就能够清醒头脑，卸下工作的压力。

10. 将困难写下来

如果在工作当中遇到很大的困难，回家后仍然不可能放松，那么请拿起笔和纸。一口气将所遇到的困难或是不愉快下来，写完后那张纸撕下扔掉。

11. 创立某种“仪式”

给自己创立某种“仪式”，以它为界将每天的工作和家庭生活分开。这种“仪式”可以是在餐桌上与孩子谈论学校的事情，也可以是喝上一大杯柠檬汁……

12. 将家里收拾整洁

一个杂乱无章的家会给你一种失控的感觉，从而放大白天的压力。睡觉前花上5分钟收拾一下住所，第二天你就可以回到一个整洁优雅的家了。

13. 借助音乐

在准备晚餐、支付帐单或是洗衣服时放一些自己喜欢的音乐。欢快、好听的音乐能够给你在干家务时增添不少乐趣。

14. 合理安排家务

如果想要在一夜之间把所有的家务干完，你自然会感到紧张和焦虑。相反，如果能够合理安排或是将一些家务留到周末再处理，就能使做家务成为工作之余的放松手段。

15. 下班路上的享受

如果是驾车下班，可以放自己喜欢的CD或是录音书；如果是坐公交车或是地铁，则可以读一章小说……总之，下班路上花上几分钟做自己喜欢的事情有助于缓解工作的紧张情绪。

今天，你陪家人了吗？

这是一个很久以前，我在《读者》上面看到的故事，名字叫做《20美元的价值》。

一位爸爸下班回到家很晚了，很累并有点烦，发现他5岁的儿子靠在门旁等他。儿子对他说：“爸爸，我可以问你一个问题吗？”

“什么问题？”

“爸爸，你一小时可以赚多少钱？”

“这与你无关，你为什么问这个问题？”父亲生气地说。

“我只是想知道，请告诉我，你一小时赚多少钱？”小孩哀求着。

“假如你一定要知道的话，那我告诉你，我一小时赚20美金。”

“喔，”小孩低下头，接着又说，“爸爸，可以借我10美金吗？”

父亲发怒了：“如果你问这问题只是要借钱去买毫无意义的玩具的话，给我回到你的房间并上床。好好想想为什么你会那么自私。我每天长时间辛苦工作着，没时间和你玩小孩子的游戏。”

小孩安静地回自己的房间并关上了门。

父亲坐下来很生气。约一小时后，他平静下来了，开始想着他可能对孩子太凶了——或许孩子真的很想买什么东西，再说他平时很少要过钱。

父亲走进小孩的房：“你睡了吗，孩子？”

“爸爸，还没，我还醒着。”小孩回答。

“我刚刚可能对你太凶了，”父亲说，“我将今天的气都爆发出来了—这是你要的10美金。”

“爸爸，谢谢你。”小孩欢叫着从枕头下拿出一些被弄皱的钞票，慢慢的数着。

“为什么你已经有钱了还要?”父亲生气地说。

“因为这之前不够，但我现在足够了。”小孩回答，“爸爸，我现在有 20 美元了，我可以向你买一个小时的时间吗？明天请早一点回家——我想和你一起吃晚饭。”

将这个故事与你所喜欢的人分享，但更重要的是与你所爱的人分享这价值 20 美金的时间——这只是提醒辛苦工作的人们，我们不应该不花一点时间来陪那些在乎我们，关心我们的人，而让时间从手指间溜走。

我们辛辛苦苦的赚钱为了什么？还不是为了以后可以和家人一起享福，可以让父母孩子过上好日子，但是在我们不分昼夜地赚钱，沉浸在忙碌的工作中的时候，我们有没有想过，父母要的是什么？他们在乎的是什么？我想他们宁愿不要你给他们钱，而和你高高兴兴的坐下来吃顿饭，拉拉家常会让他们更满足。

在外奔波的人们，你们有多久没给家人打电话了？有多久没和家人坐下来一起吃饭了？

知道仅是心动做到才是行动

每每有朋友问我:“最近晚上在忙些什么?”我都会告诉他们说:“忙着陪家人。”

他们一脸狐疑状，一定以为我在开玩笑。如果我说是忙于业务，他们可能更愿意相信。可是，我居然会说：“忙着陪家人。”陪家人，有啥好忙的？事实真的是如此，我每周三晚上一定会回家探望爸妈，每周六晚上则是去看望岳父岳母，陪老人家们聊聊天、喝喝茶，再吃一顿饭，然后再返回我的住所。其余的时间，则是在家里陪我 3 岁的女儿。

有人不解地问，你是如何在忙碌的工作之余，仍能抽出时间来陪家人？这样的陪伴，并非偶而为之，而是每个星期都如此，且坚持有些年头了。

说穿了很简单，就是，将探望父母、陪伴家人的事情列入自己的日程之中，视为一种工作。这样，自然而然地就有时间了。

世界上有两件事情不能等，一件事是“行善”，一件事是“行孝”。想必大家都明白，这两件事十分的重要，然而由于这两件事并不是那么十万火急、迫在眉睫，所以许多人总是只有心动，却很少行动。

有些人会说等他们拥有了足够的金钱后就会去行善。请问，多少钱才算是足够的呢？又有人说，等他们有了充裕的时间就会去行孝。试想，每一个人的时间不是掌握在自己手中吗？事情的孰重孰轻由自己决定，若你认为工作优先，那么行孝就会安排在工作之后。

从什么地方到什么地方是最近的距离，同时也是最远的距离？给出的答案，每个人都不尽相同，而我的答案是："从心动到行动。"怎么说呢？有些人心动时，他们就立刻将之化为行动，这就是最近的距离。然而，有些人心动时，却迟迟无法化为行动，也许是一天、十天，也许是一年、十年，也有可能等到一个人白发苍苍、牙齿动摇，仍未将心动化为行动，这不是最遥远的距离吗？人生的成绩单，并非你知道了多少，而是你做到了多少。知道仅是心动，做到才是行动。也就是说，100 个理论，不如一个具体的行动；一天 24 个小时，行动一个小时，远远胜于 24 个小时的空想。

那么从现在开始行动，抓紧时间陪自己的家人吧！

找一个支点平衡工作和考研

如何处理好考研和工作的关系

考研是为了获得更好的就业机会，但这个选择也可能让你与心仪的单位擦肩而过。近日参加年后首场校园招聘会的不少毕业生就面临这样的尴尬，在比年前更为激烈的求职竞争下，他们不得不降低待遇期望值。西电科大党委副书记龙建成提醒毕业生，要处理好考研和求职的关系。

在西安电子科技大学举行的电子类就业洽谈会上，年前考研的毕业生成为求职的主力。据龙建成介绍，该校应届毕业生年前参加考研的达到 65%，个别专业超过 70%。空军工程大学的几位地方生告诉记者，年前他们班有三分之二的学生选择考研而不去求职。虽然分数尚未公布，但找工作已成为他们的首要任务。

参会单位提供的月薪，本科生一般为1500元~2000元，硕士生2000~2500元。据一些毕业生介绍，在年前的电子类招聘会上，本科生月薪基本都在2000元以上，但当时不少学生为了考研，放弃求职。

“就像筛黄豆，好单位年前就来选人，基本都招满了，”一名空工大的毕业生说，“我们现在找工作，期望值不能太高。”他最终以1500元的月薪签约。另一名电子专业毕业生告诉记者，如果用人单位能提供继续培训的机会，月薪1200元他也可以考虑。

在洽谈会上，需求量较大的主要有电子信息、通信工程、机械设计制造、自动化等专业。西电科大的微电子、电子信息工程、机电一体化、微波技术等专业的毕业生比较紧俏。

龙建成说，今年全国高校毕业生达到495万人，较去年净增80余万人，就业形势严峻，他提醒毕业生要处理好考研和求职的关系，以免错过就业机会。

工作和考研的看法

对于考研和求职相信很多人都会有自己的看法，先来看小何的故事。

感觉时间过得真快，去年的这个时候我也奔波在找工作的人群中。昨天在校的下一届师妹给我发短信说：想考研又觉得考不上，但是还不想放弃，又想去找工作，如果不找工作又怕考研不成功工作也找不到。说实话，我当时也是这种感觉，的确一个人的精力有限，不能同时兼顾，我劝她，让她先考研，如果考不上的话，在去找工作也不晚。她说学校有个公司来招聘，想去试一试，我说你去看看吧，如果有机会的话，被应聘上就更好了。人都是在不断的选择中成长的，当然要放弃很多东西。

想接受更高的教育当然是好事，但是又有多少成功者？如果发现自己真的不是很适合的话，也没必要非得去争一个研究生的学历，再去找工作。其实，刚刚毕业的大学生都遇见过这种情况，有的人考研是随大流，看别人考了，自己也去凑热闹；有的人的确想走研究生这一条道路，所以也去考研；有的只是为了毕业好找工作，想去取得高学历，工作的更好一些；也有的人根本就是通过考研来逃避就业的压力。每个人的目标不同，所以付出的努力也不同，当然结果也不一样。最后有的人考上了，有的人没考上。当然考上的也不一定比考不上的三年以后强很多，也许还不如当初没考上的人成功呢。因此，考不上的人也没有必要自卑，毕竟你先踏入社会，积累了工作经验，这些是在学校永远也学不到的。

当然如果你打算考研的话，那就要全力以赴，相信自己，不要放弃。无论结果是好是坏，自己都不会后悔。如果你打算找工作的话，也要加油，找到了合适的工作要努力积累自己的工作经验，相信也会成功。

考研和工作单位之间怎么协调

小李的故事：

如果单位比较好的话，其实你读不读研没什么关系。

在职研究生名额的嘛，还是靠分数的，只要你上了那学校那专业的分数是要你的。

这个事情老实说很难平衡，你只能选择工作或者考研，这个是必须的。因为你一旦考研，必须全力投入。单位肯定不能让你在单位了，一般就是解除劳动合同了，如果你的劳动合同不到期，那应该算违约，当然如果和单位好好商量就 OK 了，如果不行，你只能辞职，如果你想边工作边考研考上几率不大，只有你专注一件事的时候你才很可能成功。

当然如果你和单位商量说我读研仍然在单位工作，然后和单位签个协议说还留在单位当然行，如果你又想不签协议，又想考上研后回单位几乎不可能。

因此你只能考研或者工作，边工作边考研几乎很难考上学校的，还不如不考，如果考研一定要和单位商量好了，有上面的三种选择：1. 辞职，我不干了，考完研我读研究生再找其他工作；2. 和单位商量好签个协议，考上或者不考上我仍然在这个单位，只是让单位给自己一个深造的机会；3 就是边工作边考研，晚上复习，但这个是最差的选择。

研究生在校上不上课随你，不是每天有课，比较轻松，一星期最多三四节而已，但老师会有项目，学不学看你自己，做不做也看你，甚至可以逃课，但是你考试必须得过，否则毕业证都没得发，考试还是必须的程序，你得达到最低标准。

就业和创业孰重孰轻？

如何处理好创业与就业的关系？

还是先来看一个故事。

和许多的创业者一样，我现在也在面临着创业失败，重新就业的问题。再就业对我来说应该不算难事，因为之前我做了两年的广告，有过服务于知名企业大型项目的操作经验，从这两天的应聘经历来看，在我离开了职场一年之后，我还是有能力进入本地最好的房地产广告公司的。因此，我面临的问题不是找工作的问题，而是面临着如何抉择的问题，我现在很迷茫，希望大家能给我一些这方面的建议。

曾经在一起工作的同学问我：你将来打算做什么？我那时刚毕业出来参加工作，还很单纯，只是想做好广告，先把基础打好，确实没仔细想过未来会是怎样。但事实上，这两年的工作经历却让我看清了广告这个行业的浮躁。也许有人会看不惯广告人，觉得做广告的只会吹牛，牛气哄哄的；也有很多人羡慕做广告的，可以做个白领，收入高，我的同学中至今还有因为不能做自己的专业而遗憾的。但是，看似精彩的背后，隐藏着多少道不尽的辛酸。赶稿、加班、熬夜，再赶稿、再加班、再熬夜，亚健康、青春饭。广告人享受的不是天马行空所带来的快感，而是自我的折磨和摧残。

当我在一家公司做到项目经理的时候，我选择了放弃，那时我刚毕业一年。我的身体吃不消了，我得给自己一个交待。但是这并不代表我要逃避现实，我天生不安分，我渴望成功，我不能比别人落后，于是我选择了创业，尽管我很清楚这一路上会有很多曲折与坎坷。

我豁然发现前面的路开阔了很多，原来我还可以有自己的理想，还有机会去证明我自己。虽然第一次尝试失败了，它让我失去了很多东西，包括高薪的机会，可我并不以为这是件坏事，我也不觉得这是我一时冲动，相反，我从其中收获到了很多东西，这也让我更加的勤奋、坚毅。同时我很庆幸，因为我找到了可以值得我为之奋斗一生的目标，找到了什么是我想要的东西。

失败了，不得已为了生存，我不得不重新就业，现在面临困惑的是，我要不要做回广告？这会不会偏离了我的目标？说到这里，也许有朋友会说，做生不如做熟，也许如果我把广告作为自己的创业目标的话，我有可能最终成功，就像我离开之后接手我工作的同事现在已经混到了总监。可是，我对广告已经倦了，这个并不是我最想做的。

重新就业的另一个目的就是想在短时间内完成资本和经验的积累，等待时机去重新开始，自然工作还是应该结合创业去选择。对于我来说，我自己觉得我去做销售或者管理，会更有助于我的目标的实现，冒险、创新，对自己提出更高的要求这本身不是件坏事，我认为这是成功者必须具备的素质。

我不知道这是不是我面临太多的诱惑，而不知道该如何去选择了，假设只有一次机会，也许就没这么苦恼。但是机会也是自己去创造出来的，如果我不去争取的话，自然也就没有了所谓的机会。

如何看待就业与创业

面对现如今的就业困难，很多的大学生选择了创业。然而，他们在创业之初却没有接受过正规的指导和规划，这也造成了大学生创业难的一个困境。

目前，福建省第十届行业人才招聘会暨福州大学校园供需见面会举行，这也是年前举办的最后一场校园大型招聘会，218 家知名企业提供了 3000 个需求岗位，吸引了近万名学生入场求职。在本次见面会上，“创业辅导”作为高校就业扶持政策的一项内容首次亮相，但与用人单位摊位前门庭若市的状况形成巨大反差的是，前来咨询创业问题的毕业生寥寥无几。为什么会形成如此大的反差呢？现在大学生的职业观念是怎么看待就业与创业的？

提供创业政策咨询的“中国青年创业国际计划”福建办公室负责人林晓萍介绍说，目前中国青年创业国际计划已经在上海、山东、陕西、福建和北京建立了 5 个地方办公室，不仅可以为有创业意向的学生提供创业导师、创业培训，提供商业信息和网络，还可以帮助申请 3 万 ~5 万元创业启动资金无息贷款。有意向自主创业的青年可以在福建办网站 ybc. 5461u. com 网上填写申请表格。她告诉记者，福建办从2005年6月成立至今，已经帮助30位青年学生创业成功。

面对创业和就业这两种可能性，福州大学社会学应届毕业生林汉坤的说法比较有代表性，他认为大多数应届毕业生还是应该选择先就业，他虽然考虑过创业，但个人觉得条件不成熟，还是先到感兴趣要创业的那个行业去打磨一段时间，以后再去创业比较现实。他的这种观点也反映出了现在大学生的一种心态，这也就是为什么用人单位门庭若市，而创业咨询门可罗雀的原因所在了。

其实，对于创业和就业，当代大学生要有足够的心理准备。切不可盲从，要充分的考虑好自身所具备的条件，只有这样，才能更好地就业或者创业。建议还先就业再创业，因为当你就业一段时间之后，对于行业的信息和走向会有一定的把握，你才能更好的把握行业信息。这个时候再去创业就可以少走很多的弯路。当然人各有志，个人的选择不同，但是都有一条，那就是要找到创业和就业的平衡点，只有这样，你才可能更好的驾驭自己的工作，而不是让工作凌驾于你之上，这时候生活工作才能顺水顺舟，才能在你的工作岗位上作出更大的业绩，取得更骄人的成绩。

附录：在公司中，以下哪一种人最惹你讨厌呢？

A. 不修边幅

B. 口是心非

C. 不可一世

D. 不自量力

E. 攀龙附凤

结论：

A 你做事过份注重程序，总要求自己或下属在每一个细节上依足手续，不但令身边的人大感压力，处事时更欠缺弹性，往往要花很大的心力才能完成事情。建议，偶然出轨未必是坏事，想事业更上一层楼的话，就要学习灵活思考，放胆尝试吧！

B 你不太懂得表达自己，总是说不清内心的鸿图大计，有时被屈作不合理的事情，也只会死忍或默默去做！建议，有意见或人计就要表达，不然上司或同事又怎会知道你的能力，你又怎可以好好发挥呢？

C 谦虚是你的长处，但也是缺点，所谓职场如战场，过份谦虚会让同事觉得太虚伪，令上司错觉以为你无勇气承担，又怎会跟你好好合作或对你委以重任呢！建议：共事时适当的谦虚，才是成功之道。

D 遇上陌生的工种时，你的反应是推辞；遇上难题时，你总是太易放弃！须知道有些事要多作尝试才会成功，未试过就放弃，你和你的团队又怎可能进步呢！建议，认识自己的能力、由细微处开始作尝试。

E 你很清高兼有点自傲，不屑借助他人的权力上位，甚或会跟有势力人士划清界线以避嫌疑，但这只会令你更难成功！建议，请对事不对人，别刻意疏远有势力人士，集中精神做好事情就够了。

赵国宰相平原君门下的食客毛遂，
在赵国国都邯郸被秦军包围的危急情势下，主动要求
去说服楚王，最终使楚王同意结盟，订下和约，并立刻发兵支持赵国，
解了邯郸之围。
而毛遂也使平原君不再小看他，而把他当作上宾招待。现代社会缺少的
不是人才，而是能够正确认识自己并且推销自己的人，在任何一个公司，
只有像毛遂那样学会自荐才能拥有更大的发展前途，一味等待别人发
掘，很容易使机会流失，主动去推销自己，争取把自己卖个好的价钱。

酒香也怕巷子深，要自己在阳光下闪光

有贼心也要有贼胆，勇做非分之想

没有小用的 大材”，只有不适用的庸才

有才华，更要有推销才华的能力

眼光是金：做自己的伯乐

是高手，就把自己推向擂台

及时补位，做个会跑位的射手

有贼心也要有贼胆，勇做非分之想

俗话说有贼心没贼胆，这句话原来的意思相信不言而喻，现在这句话可以大大方方的用在工作上了，当然我们现在说得贼心贼胆不是原来的意思，而是说在工作上你要有敢于进取的精神，有了贼心，再赋予上贼胆，你的工作才可能会有大的进展。

1958 年的时候有这样的说法：人有多大胆，地有多大产，现在也应该是这样的：只有敢于在工作上有非分之想，你的工作才不会固步自封，才不会被纠结于老套的思路和模式里，成为套子里的人，这样，打破原来的思维方式，成功也会来敲门的。

每一个渴望成功的人，都不希望自己的才华被埋没，那么就来一起非分之想吧。

进取精神不可少

当然，仅仅有非分之想还是不够的，还要有积极进取的精神。

卡耐基曾经说过，一个积极的成功者的特征，就是永不停止的追求进步。他认为，进取心是一种向上的动力，它是每一种生物体所具有的本能，存在于每个人的体内。

1996 年在登上飞往亚特兰大的飞机时，郭晶晶绝对不会想到，从此开始的 5 年将是她一生中最难熬的时光。

亚特兰大奥运会，中国跳水队进行了换血，两届奥运会女子跳板冠军高敏退役，由于郭晶晶的出现，巴塞罗那奥运会女子跳台冠军伏明霞转向 3 米板。但出于稳妥考虑，伏明霞兼项女子跳台。比赛中，郭晶晶的动作难度系数是所有选手中最大的。第一次参加如此大赛，又被寄予厚望，15 岁的郭晶晶有些不堪重负。“比赛的时候我已经蒙了，根本就不知道自己是怎么跳的。”在这种压力下，郭晶晶出现了失误，最终只获得第五名。伏明霞则囊括了跳板、跳台两枚女子跳水金牌。世界女子跳水进入了“伏明霞时代”。

奥运归来，全力为第八届全运会做准备的郭晶晶在训练中因为一次意外，从跳台上摔下，右腿骨折。十五六岁正是少女的发育期，停止训练的郭晶晶身高长了10厘米，体重到了55公斤。这对于一个跳水运动员简直是致命的。但郭晶晶没后退，在她的伤初步允许训练后，她执着地开始了恢复训练。

训练是从减肥开始的。当时已是春末时分，天气开始转热，但郭晶晶却穿着密不透风的减肥训练服，忍着右腿传来的阵阵疼痛，跳绳、跑步。那一段时间，在中午时分路过保定燕赵大酒店时，经常可以看到两个穿着厚重衣服跑步的“疯子”，其中一个就是郭晶晶。

三年时间，1000多个艰苦的日日夜夜，郭晶晶没有放过一天假，每天都要进行几百次的陆上、水上动作练习。运动量一大，以前受伤的脚腕出现了炎症，疼痛难忍，但她却没有因此耽误一天的训练，她常常是哭着顶下一堂课来。有时，实在太疼了，就打一针封闭，再接着练。

通过系统训练，郭晶晶信心、能力都有了大幅度的提高。其间，她夺得了1998年世界游泳锦标赛女子3米板亚军，曼谷亚运会3米板冠军，1999年世界杯3米板双人冠军、单人第3名。

可以说，为了奥运冠军，郭晶晶做好了一切准备。而她在后来比赛中的表现也是有目共睹的，郭晶晶无疑是跳水界的梦幻人物。

敢想敢做才能成功

在我们的生活中，为什么许多人一生碌碌无为?

一是不敢想。可分两种，一种人什么都不敢想，而且脑子里根本就没有想法，每天浑浑噩噩过日子，当一天和尚撞一天钟；还有一种人是敢想过了头。在他们中间，有的像疯子一样妄想，高不可行，而有的想法太多，无从下手。两者都不实际，终将一事无成。

二是不敢做。也可分为两种，一种人什么都不敢做，害怕失败，只求安逸；另一种人敢做过了头。在后者之中，有的人胡作非为，违法乱纪，最后受到惩罚；有的人有勇无谋，没有周全的计划便一味猛冲猛打，最后头破血流，甚至血本无归。

敢想不是空想，更不是胡思乱想。敢想是指可以付诸行动的强烈愿望。敢做，不是胆大妄为，更不是违法乱纪。敢做有两层意思，第一层是指一个人在追求目标的过程中，要勇敢的面对各种挫折和失败，不可半途而废，应该越挫越勇，不达目的誓不罢休；第二层是指人必须有冒险精神，必须敢于去做，畏缩拖延永远不可能成功。

当然，在敢想与敢做之间，两者还是有主次轻重之分的。只有想法没有行动，永远是空想。对于成功，后者比前者重要，也更难做到。卡耐基先生曾经告诫我们这样一句话：重要的是行动。

在现实生活中，凡伟大事业的成功者都属于那些敢想敢做的人，而那些所谓智力超群、才华横溢的人却因为瞻前顾后、不知取舍而终无所获。我们常常听说，机会、天才、运气、智慧是成功的关键因素，可更多的人失败是因为有两件事没有做到位，也就是缺乏敢想的勇气和敢做的魄力。

法拉第出生在一个十分贫穷的铁匠家，他爸爸实在是太穷了，根本没钱供他上学。他从小就去当听差，当报童，13 岁时便到一家书店里当了学徒。那个时代书刊和报纸是奢侈品，小法拉第专门为订户送报，送完一户跑一户。后来他开始学装订，并且在装订之余去看书。

有一次法拉第装订一本书，书名叫《关于化学的对话》。他看这本书入了迷，用仅有的钱买了药品，按照书里的话做起实验来，从此他对科学产生了浓厚的兴趣。

法拉第读的书越来越多，于是他用废纸订成笔记本，摘录各种资料，有时还在笔记中配上插图。他从《大英百科全书》里学到了许多电学知识。

后来，法拉第去听著名科学家戴维的科普报告，便把笔记本呈送给了戴维。经戴维推荐，法拉第成了英国皇家学会实验室的助理，从此法拉第走上了科学研究的道路。

当时科学家们相信：电流既然可以产生磁场，那么磁也应该能够生电，不知熬过了多少个不眠的夜晚，也不知进行了多少次艰难的实验，历经 10 年，法拉第都没有找到用磁生电的办法。虽然这样，法拉第仍然不灰心，他有信心在磁生电上取得突破。

后来，法拉第做了一个新的装置。他在一个直径为 6 英寸的铁环的半边，用铜丝绕成线圈，接上电流计；在铁环的另一半也绕了一组线圈，然后接到电源上。

“合闸！”法拉第亲眼看到那电流表的指针摆动了。可是，他再定眼一看，那电流表的指针又指向了零，这是为什么呢？法拉第决定断开电源再重新做一下实验，谁知，在断开电源时，指针又摆动了，但是这一次的方向与上次相反。法拉第总想让第二个线圈产生持续的电流，可是实验的结果总是只有合闸和断电的一瞬才能“感生”出电流来。

法拉第不但善于实验，更善于思考。他想，使电流感生出来的应该是一个运动着的磁场。于是，他把一块条形磁铁插进空心线圈，电流计上的指针摆动了，磁终于产生电了。

正是这种敢想敢做的精神，使法拉第美好的愿望变成了现实。后来，他根据自己实验的结果，发明了世界上第一台发电机。

可见，成功其实并不难，首先你要敢想，其次你要敢做，总之就是一句话：成功，一定要敢想，而且要敢做！那些慨叹自己怀才不遇的人是不是因为没有将想法付诸于实践呢？这确实值得深思。

温馨提示：很多事情只要你想做，都可以做到。原本以为无法克服的困难，也都可以克服，要知道伟大的成功和辛勤的劳动是成正比的，有一份劳动就有一份收获，从少到多，日积月累，奇迹就可以创造出来。

没有小用的“大材”，只有不适用的庸才

在工作中，很多人经常抱怨上司不懂得欣赏自己的才华，把自己放在一个毫不起眼也发挥不了多大作用的工作岗位上，大材小用，使自己的才华得不到充分的发挥，自己满腹的学识就这样被埋没了，觉得很委屈。但是，每当遇到这样的情况，你是不是也从自己的身上找过答案呢？

怀才不遇者，误在哪里？

当我们的老板们同情怀才不遇者、大胆破格启用怀才不遇者时，你是否思考过这类人自身的问题？而这些“怀才”者之所以“不遇”，究其根源还在于自身致命的职业缺陷。而这些缺陷往往是人们不太注意的，更有甚者把它当做自己的本事来炫耀。

前不久，一位姓韩的老板朋友，向我讲了一个他最近经历的一件事，说到激动处，甚至有些语塞。

韩总在一次私人聚会上，认识了一位在国企 IT 部门上班、已年过四十的清华毕业生。经过一段时间地沟通了解，韩总发现此人很有能力，尤其对计算机非常精通，而且雄心勃勃，从对话中也感觉不出此人有什么品质问题；后来又进一步了解到此人虽然调动过两次工作，但在 20 余年的职业生涯中，几乎没有做过任何管理工作，而且几乎都没有被委任过任何重要职务；再深入沟通了解，韩总又发现：这位才子几乎对单位的每一位领导和他的每一级领导都不认同，而且看不起任何一位同事，认为他们都是草包，只有自己是人才……总之，就是慨叹自己怀才不遇。

韩总认为这位有才之士发挥不出才能可能是机制的原因，因为自己过去也曾在国有单位工作过，所以就想用一下这位怀才不遇者的计算机才华，于是便和他沟通，准备让其做一些具体工作。随后韩总发现这位怀才不遇者思路敏捷清晰，并且做了一整套工作规划，还附带有时间进度表，非常专业，此时韩总感觉此人真是位难得的人才！可惜过去 20 多年被埋没了。韩总打算把此人招到自己的企业来，但又考虑到他对上司和同事的一贯看法，怕他与周围同事有矛盾，于是就决定让他兼职独立开发一套对企业来说不是十分紧迫但比较重要的数据库系统。同时韩总也让他提条件和待遇，出乎意料的是，这位怀才不遇者以事业为重，坦言能用上自己的才能，比什么都重要，于是提的待遇要求非常低。但是韩总还是给了他远远超出他本人期望的待遇条件。

初期阶段，工作进展非常迅速，韩总十分高兴。但是随着往纵深推进，速度渐渐慢下来了，这位怀才不遇者开始推托说是工作忙，顾不过来，这与当初他说的整天闲着无事自相矛盾。韩总追问催促也不起作用，而且工作速度越来越慢，按最初设定的工作时间进度，一个月应该做完的一期工作，三个月过去了，还没有完成一半。半年过去了，第一期工作依然迟迟完不了。而韩总再继续追问时，这位怀才不遇者就提出了远远不只个人待遇的问题，如：借口设计系统的需要，坚决要求配备最先进的设备。粗算下来，他提出的各种设备要求（这与当初谈定的不需要配置任何设备的条款也相矛盾）费用相当高。韩总不情愿，于是就陆续给出了三四套替代方案，但均被这位怀才不遇者一一否决。有的方案他虽不表示反对，然而在尝试的过程中，他让此方案付出了更高的代价，于是又不得不回到他提出的方案。无奈之下，韩总把这位怀才不遇者提出的购置设备的方案分成三步走，第一步先满足部分要求，先出个小结果看看，然后再推进后两步。

然而这一步实施后，韩总担心的事情便很快发生了，由此设备派生出的费用清单很快便呈现出来！韩总一想，照此发展下去，一年的派生费用要远远高于设备本身的费用，真是“买得起马，置不起鞍”。而此时时间已经过去了八九个月了，一个月应完成的数据库系统第一期工作仍没有任何结果，因为没有设计任何输出端口，最初谈定的是把密码告知韩总，然而怀才不遇者自始至终找各种借口搪塞，就是不吐一字。韩总决定不再理会此事，也实在没有时间，心想看你什么时间完成？然而，又过了三个月，这位怀才不遇的先生连一个电话也没有给韩总打，前期提供的设备条件所能够完成的设计工作，也没有任何进展。

于是韩总决定就此放弃这套设计系统。就这样前前后后折腾了一年多，费用花费了不少，没有干成任何事情。韩总自嘲：“如果我要把这项数据库系统设计完成，恐怕是世界上价格最昂贵的系统，比市场价格贵出不知多少倍，还不一定能完成。我算是被这位怀才不遇者套住了，关键的时候卡我脖子！所以，我还是尽快止损，让他套点利算了。”同时庆幸：“幸亏当初没有把此人正式调过来，要不然还要付出更大的代价。”

我们不难发现：这种人的职业生涯就像一碗面条，在任何单位干，刚开始还行，就像刚出锅的面条一样，清爽美味可口，可时间稍微一长，就烂成面糊，没有任何力度和味道了。

从上述事件中，我们发现，这位怀才不遇者犯了一部分专业技术人才经常犯的毛病，那就是靠自己的专业技术在关键的时候卡脖子。而且想卡脖子又不直说，让被卡者慢慢去悟，明白了赶紧“上供”，不明白继续卡你，明白得越晚让你付出的代价越高。那位怀才不遇者之所以最初要的待遇条件很低，是诱你上钩，一旦钩住你，就开始从你身上一块块往下撕咬，贪得无厌。

也许有些有才能的人，真的是因为遇到自己无法抗拒的客观情况，才展才无门，施才无路，但人间正道是沧桑，只要是金子，总会发光的。因此，那些长期“不发光”的怀才者出现在你面前时，一定要质疑：这位怀才者是不是有致命的职业缺陷？无论他演技多么精彩，都不要被表面的现象所迷惑。

真正有才者，是不会始终不遇的。

作为职场中人，如果总是怀才不遇，那么不是别人的问题，根本问题在自己，而自己的问题一般有以下三个。

一是才艺不够精，即才的成色不足。不患别人不知己，就患技不如人。自认为才华出众，才高八斗，其实还差得远，真要给些实际问题，还真解决不了。许多出校门不久的学生常会碰见这样的问题，总认为领导不重视自己，很想一展身手，一旦组织交给些任务时，就会出现两种心理活动：一种是手足无措，不知道该如何干；另一种是盲目认为该怎么干，结果一干就错。只因这些人的才还不足以达到解决实际问题的程度。

二是影响才能发挥的要素不具备。大致有三方面：第一，德不足，“德，才之资也”，德是才的资本，厚德方能载物，如果只有才而缺德，才是很难发挥出优势的；第二，人际关系紧张，让自己才能发挥作用的成本非常高；第三，自己与环境文化不能融合，导致自己与组织不合拍，与组织文化对抗，失败的肯定是自己，这不仅仅是能力发挥大小的问题，也是自己能否适应和生存下来的问题；第四，身体健康的原因。

三是自己的才不能与时俱进。这个时代变化太快了，知识更新和技术更新都非常之快，一个人过去掌握的熟练技能很可能转眼之间就无用武之地了，而自己还浑然不觉，还到处炫耀自己的才技，酸腐地自称怀才不遇。作为职场中人，学习是非常必要的，只有持续地学习新知识、掌握新技能，才能永葆自己的才华青春。

我们一般人，都是越是年轻时越感觉自己怀才不遇，大材小用，甚至是有才无用。随着年龄的增长，能力一步步增强时，反而感觉到自己的能力有限，这就是人们常说的“不当皇帝不知道自己的能力小”。

相对于未知的大千世界，整个人类的知识是非常有限的，一个人又能知道多少呢？至多是沧海一粟吧。相对于古往今来的大千社会，个人能力只是蝼蚁之力，蚂蚁之所以能撼动大树，那是团结的力量，是集体的智慧，同时也是外部环境给创造了机会，找到了撬动地球的支点。所以怀才不遇者，只不过是自己把蝼蚁之力自我放大为撬动世界支点的力量，于是表现得目空一切，等在现实面前碰了钉子后，又消极处世，自己把自己沦落为“怀才不遇”者。

摆脱“有才华的穷人窝”

在眼前这个社会上，“有才华的穷人”比比皆是：好高骛远刚毕业的大学生们，高不成低不就的求职者、文学青年、搞理论研究群体、单位里持才傲物的知识分子，还有那些为理想有过追求，付出过艰辛劳动而时运不济失败了的人们……

“有才华的穷人”太多太多，让我们来抓出几个有代表和启示意义的典型。

《致加西亚的信》中题为“世界上到处都是有才华的穷人”的序指出：

“我们常常看到，许多年轻人以频繁跳槽为能事，以善于投机取巧为荣耀。老板一转身就懈怠下来，没有监督就没有工作。工作时推诿塞责，划地自封；不思自省，却以种种借口来遮掩自己缺乏责任心。懒散、消极、怀疑、抱怨……种种职业病如同瘟疫一样在企业、政府机关、学校中蔓延，无论付出多大的努力都无法彻底消除。只有才华，没有责任心，缺乏敬业精神，我们是否真的能顺利前行？在现实世界里，到处看到的都是有才华的穷人。”

“有所施才有所获。如果决定继续工作，就应该衷心地给予公司老板以同情和忠诚，并引以为豪。如果你无法不中伤、非难和轻视你的老板和公司，就放弃这个职业，从旁观者的角度审视自己的心灵。只要你依然是某一机构的一部分，就不要诽谤它，不要伤害它——轻视自己所就职的机构就等于轻视你自己。”

这篇序实际上概括出了两种“有才华的穷人”：

第一种：没有责任心，缺乏敬业精神，以频繁跳槽为能事，以善于投机取巧为荣耀的人。

套用政治经济学中的一个名词来解释：他们没能处理好自己面临的“生产关系”，他们对任何工作对任何创造，都缺乏一种必不可少的敬业精神。

第二种：无法不中伤、为难和轻视老板和公司的人。

上述两种“有才华的穷人”主要是指正确处理好对外关系的“穷人”。

另外，还有两种自身才华“劣根性”实足的“穷人”：

第三种：愤世嫉俗、孤芳自赏、好高骛远，自囿于内心的人。

这样的一些人往往戴着厚厚的高度近视眼镜片，谈吐之中不乏博学知识。尽管他们人生的进程已到了其生存都有危机之际，但在他们不经意的言谈中，始终不会给柳传志、任正非、刘永行、张朝阳们送以尊敬的口吻。对那些人生的成功者，他们的结论却常常也令人困惑的都是同一个：“老子运气不如他们而已！”

他们永远把运气看作自己坠入穷人行列的理由。

第四种：怕吃苦，耐不得奋斗的寂寞的人。

在公司位置与整个人生的金字塔结构中，他们长期处于底层，不仅与车与房均无缘，而且还常常面临裁员下岗的危险。数年过去，他还是他，既没能成为富翁，也没能搞成事业，依然徘徊于其人生的起点。甚至，摆脱滑向穷人命运的危险，倒经常成为他们不能不认真对待的大问题——虽然，他们总是没能认真对待这个问题。

对这样四种“有才华的穷人”，我们提出以下三条建议：

第一，树立“扎根于土壤”的野心。

第二，培养勤奋、坚毅的品质。

第三，营造个人财务自由，以获得真正的精神自由。

杀鸡也用宰牛刀

我们通常认为是大材小用的时候就会想到“杀鸡焉用宰牛刀”这句话。

很多人看到杀鸡也用宰牛刀，都会想起另外一句话：高射炮打蚊子——大材小用。那我倒要先问问，何为“大材”？何为“小用”？空谈是虚，举例为证。蚊子问题是大是小？

我想通常的处理办法就是拿点儿蚊香或者灭害灵之类的杀虫剂一喷就好了。

但如果，蚊子繁衍过多，四处为害，又如何呢？倘若是冈比亚疟蚊呢？这种蚊子携有剧毒每年要夺走100多万人的生命，很多人现在都在考虑用“基因”这把“牛刀”来对付它了。

我们常说，杀鸡焉用宰牛刀，一方面，这是一种自信，是对自己实力的充分肯定；另一方面就走向了自信的反面——自负，是对自身的过度评价。这固然可以调节心态，但也会造成自身的麻痹大意，进而酿成大错。

矛盾是分主次的，但我们也知道矛盾的双方是相互联系相互转化的，谁又能保证就在我们提着“杀鸡刀”和“宰牛刀”分别对待的时候，就没有这种变化产生？临阵换刀，恐怕晚矣！

一着不慎，满盘皆输，这样的例子举不胜举。

输赢之间，有的时候就是一步之遥，抱着“杀鸡”的心态怎会不麻痹大意？当我们躺在得意的温床上呼呼大睡的时候，胜利的天平也许就已经倾向另一方了。

要取得100%的成功，就要做好200%的准备，胆大也要心细，创新不失谨慎，提着牛刀上阵，让人心里有底，手脚不慌。

有才华，更要有推销才华的能力

我们都是自己的主人，成功就握在自己的手中。无论是工作还是生活都是一连串的推销。我们推销货品、推销一项计划，更要懂得如何推销自己，把自己的才华展现出来，受到别人的认可。推销自己是一种才华、一种艺术，只有掌握了推销自己的技巧，才能恰到好处的发挥自己的才能，在职场上就能做到驰骋有力，游刃有余。

怎样学会推销自己

随着市场经济的迅猛发展，人才竞争将越来越激烈。因此，作为当代青年如何创造自我和表现自我是十分重要的，尤其是大学毕业生和即将走向社会的青年人能学会推销自己，这对于择业求职有了更多的自主权。那么，怎样才能学会推销自己呢?

卡耐基说:“生活就是一连串的推销，我们推销商品，推销一项计划，我们也推销自己，推销自己是一种才华，一种艺术。当你学会推销自己，你几乎就可以推销任何有价值的东西。”可见，学会推销自己是当代青年学生必不可少的一门学问。

首先，要更新择业观。在进行自我推销时，要摒弃陈腐的职业观，开阔视野，不能赶时髦，只盯着几种热闹职业，拼命往里钻，这样势必会造成择业无门的后果。此外，在择业时要考虑国家的利益，无论什么职业，只要能最大限度地发挥自己的才能，就应该成为我们选择的对象。

其次，要很好地将自己推销出去，必须具备一些良好的素质:

1. 正确如实地介绍自己,恰当表现自我

当今社会是一个竞争激烈的社会，在择业过程中会遇到许多竞争对象。为了战胜竞争对手，就要学会如实地介绍自己，正确客观评价自我，即把自己的特长，各方面的能力和知识水平如实且恰到好处地发挥出来。

2. 要保持自信心理状态

根据自身的条件，敢于进行角逐和竞争，从而找到适合自己的职业。一个人要取得成功的自我推销不能缺少自信。因此，在推销自己时，要找到最佳的自信心理状态，以取得最好的效果。

3. 提高自身的社会活动能力

社会活动能力和协调人际关系的能力是十分重要的。而有的青年就是因为缺乏这方面的能力而难以应付推销过程中遇到的意想不到的问题。事实上，自我推销的过程，就是和人们相互理解，相互协作的过程，也是情感交流，彼此悦纳的过程。

大胆的把自己推销出去

那是两年前，福州著名的四维广告公司招聘“企划文案”人员，要求是硕士学历、两年以上经验。小王由于当时失业近一个月，原本不符合条件的他在生存的压力下，在看到招聘信息后便抱上一大叠应聘材料和证书前去应聘，但当小王赶到这家公司时，所有应聘者的初试已经结束，任凭他好话说尽，接待人员仍很委婉地把小王打发了。

前几次求职失败使小王对自己能不能找到满意的工作失去了信心，只觉得生活的无奈与无助。从公司出来，望着公司的铜字标志在阳光下灼灼生辉，心里特别不是滋味，难道自己就这样甘心放弃？小王不停地问自己。

也不知道是什么原因，回到家后，小王便四处查找资料，找到了这家公司老总的名字和电话。第二天早上，他很客气地打电话过去找黄总经理。接电话的女秘书职业性地问他是哪个单位的，找他有什么事……几经“纠缠”，或许是感动于小王的执着，女秘书终于答应了他的请求。

黄总经理接过电话后，小王便直截了当地说自己是来应聘的，因错过时间没能赶上，但又非常自信可以胜任这份工作，所以希望能再给一次机会。黄总听了愣了一下，然后说：“你如果真的觉得自己能胜任这个工作就过来试试吧，直接找公司的人事主管。”

来到公司后，人事主管亲自对小王进行了面试。在自我介绍后，他面有难色地说：“对不起，你不符合我们的要求，我们的招聘条件不仅仅是有硕士学历，更重要的要有两年的工作经验。”

听了委婉的拒绝，小王自然有一些气馁，但并没有绝望。他笑道：“我虽然只是本科毕业，但我在学校担任过学生会主席，大学时，勤工俭学做过日用品直销员、兼任过报刊特约记者，在广告公司实习时也从事文案工作，并取得了不错的成绩……我相信自己完全能胜任这一份工作。”说完便递上了自己精心设计的求职材料：“这是我的材料，您可以先看看。”

人事主管一言不发地看小王的材料。在焦急的等待中，时间似乎过得特别慢。不知过了好久，他合上材料，抬起头对他说：“你的确很优秀，可是我们规定要硕士以上学历，真的很抱歉。”

这时小王真的有些失望了，当他决定起身离去时，还是鼓起勇气说：“文凭仅仅只是代表一个人受教育的程度，但并不能真正代表一个人的能力。规定是死的，但规定毕竟也是人定的，我相信贵公司要的是能为公司谋利益的人才，而不是硕士文凭。”

面对小王灼热的、企求的目光，人事主管动摇了，说："你稍等一下。"随后走进了黄总经理的办公室。两分钟之后，人事主管告诉我："年轻人，就冲你这份勇气，你被录用了。"

虽然后来因为客观原因，小王离开了这家公司，但这次求职的成功却始终提醒着小王："只要有信心，事情往往就成功了一半！"在以后的日子里，无论遇到怎样的困境和麻烦，都要始终地把自信写在脸上，写在心里。前进的道路上，有时差的就是那自信的一步，前进一步便是不一样的人生。

美国学者戴尔·卡耐基的一句话给所有失落或成功的朋友：不要怕推销自己，只要你认为你有才华！

找准自己的推销平台

千百年来，不同时代的人才都想有一个施展才华的平台和机会。不管是雄心还是野心，用时髦的话说：都想最大限度的体现自己的人生价值。虽然历史上不少人奉行"不患人不知，只患己不能"的格言，认为只要有才华，在任何地方都能够得到施展和发挥。并用"毛遂自荐"的故事说明是锥子总会冒尖的道理。事实上也并非如此。不少有才华的人正是因为抱着这种心态，长期不能施展自己的才华和抱负。于是，便借用"天生我才必有用"舒展胸中的怨气，埋怨"千里马常有而伯乐不常有"。用人者也常常感叹"我劝天公重抖擞，不拘一格降人才"。说明人才和用人者在认识和结合是一个复杂而艰难的过程。历史上"萧何月下追韩信"和刘备"三顾茅庐"之所以成为千古美谈，就是因为这样的事例太少了。所以说，一个人的才华和能力是一种本事，能够找到施展的平台和机会也是一种本事。

由于社会的复杂性，不管是什么时代、什么体制或者用什么办法，要想达到百分之百地人尽其才是不可能的。正像一个泥瓦匠盖一座大楼一样，他本想把每一块整洁光滑的好砖都放在耀眼的地方。但是，因为砖太多了，即使是精心挑选，也还会有不少的好砖偏偏放在了卫生间的便池上，这也是无奈的事情。可是，砖是死的，人是活的。一个人，尤其是自认为有才华和能力的人，就需要利用各种方式，为自己创造一个能够施展才华的平台和机会。

人们经常把一些本事不大、才华平庸能够爬上高位，且不行善事者称之为“小人得志”。但是，“小人”为什么能够常常“得志”呢？细究起来，这些人多有自知之明。自知本事不大，才华平庸，要想出人头地，必须用另外一种方式来弥补。这种方式往往是溜须拍马，阿谀奉承。甚至不惜出卖自己的人格、自尊和良心。而这种“哈叭狗取悦于主人”的伎俩虽然多被有才华的人所不齿，但是，确能受到用人者的认可和信任。因为用人者也是人。不论是政府官员和企业老板，他们不仅需要能办大事的人才，也需要能够取悦于他、服务于他的“贴身侍臣”和奴才。所以，近年来官员和老板们身边的服务人员都能很快的“进步”或者叫做“混出来”，其中的原因也在这里。因为用人者“了解他、信任他”才能重用他。即便是用人者能够识破这类人员中的一些人殷勤的企图或“两面三刀”的嘴脸，往往也不愿去揭露他们，甚至还要提拔重用他们。因为用人者一是深为他们“鞍前马后”的贴身服务所感动，二是他们知道用人者的“秘密”太多了。他们中的多数人可能已经成了用人者“离不开”、“惹不起”的人物了。

古今中外，之所以很多有才华，有能力的人才得不到施展和发挥，除了各种复杂的社会因素外，也有诸多自身原因：

一是不能正确认识自己，缺乏自知之明。有的人有了学历或文凭，或者读了几本书，或者掌握了一些技能，便过高地估计了自己。正像他老人家说的“大事做不来，小事不愿做”。干什么都觉得自己很委屈，而在别人看来却是“眼高手低”、“志大才疏”。因而就很难找到适当的位置发挥自己现有的才能。所谓自知之明，就是要客观、公正地认识自己的能力、正确分析所处的环境和自身的条件，进一步确定自己的发展目标和实现这一目标的方法、步骤，并在实践中不断地完善和修正，这样才能逐步施展自己的能力和才华。

二是不能正确处理原则性和灵活性的关系。就像掘井一样，有的人是在一个地方久掘无水仍在那里“愚公移山”；而有些人选了一个地方又一个地方，刚刚有点湿润就迫不急待的另选地方，结果都难以找到如意的甘泉。一个人不论是创业还是打工，都要从零开始，脚踏实地的努力把事情办好。但是，在客观环境发生变化，个人的才华已无施展希望的情况下，也需要“人挪活、树挪死”，不能“吊死在一棵树上”。就像买股票一样，既不能盲目地“追涨杀跌”，“这山望着那山高”，也不能“撞到南墙不回头”，进入了

“下降通道”还舍不得“割肉”。这将会耽误很多的良机。关键的时候，甚至会影响一个人的一生。现代讲究“抓住机遇”，而机遇往往是机会和能力的有机结合。

三是不能把眼前利益和长远利益相结合。人要发展，首先需要生存。如果眼前已经是衣不遮体，食不果腹还妄谈今后的发展大计，无疑都是空的。但是，如果只顾眼前利益而忘记自己的发展目标和长远利益，同样也会影响一个人才能的施展和发挥。所以，人既要脚踏实地地解决生存问题，也要积极创造条件，发挥自己的能力和才华，最大限度的体现人生价值。

四是不能“天桥的把式——光说不练”，站在岸上是永远学不会游泳的。有的人思想非常活跃，也想了不少这样或那样的“计划”和“点子”，但是，真正实施起来，却又是前怕狼、后怕虎。想创业时怕失败、想投资时怕赔钱、想发展时怕竞争、想应聘时怕老板、想在一个企业熬下去怕前景不佳、想跳槽时又怕得不偿失。这种“喝凉水怕塞牙，放屁怕砸脚后跟”的心态，即便是很有才华也难以得到施展和发挥。如果天天蹲在卧龙岗等着像刘备那样的人来“三顾茅庐”，不能说这种机会绝对没有，但也无疑于“守株待兔”。因为刘备“三顾茅庐”毕竟还有水镜先生的推荐和徐庶“走马荐诸葛”的前提。

五是不能虚怀若谷，宁静致远，往往过于轻浮或急躁。常言说，“心急吃不了热豆腐”。过于急躁往往是“有心栽花花不成”或者是“欲速则不达”。路要一步一步的走，饭要一口一口的吃。如果说学体育、学舞蹈、学声乐可能是越早越好，那么当中医就要有一定的经验积累，当作家就要有一定的生活积累了。作为企业的经营管理，也需要理论和实践的有机结合。很快地取得事业上的成功当然也是好事，历史证明，到了一定的程度，“江郎才尽”者不乏其人。厚积薄发才能喷薄欲出。只有打好基础，选对方向，瞅准机会，厚积薄发，才能减少曲折，取得更大的成功。“少年得志”令人称赞，“大器晚成”也并不逊色。迟开的鲜花毕竟也是鲜花。

六是过分地清高和自负。人才也要学会积极主动地去推销自己。学会有限度的、在实事求是基础上的表杨和自我表杨。使自己的才华得到社会的认可。不少有能力、有才华的人多是“待价而沽”而不愿曲身求人。甚至担任某些职务后，又过于原则而缺乏应有的灵活，便难以被社会所接受。在市场竞争激烈的形势下，除了特殊的技能，紧缺的专业或者开明的用人者能提供有力的支持外，一些清高和自负的人才很难找到施展才华的平台和机会。常言说，“人都爱吃顺气丸”、“想吃烂肉就别得罪烧锅的人”，毕竟用人者也是人。

眼光是金：做自己的伯乐

我们每一个人都有自己发光的地方，只是因为某些原因而得不到充分的发挥和施展，这就需要一位伯乐来挖掘他、鼓励他，但究竟谁才是伯乐呢？这个问题我思考了很久，始终没有答案。

有一句至理名言说的好，“千里马常有，而伯乐不常有。”这个世界上有数不胜数的千里马，但具有伯乐眼光的人却微乎其微，因此而埋没了很多千里马。

还有一句是“天生我才必有用”。虽然有才，但也需要有伯乐去发现，才能给你一个足够的空间，让你可以尽情的发挥和展示。很多人天天都在盼着伯乐发现自己，等着伯乐来带着自己往前走，换一个角度，为什么自己就不能做自己的伯乐，主动去发现和挖掘自己的才干呢？

学会挖掘自己的潜能

一位名叫史蒂文的美国人，因一次意外导致双腿无法行走，已经依靠轮椅生活了20年。他觉得自己的人生没有了意义，喝酒成了他忘记愁闷和打发时间的最好方式。有一天，他从酒馆出来，照常坐轮椅回家，却碰上3个劫匪要抢他的钱包。他拼命呐喊、拼命反抗，被逼急了的劫匪竟然放火烧他的轮椅。轮椅很快燃烧起来，求生的欲望让史蒂文忘记了自己的双腿不能行走，他立即从轮椅上站起来，一口气跑了一条街。事后，史蒂文说：“如果当时我不逃，就必然被烧伤，甚至被烧死。我忘了一切，一跃而起，拼命逃走。当我终于停下脚步后，才发现自己竟然会走了。”现在，史蒂文已经找到了一份工作，他身体健康，与正常人 样行走，并到处旅游。

一双20年来无法动弹的腿，竟然在危在旦夕的关头站了起来。这不禁让我们产生疑问：到底是什么原因使史蒂文产生这种“超常力量”呢？显然，这并不仅仅是身体的本能反应，它还涉及到人的内在精神在关键时刻所爆发出的巨大力量。著名作家柯林·威尔森曾用富有激情的笔调写道：“在我们的潜意识中，在靠近日常生活意识的表层的地方，有一种‘过剩能量储藏箱’，存放着准备使用的能量，就好像存放在银行里个人账户中的钱一样，在我们需要使用的时候，就可以派上用场。”

现代心理学所提供的客观数据让我们惊诧地发现，绝大部分正常人只运用了自身潜藏能力的10%。可以这么说，每个人都有一座“潜能金矿”等待被挖掘。有些人可能会问，到底要怎样才能成功挖掘自己的潜能呢？

潜能需要激发，这种激发是一个过程。在这个过程中，很多因素会影响我们是否能顺利激发潜能，能否正确归因就是其中一个关键因素。

很多同学明知自己不比其他同学笨，但当他们学习失败时，就会归咎于自己的能力不行，即使取得了好成绩，也只认为是自己运气好。这会让同学们要么感到自卑，要么心存侥幸，但就是缺乏学习的积极性，不愿在学习上投入时间和精力。这种学习上的消极归因使同学们忽视了自己那巨大的可利用的智力潜能。

积极归因，是我们每个人都需要学会的。当学习取得进步时，可以将其归功于“自己的努力”，这样会激发自己想进一步取得成功的欲望和继续努力的动力；也可以把这些进步当作自己能力强的体现，从而使自己产生一定的满意感，增强成功的信心。如果偶有失败，我们也大可在轻轻一笑中把失败归因于任务太重或运气不好，这样既可为自己“开脱”，使自己获得心理平衡，也可鼓励自己更加努力，并克服困难。不过，切不可因此对今后的学习产生“靠运气”的侥幸心理。

做好自己的伯乐

在不久前的通讯类招聘会上，一幅令人震撼的画面闪进了我的视线，“一位西装革履的应聘者，手持一沓个人简历，从技术人才到教育部门再到水泥工艺，30余个企事业单位基本都投上了自己的求职意向”。到现在还是有些郁闷，究竟是求职者的自信上升到了顶端还是自卑坠入了谷底，我们不得而知，但无论你才华横溢或平庸无常，总会从自身选出一个“更强项”，扬长避短，在取得别人认可前，先做好自己的伯乐。

正如古人所言，“世有伯乐然后有千里马，千里马常有而伯乐不常有”，但即便有了伯乐，而千里马却在耕地，怎么让伯乐知道他有日行千里之能成为关键所在，或许也有伯乐会有这种“相面”的功夫，但更多的千里马却会因此而一直被束缚在槽犁之间，连驰骋的机会都没有，又怎么证明自己的千里之能？因此，千里马就应该是在驰骋中的，至少它一直在向往，有机会就去驰骋万里。但千里马要是一直把目标放在耕地拉车上，老黄牛的作用就远远大于它，那不是它的强项也不是它应该要的价值。也并非说千里马就比老黄牛的用处大价值高，就如老黄牛是农家的生命，千里马是路客的最爱一样，各有各的价值，不过形式不同用处不一而已。

对于所有人而言，心中都该有一把尺子，衡量自己的所长所短，就像要知道老黄牛善于耕地拉车千里马能日行千里一样。做好自己的伯乐，了解自己，会欣赏自己，朝着自己最擅长的方向发展，即便没有外界伯乐的慧眼识英才，但当你沿着你的轨迹显山露水的时候，也就是你用自身的行动向世人证明你就是千里马的时刻，更有成百上千的伯乐随之而来。

千里马只有一种，但“千里人”却形式多样，可能是政治家，可能是教育家……不是所有人都会成为大家，但我们却可以努力发掘自身的优点和潜质，最大限度发挥自身的光芒，可能是普通教师，可能是平凡工人，却都在展现着自身最成功的一面，实现着人生的价值。诚然，不可能人人都是千里马，但却人人都有自己的优缺点，有人数学很差但可能很擅长写作；有人专业一般却适合人际交流；有人精通地理却英语一般；有人喜欢历史……中国首富李嘉诚、体育明星姚明等成功人士都是众人心中的千里马，但如果让李嘉诚顶替姚明的中锋位置，那么阿德尔曼就该下岗了；如果让姚明去担任李先生的位置，长江实业的前途也就可想而知了。

我们首先要清楚的认识自己，明白自己现在在做什么，将来想做什么、能做什么，要有明确且适合自己的方向，然后去付出，就足够了。无论有无伯乐的赏识，我们都必须做好自己的伯乐，从内心清楚的看清自己，将自己的非凡之处展示给众人，也许不会功成名就，也许不会名利两收，但那就是我们最优秀最成功的一面，还有什么可遗憾的呢?

社会是残酷的，没有人会相信潜质，也不会有人给你时间去铸就千里之能。好好了解自己，大材大用，小材小用，做好自己的伯乐，充分发挥自己的才能，切莫做大材小用或小材大用之人。

是高手，就把自己推向擂台

“自信、拼搏、永不泄气”这是高手的宣言，身在职场的高手，不仅能力出众，而且勇气可嘉，在时刻都要面对竞争的职场，在对手面前，要迎难而上，要把自己放在最佳的位置上，发挥潜在的能力，把自己逼向擂台，像斗士一样去战胜一个个困难，去击倒一个个对手。

严格遵守职场法则

职场竞争惨烈，如何稳操胜券，让你的岗位无人可以取代?如果你能避免以下自招失败的蠢事，你就能在激烈的竞争中，做个让老板无法不用你的人。

工作时间不要与同事喋喋不休，这样做只能造成两个影响：一是那个喋喋不休的人觉得你也很清闲，二是别的人觉得你俩都很清闲。

不要在老板不在的时间偷懒，因为你手头被打了折扣的工作绩效迟早会将你的所作所为暴露无遗。

不要将公司的财物带回家，哪怕只是一只废弃的椅子或鼠标垫。

不做夸张的装扮，工作场合远离半尺厚的松糕鞋与有孔的牛仔裤，否则你的这种装扮让别人无法集中精神，也制造出与业务极不相称的气氛。

不要仅为赚取更多的钱，就为公司的竞争对手做兼职。更不要为了私利，就将公司的机密外泄，这是一种职场上的不忠，员工之大忌。

不要淹没在电子邮件中，除非你正在等一个很重要的东西，否则没有必要立即或时时刻刻阅读邮件。预留一段时间，一次性做出处理。

不要每日都是一张苦瓜脸，要试着从工作中找寻乐趣，从你的职业中找出令你感兴趣的工作方式并尝试多做一点。试着多一点热忱，可能你就只欠这么一点点。

不要推脱一些你认为冗长及不重要的工作，要知道，你所有的贡献与努力都是不会被永远忽略的。

不要忘记工作的满足感来自一贯的表现，因此要不断充实自己的专业知识，为公司整体利益做出直接贡献。

不要将个人的情绪发泄到公司的客户身上，哪怕是在电话里。在拿起电话前，先让自己冷静一下，然后用适当的问候语去接听办公桌上的电话。

不要一到下班时间就消失得无影无踪，如果你未能在下班前将问题解决好，那你必须让人知道。如果你不能继续留下来帮忙，那你应于抵家后打电话回公司看看事情是否已得到控制。就算是平常的日子，在离开公司之前，向你的主管打声招呼也是好的。

不要滥请病假，应考虑到自己缺席给他人带来的影响，如真的需要请假，请一定如实申报。

不要提交一份连你自己都不想收到的报告，更不要言之无物，因为你不只有填写报告的义务，同时也有提出改善意见的责任。

不要言而无信，否则会让所有与你工作上有关系的人都生活在惶恐之中。

不要只是一味等候或按照别人的吩咐做事，觉得自己没有负上责任，因此出了错也不用受到谴责。这样的心态只能让人觉得你目光短浅，并永不将你列为升迁之列。

不要在工作时间打私人电话，电话亭就在街边500米的地方，休息时间走出去，虽然要付出两枚硬币，但你的形象却不受损。

冒领功劳等于制造敌人，若你因一个不属于自己的成绩而受到称赞，那么你就坦白地讲出来。

不要在上司说些不好笑的笑话时开怀大笑，应明白上司需要一个有创意、有热忱的工作者远远胜过一个应声虫。

不要把办公室家庭化，这是不专业的表现，也是侵犯公司领地，更何况公司的客户没几个人愿意知道你的家庭是什么样。

敢于挑战，爱拼才会赢

“好男儿志在四方”，说的就是要敢于挑战，要去打拼，要把自己逼向擂台。

杰出的企业家池明远从亚洲到澳洲、欧洲，再从欧洲到北美洲，在短短的十多年时间里，他的奋斗足迹几乎快在地球上绕了一圈。

“哪里有商机，就到哪里去；哪里有商机，就在哪安家。”温州人敢闯敢干、敢拼敢赢的精神由此可见一斑。

池明远1963年9月出生于温州市鹿城区一个普通工人家庭，1980年从温州一中高中毕业后，考入中国银行工作。工作期间，他于1985年在职就读计算机专业，获得了上海华东理工大学的毕业文凭。

二十世纪八十年代的温州，商品经济的大潮铺天盖地，给温州人带来了许许多多新的观念、新的希望，池明远心底很不平静。尽管在中国银行工作条件优越，也很安逸，但不甘平淡、敢于挑战的他决定放弃这一切，到国外去闯一闯。对于他的这一决定，许多亲朋好友都感到惊讶，更有亲人表示反对，但好胜心强的他，最终说服了他们，于1991年7月踏上了新的征途。

他先是驻足新西兰，自费留学。而后，他来到匈牙利，寻找商机。于是，在1991年的布达佩斯三维市场，又多了一位“练摊”的年轻华人。

他乡创业，既有奋斗的欢乐，也有漂泊的无奈。语言不通、举目无亲、生活不适应、没有创业资金……各种各样的困难挡在他的面前，逼迫他投降，逼迫他退却。然而，池明远硬是凭着自己的毅力，与妻子一起，不怕吃苦，从不认输，闯越了道道难关。从在市场练摊，到1995年开始自己从国内发货，他靠着敏锐的市场观察力，生意越做越顺。他还以自己的诚信赢得良好的信誉，与国内多家企业建立了良好的合作关系。他在布达佩斯打下了坚实的根基，不但做贸易，而且开始投资实业。

在布达佩斯做的好好的，他突然又决定要走。因为，他敏锐的双眼又在北美洲看到了商机。于是，2004年，他再次挑战自己，带着妻子和两个儿子全家移民加拿大，去开创新的事业。

在加拿大，他成立了C&H（CANADA）公司，自己出任董事长。经过认真仔细的市场调查和市场分析，他制定了行之有效的经营计划。按照这个计划，他将在这个全新的环境里，以相当的资金，把中国大陆的优良产品打入北美大市场。现在，一系列前期工作包括公司选址、招聘有经验技术人才、报名参加北美的国际展览会等等都已展开。对于立足加拿大，让自己事业的发展跨上一个新台阶，他充满了信心。

创业虽苦，但回想自己所走过的路，从一点一滴积累经验和资本，到一步一步做大生意，池明远心中感到无限欣慰和自豪。这成功源于他诚实、有胆量、善于把握机遇，当然也离不开他妻子的协助和大力支持。

池明远始终相信：爱拼才会赢。

跳到人生的擂台上

擂台，不仅仅在我们的生活中工作上才会有，更重要的一个是在我们的心中也要有。只有战胜了心中那个擂台，才能真正成为一个高手，才能走向胜利。

美国大萧条时代的詹姆士屡屡失业，一家人苦苦挣扎，靠着政府的救济金，才勉强没有死于饥饿。对于詹姆士来说，他唯一的出路就是打拳，以养活老婆和3个孩子。最后，这个多年没打过拳、对拳击台已非常生疏的男人，决定重操旧业，为家人、为自己的尊严而战斗。

一直以来，詹姆士只不过是个平庸的拳手，但是这一次，他却一路走到最后，还出乎所有人的意料，拿到了丰厚的奖金并夺得了拳王的称号！在记者招待会上，有人问詹姆士，是什么让他变得如此之强？詹姆士轻声说：“因为，我的心里清楚地知道，自己要什么！”当记者询问是什么时，他简单地说了两个字：“牛奶！”平静语气中道出的两个字，包含了詹姆士对妻子儿女深厚的爱。

假如不是因为穷困到连牛奶也买不起，我想詹姆士永远也得不到拳王的称号，会一生都是个毫无建树的拳击手。虽然现在大多数人都不会因饥饿而挣扎，也不会踏上危险的拳击场，但是生活中的挑战却随处可见。我们的对手没有电影里主人公的对手那么显而易见，不是一个戴拳套的壮汉，但是它却极不轻易对付。我们要与之战斗的，是我们甘于安稳生活的心理。

你是否还记得心中那个蒙尘日久的梦想？戴上你的拳套，为你的梦想去搏斗吧，不必理会它有多么的难以实现，不必担心是否能够坚持到最后。你需要做的就是，跳到擂台上，让你的热血沸腾起来——一个人只有站到人生的擂台上，才会真正勇敢起来。

及时补位，做个会跑位的射手

很多人只管上班不问贡献，只管接受指令却不顾结果。他们得过且过、应付了事，将把事情做得“差不多”作为自己的最高准则；他们能拖就拖，无法在规定的时间完成任务；他们马马虎虎、粗心大意、敷衍塞责……作为一个优秀的员工，就要懂得及时的补位，多看看自己份外的工作，做一个会跑位的射手。

在工作中，我们只有树立补位意识，才能提高工作的效率，才能让公司获得更好的效益，才能获得更多的发展机会，才能在自己的职业生涯中获得成功！

做最会跑位的人

足球场上，射门机会最多的是前锋，不仅因为他们离球门近，更重要的是因为他们善于跑位，擅长在特定的环境下把握时机。一个好的射手往往是最会跑位的人。

美国有一句谚语：“通往失败的路上，处处是错失了的机会。坐待幸运从前门进来的人，往往忽略了从后门走出的机会。”

机会不会凭空而降，但在人生漫漫长路上，大大小小的机会总会来临。那些怨天尤人，只会埋怨自己走背运的人为什么没有机会登门呢？主要就是因为他们不善于把握机会。

如果一个人总相信运气会从天而降，他就会不断地拒绝各种机会，因为他认为那些机会还不够好，他所要的是大名厚利、高职位，他不甘于从基层起步。我们可以想像得到，不久人们便懒得给他任何机会了，而他一生很可能就这样耗掉了。

可见，一味相信运气会使人丧失很多机会。要获得机会的厚爱，就要有获得机会的特性，就要敢于从常人思维的死角中去发掘机会。

善于把握机会就要不落窠臼，敢为天下先，还要经得住各方面，特别是来自同行的冷嘲热讽。一个人不落窠臼，期望在某个方面有新的突破，获得新的成功，难免会对传统的观点、做法乃至过去行之有效的成功经验进行重新思考和认识，并采取一些与众不同的方法、手段，这必然会招致一些冷嘲热讽。对付的办法是：走自己的路，让别人说去吧！

我们的人生本身就是强大的、完整的。每个人都生而具备四种心理功能：思维、情感、感觉和直觉，这是使我们成为有用之才的内在保障。尽可能充分地挖掘自身的潜能，所有人都有可能使自己获得成功。

美国加利福尼亚州萨克门多有一个叫格奇的青年做家庭用品通信销售。最初，他在一流的妇女杂志刊载他的“一美元商品”广告，所登的厂商都是有名的大厂商，出售的产品都是实用的，其中大约20%的商品进货价格超出了一美元，60%的进货价格刚好是一美元，所以杂志一刊登出来，订购单便源源不断地涌来。

格奇没有什么资金，这办法也不需要资金，客户汇款来，用这些钱去买货就行了。当然汇款越多，他的亏损便越大。但他并不是一个傻瓜，他在寄商品给顾客时，再附带寄去20种3美元以上100美元以下的商品目录和商品图解说明，再附一张空白汇款单。

这样虽然卖一元美金商品有些亏损，但是他以小金额的商品亏损赢得了大量的顾客。顾客就不会在戒备的心情之下，向他买比较昂贵的东西了。如此昂贵的商品不仅可以弥补一元商品的亏损，而且还可以获取很大的利润。

从此，他的生意就像滚雪球一样越做越大，一年之后，他成立了AB通信销售公司。再过3年，他雇用了50多个员工。到1974年，他的销售额高达5000万美元。

格奇的这种“钓大鱼”的办法，有着惊人的效力。这位青年起初一无所有，可是几年之后，就偷天换日般地建立起他的AB通信销售公司。

可见，我们要驾驭机会，就要驾驭自己。要让自己在外的机会面前不坐失良机，至关重要的是要有自信心。因为人最大的敌人便是自己，人最大的伙伴也同样来自内心。成功的人生，全看你如何向自己挑战。

以个人的独特方式观察世界，便能发现在这个世界上几乎处处存在着机会。同样一种事物，从一个角度看上去是灾难，换一个角度看上去可能就是机会。

面对机会的来临，人们常有不同的选择方式：有人会单纯地接受；有人持怀疑态度，站在一旁观望；有人则固执得如同骡子，不肯接受任何新的改变。不同的选择，当然会导致截然不同的结果。许多成功的契机，起初未必能让每一个人都看到它的雄厚潜力，而起初抉择的正确与否，往往是成功和失败的分水岭。

在人生的旅途中，请审慎地动用你的智慧，做出最正确的判断，选择属于你的正确方向。同时别忘了，随时审视自己选择的角度是否产生偏差，适时给予调整，只有这样才会渡过人生所有的关卡。

树立自己的补位意识

小王是一家公司的普通职员，平时的工作只是收发、传送领导文件。当公司出现一些无人料理的事情时，别的同事都为能少做就少做而推来推去，而小王却像一颗螺丝钉一样赶快补上，不多久一份工作就漂亮地完成了。从此“小王你见一下那个客户”，“小王你去做那件事情”这样的指派越来越多。

小王从未觉得自己是个被人支来支去的“小跑堂”。虽然杂事很多，但是得到锻炼的机会也多，比如叫他去接触传媒，联系公司的广告业务，参与广告文案的写作，选择适合的传播渠道等等，这都是给了他一个充电和学习的机会。

一直在暗中观察员工表现的老总暗暗点头。从此小王工作更忙了，但是忙的却是一些更重要的事情了。比如公司的一些重要客户，一些谈判的场合，老总都会带上小王一起去。终于有一天公司要准备“上市”了，需要把公司彻底包装成一家公众公司，拟一份招商说明书，集团董事会希望小王能做好准备，协助管理层完成公司历史上质的飞跃。

小王不负众望，漂亮地完成了自己的工作任务，顺理当然地成为那家上市公司的一个管理人员，后来又跃升至公司管理层高级管理人员，并且成为资本运营方面独当一面的大将。

人在职场，我们不但要把自己的工作做到位，而且还要善于补位，想他人所未想，你才能随时应对可能发生的各种问题，你才能把“泥饭碗”变为“金饭碗”，这样的人一般是不会下课的，因为别人的需要就是自己生存的最好条件。

在一次项目完工的剪彩仪式，公司邀请了总公司五位领导前来剪彩，当五位领导被请上台后，项目经理发现台下还有一位相当级别的领导也来了，于是硬把这位领导拉上台，让他也一道剪彩。下面的员工看在眼里，急在心里，眼看就要出洋相了。

说时迟，那时快，公司的一个助理迅速地从自己包里拿出一把剪子递了上去，一字排开，六位领导喜气洋洋地剪完了彩。所有的人皆大欢喜。一位员工在小惊之后，顿生敬佩之情，随即问那位助理：“你怎么知道还会叫一个人上去?”

“如果老总再叫一个，我包包里还装着一把呢。”

很快这个小小的助理就被升为主任。

每个公司都会出现一些无人负责的事情，这时就需要员工有一种补位意识，多做一些事情，做的事情越多，你的地位越重要，掌握的个人资源和工作资源也就越多，情形就对自己就越有利。

其实无论我们做什么，都是在为将来做准备，如果我们树立起补位意识，用锻炼自己成长的积极心态来对待自己正在做的事情，就能把工作当成机会，把指派当成锻炼。

任何时候，我们都需要扪心自问：你是否有补位意识？是否善于补位呢?如果你的回答不是特别肯定的话？那么，你就必须改变自己的工作态度，让自己成为一个任何时候别人都离不开你的人。

附录：你是会表现自己的人吗？

想升职，想被重用，想提升自我价值……可是光“想”并不足够。要有勇气，要有计谋，还要有一点小小的手段。这些，你都具备了吗？

1. 老板的贴身助理终于离职了，在她离开的前一天，你会：

a）请人力资源部主管大吃一顿；

b）悄悄地把一份礼物放到她桌上；

c）在下一次例会时，微笑着主动坐到老板的旁边。

2. 在公司会议上，老板再一次讲起了某个老掉牙的笑话，你会：

a）傻笑着听，嘴巴都快咧到耳朵根了；

b）等他讲完后，再讲一个比他更有创意的笑话；

c）认真地听，在好笑的地方适当地给予配合和回应。

3. 中午吃饭的时候，你喜欢：

a）和身家至少高于百万的客户吃饭；

b）对着电脑吃外买的盒饭；

c）每周和上司一起吃一顿，余下的几天和同事或好朋友一起吃。

4. 老板宣布要去欧洲出差两周，你会：

a）依依不舍的目送他出门；

b）高兴地错把盐当成了糖放进了咖啡；

c）祝他一路顺风并承诺在他回来之前一定拟好客户计划书。

5. 在公司会议上，当大家意见不统一时，你通常会：

a）做老好人给大家和稀泥，或是当墙头草两头倒；

b）站起来说：“这么讨论下去不可能有结果！”然后离开会议室；

c）奇迹般地想出一个万全之策让大家都心服口服。

6. 老板的电脑出现了故障，突然没法收发邮件了：

a）你忙前忙后地打电话，找技术人员修理；

b）你坐在位置上默默观察，试图找到解决方式；

c）平静地告诉老板：“这应该是网络问题。”

7. 你在电梯里遇见了人力资源部主管，你会：

a）跳过自己要去的楼层，跟着她去了她所在的那一层；

b）和她讨论关于你休年假的问题；

c）关心地问她的女儿最近好吗？

8. 公司制订了严格的业绩考核制度，每个月都会有一次考评：

a）你总是能在月底前按时完成任务；

b）这种参与性太强的革新不太符合你的风格；

c）最后你成了那个制订考核计划的人。

9. 在参加新工作的面试时，当你被问道：“你是个能和别人融洽相处的人吗”？你会做何种回答：

a）“我 Facebook 上的 914 个朋友就是最好的证明”；

b）把手机调成振动，让它在桌子上不停地发出“嗡嗡”声；

c）先表示肯定，然后条理分明地举例说明。

10. 一股想加薪的冲动搅得你心里痒痒时，你会：

a）给老板泡上一杯咖啡，边吹气边端到他面前；

b）不停地在老板办公室门口来回走动，企图引起他的注意；

c）和老板预约时间，告诉他你有重要的事情要找他谈。

结论：

如果你的答案中 a 最多：你是个太爱表现的人。你表现的动力来自于你的野心。为了用出色的表现来推动事业的发展，你的眼睛灵敏地捕捉每一个可以表现的机会。自我表现并不是坏事，但一旦过了头却会引火上身，尤其是当你不惜牺牲别人的利益往上爬时。万一有人发现了你的野心以及吹嘘拍马的虚伪面孔，你就很有可能成为众矢之的。别怪我们没提醒你，到时恐怕连你奉承的那个人都保不住你。

如果你的答案中 b 最多：你是个不善表现的人。你的动力同样是你的野心。但区别在于你用错了方法。你觉得你躲在人群中毫不出众或者是用自以为是的方式来吸引老板的注意就能遇上升职加薪的好事了吗？老板不会戴着显微镜去发现你这样的“人才”，他也不是你肚子里的蛔虫，能明白你的表现方式。大多数老板看中的是成果，而不是你身体里的潜能。是金子肯定会发光，但前提是你的光芒要能被看见。

如果你的答案中 c 最多：你是个功于心计的人。你懂得事物之间的平衡关系。你知道自己要的是什么，知道应该向谁提出怎样的要求，知道一杯咖啡里加多少糖最合适……你的态度永远有礼有节：既不高傲，也不谦卑。有时候，你就像个预先设定好程式的机器人，永远正确地执行既定的程序。你凡事都能做得滴水不漏，是老板赏识的好员工。只不过，找一天让自己完全放松下来，不用算计，不用伪装，做一回真实的自己又有什么不好？

有人的地方，就是江湖，是江湖就危机四伏，让人防不胜防。纵观历史，那些彪炳千古的忠臣，总是被奸人所害，就是因为少了些变通，做人过于实在。而奸人是最懂得变通的，从来都是为达到目的不择手段的。所以"忠臣要战胜奸臣，就必须比奸臣还奸"。（电影《九品芝麻官》）可见，行走职场江湖，既要埋头苦干，也要懂得巧干；既要懂得坦荡地做人，也要多些心眼，掌握必要的处世之道；坚守内方外圆的处世之道，才会让你笑傲江湖，所向披靡。

做人不能太实在，灵活多变方能无往不胜

勇敢的做"小人"

轻扬于尘，不如蛰伏于地

智慧沉默的优雅

与人沟通喜鹊好于乌鸦

好人缘源于灵活应酬

无事也登"三宝殿"

勇敢的做“小人”

历史上几乎没有任何一个小人会被传颂和赞赏，但又不得不承认，那些名流千古的忠臣冤死刀下的时候，小人却在坐享威福，为什么？就是因为小人知道自己的能力不出众，只好另辟蹊径，来完善自己，也正因为如此，很多小人才会在一定的时期内坐收名利，享受荣华富贵。当然，这里不是要为小人正名，而是要强调做人一定要灵活多变，多长心眼，在职场上更要如此。

生活就是一个万花筒，透过筒孔，我们可以看到自己的身躯，看到别人的形象，看到无处不在的机会和陷阱。人生如棋局，机会如棋子。所以我们不能光依靠卒子过河亦步亦趋，还要让棋子各显神通；不但要在你的心眼中把握好每个棋子的潜能，还要做生活的有心人，惟有此，你才能处处取得先机，事事赢得胜算。你才能出手不凡，卓尔不群。我们要在复杂的社会中把握好每个棋子的潜能，做生活的有心人，凡事多一个心眼就能获得十倍的机会。

电视连续剧《亮剑》播出后感动了很多人。其中最让人们津津乐道的，恰恰是那个生长于晋中的土老帽李云龙——他的军事指挥能力怎么就能名扬当年的整个晋冀战场呢？道理明摆着，李云龙就是比那些黄浦军校的人以及日本高级指挥官们多了个捕捉战场信息和把握战机的心眼！

成功就是多一个心眼

《每周电脑报》等多家 IT 报刊总负责人刘克丽，在业界有“IT 第一名记”的美誉，你要是问她成功的秘诀何在，她会告诉你，成功从捡起地上的请柬开始。

1984 年，已经 34 岁的刘克丽，放弃了长达 10 年的电脑专业的工作，随同丈夫来到《中国电子报》社。开始，报社让她打杂，一干就是三个多月。一天，刘克丽在扫地时发现一张已踩脏了的请柬，这显然是别的记者丢弃的。

“我想出去采访”，报社领导同意她去试试，结果一发而不可收。有电脑从业经验的她很快成为行业里的名记，各类世界性的IT行业记者招待会上，第一个提问的总是她，提问最新颖的也是她。名气大了，她干脆领头创办了《每周电脑报》，现在已经成为报业界的一位女强人。

美国钢铁大王安德鲁·卡内基的成功则是从捡起一份额外的业务开始的。因为家庭贫寒，中学都没有读完的卡耐基不得不走上社会，他从事的第一份工作是在匹兹堡做一份送电报的工作，由于工资很低，他渴望能成为一名接线员，但是做接线员要求懂电报业务，为此，他晚上自学电报，每天早晨提前跑到公司，在机子上练习。有一天，公司忽然收到一份从费城发来的电报。电报异常紧急，但是当时接线员都还没有上班，卡耐基立刻跑去代收了下来，并赶紧将其送到了收报人的手中。这件事之后，他被提升为接线员，薪水也增加了一倍。由于接线员的工作相对轻松，卡耐基有更多的精力用于学习商业知识，这为他后来走上商业道路，并成为钢铁大王奠定了良好的基础。

日本有位知名企业家叫中田修。年轻时，曾流落街头，正当他第三次准备自杀的时候，他拣到了一张桑泽设计研究院的广告宣传牌。看了设计院介绍后，他觉得干这个很有前途，于是重新振作起来，回到东京，成立了一个规模很小的设计院，取名叫“东京设计院”，专门为企业设计新颖的产品和促销方案，相当于现在的点子大王或企业咨询师。由于业务适销对路，“东京设计院”很快成为日本一流的设计研究院。后来，中田修以“东京设计院”为根据地，将业务拓展到更大的范围，成立了日本“综合经营企业”集团，中田修这个寻短见的年轻人终于靠自己的努力，成为一个受人尊敬的知名企业集团总裁。

有位文友学的是采矿专业，大学毕业后，分配到一家县办煤矿工作。数年后，煤矿濒临倒闭，这位文友正准备辞别亲人去外地打工。碰巧有一天，他在一位亲戚家串门时看到一张包东西用的废报纸，上面刊登了一篇通讯，因为内容与他所在的县有关，于是他要了这张报纸，拿回家详细阅读。这篇通讯讲的是他所在的县新任县委书记重视人才，破格提拔多名青年科技人才的故事，其中有一位食品专业的大学生，已经在深圳打工，只是向这位书记写了一份自荐，即被召回，并破格提拔为县麻鸡研究所所长。这位文友虽然是煤炭学院毕业，却在全国各地发表各类文章上百篇，于是他也给县委书记写了一封自荐信，结果，被调到县广播电台担任编辑，三个月后又调到县委宣传部从事新闻报道工作，成为一名公务员。在宣传部工作期间，他勤奋工作，阅读了大量的经济理论专著，为全国各类报刊撰写经济理论文章，成为报刊界颇具知名度的撰稿人。去年有四家新闻媒体向他发来邀请信，他选择了其中一家，成为一名专职记者，加上业余撰稿的稿费，收入颇丰。

这样的故事还有很多，故事的主人公们用不同的故事诠释了一个道理：成功就是你比别人多一个心眼。

职场不可缺少的心眼

陈杰，读完“硕士研究生”后，兴致勃勃地进入一家大国企工作。不久，他凭着实力，当上了公司的技术研发部经理。职业使命感强烈的他，平常把大部分的时间和精力，都投注在技术工作上，一心想着要尽最大的努力把工作做好做精，没有时间去应对身边鸡零狗碎的人际关系。

也许是陈杰太年轻、不够灵活，在群众中没有人缘，加上他突出的表现，这可让单位里那些好吃懒做、靠谈资吃饭的人找着话题了，不久，公司就传出了“陈杰的研究生文凭是水货”的谣言，谣言的制造者是谁？天晓得！陈杰也不想去探个究竟，认为别人之所以会这样说自己，说明自己的能力与大家的要求还是有距离的，总之，他认定只要自己不得罪人，也不会有人故意找他的麻烦。

没多久，有关陈杰谣言的新版本出现了：“不自量力的陈杰正企图抢夺公司的第二把交椅！”

陈杰起初也吃了一惊，怎么会这样？是不是自己的言行太让群众反感了的缘故？他百思不得其解，工作也变得畏畏缩缩，后来一个好心人悄悄告诉他，是老总的助理一直在想提升当“老二”，但总感觉陈杰是一个威胁，所以故意制造谣言，来降低陈杰在公司中的人气。陈杰知道后，仍抱定“身子正不怕影子斜”的君子信念，以为这样做就可以让谣言自生自灭。可是时任公司“老二”黄总听到谣言，可不这么理解了。过去对陈杰的那副笑容可掬、和蔼可亲的面孔没有了，而且还常常找茬刁难他。

身疲力竭之下，陈杰这才感受到自己被孤立了，他搞不懂，为什么自己越不与小人们斗心眼，小人的心眼就越来越多？他心里很受伤。对公司里的复杂人际陡生疑虑，终于向领导层递交了辞呈。

我们不得不承认陈杰是一个合格的真君子，但同时又是一个没心眼的君子。没有心眼的真君子从道义上讲只是文明社会的一种摆设，从仁义上讲和小人的靶子又有什么两样呢？

我讲的陈杰这样的君子，还只是遇上职场的小人，要是官场上遇到小人，那恐怕就不是一走了之就可以解决的了。

很多时候，你才华出众却没有立足之地，这是为什么呢？只是因为你凡事都缺少了一个心眼，这方面就要多像身边的小人学习了。

在乾隆当皇帝的时候，他身边的和珅就是个十足的小人。为了满足自己的私利私欲，和珅一面伪装自己，一面不择手段地陷害乾隆身边的忠臣君子。可是你注意到没有？尽管和珅能在朝廷里里外外为所欲为，但他的所有阴谋诡计就是逃不出两个人的眼睛。这两个人一个是纪晓岚，一个是刘墉。

和珅心眼不可谓不多。在嘉庆继位之际，他预感到自己的地位将受到动摇，便要了个小心眼：悄悄地到乾隆那儿嘀咕，说嘉庆年轻难有为，恐难掌玉玺，致使乾隆帝下了“传位不传玺”的圣旨。尽管这种小人心眼暂时逃过了当时圣上和诸位大臣的眼睛，但还是被礼部尚书纪晓岚和刘墉识破了。为什么呢？因为和中堂爱玩心眼，老纪和老刘却比和中堂多了一个心眼。

所以说，无论你在职场上是什么职务，什么行业，满腹才华要想得到更恰当的发挥，凡事多一个心眼才会为你的工作带来便利，会为你的工作开辟更好的前景，既然这样，何乐而不为呢？

轻扬于尘，不如蛰伏于地

有一位将军，在大军撤退时总是断后，回到京城后，人们都称赞他的勇敢，将军却说：“并非吾勇，马不进也。”将军把自己断后的无畏行为说成是由于马走得太慢。其实，在人们心目中，“马走得太慢”绝对无法抵消将军的英雄形象。

我们要视名利为烟云，当名利场中的过客，万不能因名利而高人一等。对于不属于自己的名和利，绝不能要，否则，在日常生活中，做一个沽名钓誉者，即便能暂时获得某些大红大紫的得意和快意，日后真相大白时，也必有无穷无尽的烦恼接踵而来；对于那些勉强可以得到的名和利，要有一种谦让的精神，将其推让与其他人，这既会增加同事间的友好关系，又是自知之明的一种表现；即使是自己应得的名和利，也要善于将其化为前进的动力，绝不能使之成为人生的负累、前进的阻力，也不能把名利当作炫耀的资本。我们知道，满桶水不响，半桶水晃荡，绝不能作“半桶之水”！须知天外有天、人外有人。唯如此，才是真正的体会到了低调的华丽。

做人一定要低调

做人之境界往往体现在一个人对成就的看法上。明白人皆知：一个人独享成果，是一种“吃独食”的心态，这样会引起其他人的反感，从而给下一次合作造成障碍。因此正确的对待荣誉的态度应该是：感谢、分享、谦卑。

俗话说：有福同享，有难同当。当你在工作和事业上干出点名堂、小有成就时，这当然是值得庆幸的事，你也应当为自己高兴。但是有一点，如果这一成绩的取得是大家的功劳，你千万别独占功劳，否则他人会觉得你好大喜功，抢占了自己的成绩。如果某项成绩的取得确实是你个人的努力，当然值得高兴，而且他人也会向你祝贺。但你千万别高兴得过了头，一来可能会伤害有些人的自尊心，另一来，现实社会中害“红眼病”的人不少，如果你过分狂喜，可不就逼得人家眼红吗？

2001年，杨碧海进入当时的漳浦县烟草公司佛潭批发部，担任网点营业员。由于刚刚进入烟草行业，业务不熟练，所以他勤奋学习专业知识，工作上处处不落在同事的后面。当时，他所在的佛潭批发部只有三四个人，虽然定的岗位是营业员，但人手不够，所以在批发部的他身兼数职。营业员、访销员、送货员，这些工作他都做过。说到这，他经常调侃道，自己简直就像个“杂役”，但在每一个岗位上付出的同时，他收获更多的是感动，以及与几个同事在共事共处中结下的深厚情意。

在工作中，小杨深知，虽然是卷烟流通战线最基层的职工，但却是连结烟草行业与零售户、消费者的纽带和桥梁。因此，他不敢有丝毫的懈怠。站在柜台前，他用真诚的微笑，细致的服务，帮助客户下订单，这时他是一名营业员；骑上单车，在路上颠簸，走东家串西家，为零售户提供销售指导，这时他是一名访销员；坐上送货车，不管晴天还是下雨，为客户配好烟和收好货款，以及了解客户反映的问题，这时他又是一名送货员。白天不得闲，经常是马不停蹄地或记录订单或访销送烟，宣讲《烟草专卖法》，传授假冒卷烟识别方法，晚上还要整理经营户的反馈意见和卷烟销售订单，加班加点工作。

在批发部工作的日子里，有人会羡慕在烟草工作的这份荣耀，说它是："工作轻松，又自由，待遇也不错。"但在他的心里，更看重的是与客户以及同事在摩擦碰撞中建立的感情。"几年了，不管多么难相处的客户，都已经建立了一种微妙的关系，每个月几乎都要碰面，说真的，也许一些所谓的亲戚也未必能走得这样亲密。辛苦，但很幸福。"说到这，他讲起了一件至今仍难以忘怀的事。那年正值七月，他到乡下拜访零售户。在炎炎烈日下，走得腿酸得好像已经不是自己的了，嗓子也干得冒烟了，可是还有零售户在等着自己，怎么办呢？走到一家老阿姨的卷烟食杂店里，他一屁股坐在软软的椅子上，脑袋觉得晕乎乎的，真想再也不要站起来了。他的疲惫神情引起了老阿姨的注意，老阿姨摸摸他烫烫的额头说："小杨啊，你中暑了"。说着，那位老阿姨就赶紧到屋里泡了一杯糖水，非要看着他喝下去，还叫人帮忙买药……喝着客户亲手泡的蜜糖水的时候，他的心被感动了，一种真挚的情感在心中流动着。

在佛潭批发部的几年，正是由于自己的努力以及受到许多客户平凡和不平凡的小事感染，极大地激励小杨往后几年的烟草工作生涯。现在，他早已是漳浦分公司物流中转站的一名专职送货驾驶员，在平凡的工作岗位上创造着不平凡的业绩。就像小杨自己说的那样："物流工作是行业中最辛苦最平凡的工作，我要低调做人，潜心做事，把自己的本职做好。"正是有这样的信念，小杨几乎年年被县局评为先进工作者，2008 年更是被评为漳州市局先进工作者！

低调的态度

2008 年北京奥运会之后，中国体育界花了将近半年时间用于调整和恢复，随着全运会的日益临近，各地方队已开始积极备战，而在这之前，几大国字号队伍的主教练竞聘，几乎成了各项目国家队确定今后走向的最大标志。

有报道称，各项目国家队的竞聘程序大都采用常规手段——笔试、演讲和答辩，而对于“竞聘是否只是形式主义”、“教练员对竞聘是否用心准备”等问题，各中心的回答如出一辙：竞聘的目的是为了延续举国体制的优势，因此，参加竞聘的教练都很严肃认真。另外，中心组织的评审组，除了领导还有各类专家，也有的项目充分听取运动员意见来决定主教练人选。

这意味着“竞聘”已经被中国体育摆到了极其重要的位置，在竞聘中获胜，也成为教练员们需要首先跨过的障碍。

于是，教练员们为竞聘各显神通，但他们采用的办法，法宝之一就是态度低调。

足协从2000年就开始内部竞聘了，这是国家体育总局的规定，各中心都是每两年内部竞聘一次。当然，有竞聘就有竞争，但都不是很激烈，大家都心中有数。只不过这次国家队暂时不请洋帅，所以就要让几个本土教练竞聘，这在国家队还确实是第一次。

但面对国足如此重要的一次竞聘，参与者不约而同地选择了低调，有的甚至表示“还没做最后决定”。

沈祥福和高洪波两名京籍教练，被很多媒体认为是最接近国家队帅位的人选，一位选帅组的老教练也认为他俩的业务能力得到了大部分人的认可，比如沈祥福当年带国青队在世青赛上的表现让人满意，高洪波则带长春亚泰夺得过中超冠军。但是，他俩的性格都比较内向，不是那种铁腕教练，即便是沈祥福带国青和国奥一天三练，也是因为外界的压力。

低调做人无论在官场、商场还是政治军事斗争中都是一种进可攻、退可守，看似平淡，实则高深的处世谋略。

谦卑是一种智慧，是为人处世的黄金法则，懂得谦卑的人，必将得到人们的尊重，受到世人的敬仰。

“道有道法，行有行规”，做人也不例外，用平和的心态去对待人和事，也是符合客观要求的，因为低调做人才是跨进成功之门的钥匙。

所以，要成就大业，就得分清轻重缓急，大小远近，该舍的就得忍痛割爱，该忍的就得从长计议，从而实现理想，成就大事，创建大业。

处事要低调

海不解释自己的深度，并不影响它容纳百川；山不解释自己的高度，并不影响它耸立云端；地不解释自己的厚度，但没有谁能取代它承载万物的地位，当今社会，面对竞争、面对压力，卡耐基认为人要学会低调。

轻扬于尘，不如蛰伏于地，是一种人生态度，真正有才华的人是不会过分张扬自己的，只有胸无点墨的人才会处处拿着鸡毛当令箭，耀武扬威，仿佛天下尽在掌握，殊不知自己是很可笑的。

低调做人是一种态度，它能培养人的品质，在谦虚中更加坚定，在清醒中更加刻苦，在务实中更加踏实，达到“真雁无声，真水无香”的境界。有很多名人被看成这方面的楷模，比尔·盖茨就是其中之一。

盖茨就曾有三道菜值得中国富豪品味

中国国家主席胡锦涛展开他担任国家主席以来的首次美国之行时，也是近10 年来中国国家主席对美国的首次国事访问。盖茨用三道菜夜宴胡锦涛：前菜，烟熏珍珠鸡沙拉；主菜，华盛顿州产黄洋葱配制的牛排或阿拉斯加大比目鱼配大虾任选其一；甜品，牛油杏仁大蛋糕。

作为世界头号富翁，为了显示自己的身份，为了表示对胡锦涛主席的盛情，为了感谢中国对他的支持，盖茨完全可以以最丰盛的夜宴来为胡锦涛主席接风洗尘，但是，盖茨却仅仅给胡锦涛主席上了三道再普通不过的饭菜，但是就是这三道菜，让我们又一次感受到了盖茨的吃喝哲学和人格魅力，同时给中国富豪上了一堂生动的荣辱教育课。

谁都知道盖茨很有钱，但是同样有很多人也知道盖茨很节俭，谁都知道中国的富豪比起外国的富豪不是很有钱，但是很多人都知道中国的富豪很奢华，动辄“不买最好的，只买最贵的”，“不吃最好吃的，只吃最贵的”，盖茨的三道菜，起码让中国的富豪开了“俭眼”，从今以后起码知道最盛情、最合适的款待不一定非要用盛宴来表达，款待不一定非要“看人下面”。

深藏不露，是智谋。过分的张扬自己，就会经受更多的风吹雨打，暴露在外的椽子自然要先腐烂。一个人在社会上，如果不合时宜地过分张扬、卖弄，那么不管多么优秀，都难免会遭到明枪暗箭的打击和攻击。

史书上有记载："年羹尧既居高位，乃恃功骄纵，威权自恣。至京师，王大臣郊迎，不为礼。后遭雍正帝猜忌，三年三月，以他在章奏中将'朝乾夕惕'写作'夕惕朝乾'，责其有意倒置。旋以其"怠玩昏愦"，调任杭州将军。又因众官交章劾奏，罢将军任，尽削其职、爵，逮至京师问罪。是年十二月(1726年1月)，以九十二款罪被勒令自尽，其一子处斩，诸子年十五以上皆戍边。"

不可一世的年羹尧，因为在做人上的无知而落得个可悲的下场，所以，才大而不气粗，居功而不自傲，才是做人的根本。

孟子曾经说过："可以仕则仕，可以止则止，可以久则久，可以速则速。"就是说的人应随时随地、恰如其分地选择适合自己的位置，起点不要太高。

少说多做

或许很少有人知道柯万特这个家族的名字，可是不会有人没有听到过宝马、奔驰、阿尔塔纳这些世界驰名企业的名字。柯万特———这个德国最成功、最富有的家族之一，就是这些著名公司的大股东。一百多年来，这个家族如同一部德国工业发展史，充满着传奇色彩。

柯万特家族素来行事低调。雍卜鲁特说："多做少说是这个家族的座右铭。因为他们觉得，在不受舆论关注的情况下，才能更好地处理经济问题。"在最近公布的德国巨富榜前30名里，柯万特家族就有4位，估计他们的财产超过200亿欧元。但是，在德国媒体上很少看到这个家族成员抛头露面。《图片报》调侃说，那些住在德国小城巴德洪堡等地的富翁，从不张扬，一直过着"隐居"生活。

多做少说是柯万特家族的成功法宝，这正是体现了言语要低调这一真理。佛语有云：出家人不打诳语，指的是说话的时候不说大话，不说谎话，不狂妄自大，同样可以引申说话要低调，沉默有时候是一种优雅，而沉默，并不是让大家永不说话，该说的时候还是要说的。就像佛祖那样境界的人，也还是会与人说话，传授佛法，适度的语言本身也是一种沉默。

真正聪明的人懂得什么该说什么不该说，也就是懂得收放自如。凡事三思而后行，说话也不例外，在开口说话之前先思考，确定不会伤害他人再说出口，才能起到一言九鼎的作用，你也才能受到别人的尊重和认可。须知小心才能驶得万年船，这是放之四海而皆准，颠扑不破的真理。

而且，要想在办公室中保持心情舒畅的工作，并与领导关系融洽，那就多注意你的言行。对于姿态上低调、工作上踏实的人，上司们更愿意起用他们。如果你幸运的话，还很可能被上司意外地委以重任。

智慧沉默的优雅

俗话说“病从口入，祸从口出”。

别说让自己后悔的话

“佳仁”公司规模颇大，求职者络绎不绝。某日，王女士前去应聘，那里正好缺人，经理说要办理相关手续。王女士闻之欣喜，转换车辆，又上轻轨，花了半天时间，到了公司，又是复印证件，又是咨询情况，一切准备就绪。王女士满心喜悦，以为自己寻到了一份工作，可以减轻丈夫的压力，不料祸从口出：“我能否过好节后上班？”结果，一切手续作废，不再被录用。王女士一头雾水，要求给个说法，该公司的小姐扬长而去，躲进房里，不再出来。随后不久，王女士的手机响了，传来部门经理的声音，说她不该多说话，并明确告诉她，“佳仁”公司将永不录用“多说话”的员工。

王女士始终弄不明白，为什么问一句话就没有了岗位？

听到这个消息，我不禁沉思：“一个不让员工说话的公司，这个公司的命运能否长久，值得深思！”

语言可以修饰一个人的外表，一开口说话就必须特注意才行。古人的教导“病从口入，祸从口出”就是这个道理。身为一个现代人，每天都在不停地说话，一定要非常小心才能避免闯祸。

从说话所使用的词汇及内容，就可以了解这个人的性格。古人多主张少开口说话，所以有“沉默是金”的谚语。

但好朋友之间的秉烛夜话就不能说是长舌，这时就可以天南地北地随兴地聊，不必担心引起他人的不快。

“沉默是金”之类的格言或谚语，并不是要告诫大家不要说话，而是希望大家不要不知节制任意发表意见。所谓“祸从口出”，乃是指朋友之间一旦关系变得亲密就容易口不择言。而每个人的情绪都是随时在变的，当心情不好时、身体不舒服时、有烦恼时、心中有所顾虑时，这时的行为表现都与平时不同。因此，即使是对于亲密的朋友，也要正确地使用词汇及注意礼仪。

有些人表面看起来很博学多闻的样子，即使对于自己一知半解的事，他也滔滔不绝地发表自己的意见。但实际上他是个半吊子，那些舌烂莲花的功夫只能唬唬刚见面的人，深入交往后就会感到厌烦。这是因为这样的人所提出的都只是自己主观的个人见识，并没有客观的事例及数据，谈来谈去，都是同样一些事。

还有些人喜欢辩白，辩白往往是因为不想为过去说过的话负责。朋友之间的交往最重要的是它不会成为过去，而是现在式或未来式。絮絮叨叨地辩白只是因为规避责任或拖泥带水、鲁莽、不加反省的性格所致。如果对方是个不肯坦诚面对过错，总是不肯以积极的态度面对问题的人，那就最好不要和他交往。

另外还有一项要注意的是词汇的使用。对于年长者，身份地位高的人或是同辈、同年份、没有利害关系的人，最初使用的词汇，即使日后愈来愈亲密也不可有所改变；而粗暴、低俗的词汇绝对不可使用。如果让对方觉得自己说话不诚恳，交往就很难细水长流。人是感情的动物，很容易会因为环境或立场的改变而动摇，最好不要说让自己后悔的话。

有一次，佛勒与某大银行的一位主管见面时，偶然说起他想在长岛设立一家银行，若能如愿，将来生意一定发达，前途无量。但是那位主管如何回答他的呢？他不但对这个计划不加赞同，甚至露出十分轻蔑的态度说：“好啊！若是你寿命长，也许有一天你是可以在这里开设一家银行的。”说完便起身告辞。

后来佛勒先生告诉别人说：“当时我听了他的那句冷语不觉燃起万丈怒火，这是什么话！‘若是你寿命长’，不就等于说我是一个庸碌无能、怠惰成性、专等机会的人吗？这不是等于讥讽我一生一世也开不出银行来吗？这样大的一个耻辱，岂是一个堂堂男子汉所能忍受的？我便立即打定主意，计划着手开设一家银行来给他看，而且非使我的银行营业额超过他的纪录不可。我真的这样做了，而且不到四年，我们银行的存款数额果然已经超过他的一倍以上!”这位主管的舌头在不经意间为自己树起了一个强大的敌人。

说话是一种艺术，也是一种诀窍，一个人只有掌握这种巧妙的方法，充分利用自己的三寸不烂之舌，才能获得成就。在说话的时候要认清对方，顾虑别人的感受，坦白直率，细心谨慎。宜常常谈话，但每次不可太长，说话的时候不可唯我独尊。中外古今的政治家、军事家，一言可以兴邦，一言可以丧国。对于一个人来说，不仅要移花接木，而且应落地生根。因为你老是说空话，放空炮，时间久了，你的话就再也没人听了，那么你也就失去了叩开成功之门的机会。切记“刀只有一刃，舌却有百刃”；舌头捅的娄子，用手是填不平的!

“花言巧语”的技巧

说到处世当中的说话技巧，有道是“沉默是金”，因祸从口出，常常不说要比说好得多，举个最近的例子吧，上个月台湾有一位官员，在被质询的时候说错了话，被 K 得满头包，事情是这样的。

台湾南部连日大雨造成淹水，于是有人就质询农委会的官员，该怎么样帮助受损的农民，那位官员回答了，根据我们的统计云林、彰化、高雄它们都没有达到我们所谓的天然灾害救助办法的标准，比如说云林要达到一亿八千万，事实上三个地区加起来，损失差不多二千多万而已。

大家一听，你就知道了，他为什么被 K 了对不对，只怪他多讲了那“而已”两个字。如果他讲三个地区加起来损失差不多二千万，没达到救助标准，怎么可能有问题呢?大家千万别怪这个官员笨，要知道我们很多人都有这种多说半句废话的毛病，而且，往往因为那么半句废话出问题。

有一天，小张跟朋友约好了中午碰面，因为办公室忙，出门晚了一些，对方着急了，又不知道小张的手机号码，就拨电话到办公室问，电话是小张秘书接的，她挺聪明说，张先生早出门了，应该在路上，马上就到了。

这位秘书不是答的很好吗?偏偏她画蛇添足又加了一句，“刘先生很忙的”，小张那朋友一听就火了，回一句他忙我不忙吗，跟着就看小张进门儿了，又把那火发在小张头上了，你秘书说你忙，好像你迟到有理由似的，你要知道我也忙耶。你说小张那秘书笨不笨，小张又倒霉不倒霉，事实上小张的秘书非常聪明，而在讲话的时候，喜欢画蛇添足的人，却常常聪明反被聪明误。

再举个大家常碰到或者常犯的毛病，你是职员，老板问你，今天客户一共叫了几箱货，平常一天有一百多箱，那天特别少，只叫了十箱，你是不是很可能答，报告老板，今天只叫了十箱耶，你现在想一定会觉得这样说没什么错，对不对?

但是，我要很郑重地告诉你，如果你只是个小职员、小主管，你错了，除非你是合伙人、大主管，再不然老板娘，你最好不要说“今天只叫了十箱”，而应该讲“今天叫了十箱”，甚至得叮嘱你，就算你是大主管或者是老板娘，你最好也说叫了十箱。为什么？因为你不是老板，你应该先客观的把事实的数字告诉他，下面他要跳起来或者大吼，什么才叫了十箱，怎么搞的？这是他的事，你没有资格用你的主观，去影响他，没错，你不能影响他。

在心理学上有个实验，给许多人看一段车祸的影片，然后一个一个分开问他们那车祸的情况，当问的人用“请您回忆一下那意外的情况”，或者是问“请您回忆一下那车祸的情况”，或者又问，“请您回忆一下那惨剧的情况”，因为使用意外或者是车祸，或者是惨剧，词儿的不一样，会造成那些答话的人很不一样的形容，连对小孩都一样。

我们都认为小孩最诚实，但是据实验，如果你让一个陌生人，在幼稚园教室里头走一圈出去了，然后你问小朋友，对刚才那个“好可爱”的叔叔或者是说刚才那个“怪叔叔”的印象的时候，可能得到很不一样的答案，为什么？因为你给了导引。

同样的道理，当老板问你情况，你要先冷静的客观的答事情，不能先加入自己的好恶意见，平常客户一叫货就是一百箱，今天叫十箱，跳不跳起来，冒不冒火或者要不要哭，要不要开会检讨，是老板的事，你要交给老板去思考。

或许你说，你就是老板，也有这样的职员，你不觉得不好，甚至觉得职员这么说，是跟公司一个鼻孔出气，是荣辱与共。对不起你错了，你要知道当一个小职员说，某某讨厌的客户今天来过，或者是某某分店今天才卖了三样东西，这个时候，他显然是在帮你这个老板反应，甚至要指导你反应，好像说，他说完之后，就要看你露出厌恶的表情，哦，那个讨厌的人啊，或者是火冒三丈。

对一个有纪律的公司，对一个现代公司，对一个领导者或者是对一个需要作出正确判断的领导阶层，做下属的，都应该先提供客观的事实。同样的道理，记者做新闻报导也必须要客观，发生了凶杀案，在那嫌犯没有被判决有罪之前，你不能称他为杀人凶手，只能说他是嫌犯，否则你就可能是新闻审判。

知道了这些，如果你是职员、小主管，下次你老板问你情况，我建议你先冷静的告诉他事实，千万别添油加醋甚至火还没起呢，你就先加油。相对的如果你是老板，碰上这种爱添油加醋的职员，你也要纠正说，今天叫货叫的是多还是少，由我来判断，请你们以后不要加这些形容词。

现在让我们回头想一想，如果台湾的那位官员，只是客观的说，农业损失是两千多万，而不是两千多万而已，是不是好太多了，所以添油加醋或者是多说半句废话，都会给自己惹来不必要的麻烦。

与人沟通喜鹊好于乌鸦

行走职场不妨试试曲线沟通

A、曲线沟通让我受益匪浅

小秋，市场公关。

我去年毕业后进入了这家公司，在市场部工作。我顶头上司是位女经理，平时待人随和。她让我起草一个标书，投标一座写字楼的装修工程。接到任务后，我既兴奋，又紧张，因为这是我第一次独自制作标书，稍有闪失就会影响竞标成功。加班加点，日夜不停，一周后我终于完成。怀揣这 20 多页的标书来到女上司办公室，经理粗略阅了一下，然后说：标书先放这里，你先回去吧。

标书制作得怎么样？她满意吗？这些我都心里没有底儿，心里反而更加忐忑不安了。第二天早晨，上司那边仍然没有反应。我知道以前也有这种情况，同事做的标书交到上司那里没有了任何音讯，最终结果是被否决了。正在我胡思乱想时，一个经验丰富，也是我们部门资格最老的男同事过来关切地说："小秋，你的标书做得怎么样了？需要我帮你看看吗?"我赶紧把自己备份的标书拿给他。他用红笔在标书上做了大量修改，有些数据和资料做了重新矫正。用了整整一个下午，我们俩又把标书重新做了一次。当我再次把标书送到上司手中时，我注意到她的脸上有一丝笑容闪过。后来，我们公司竞标成功，在庆功会上，上司表扬我标书做得好，立了很大功劳。

我心里更加感激那位男同事了，后来我主动约请他吃饭。饭局中他告诉我，其实是经理让他帮助我的，并且告诉哪些地方需要改正和完善。男同事最后说："可能是经理怕直接告诉你会打击你的积极性吧，所以采取了这种'曲线沟通'方式"。此时，我才恍然大悟，对经理充满了敬意。

职业顾问张林娜点评：

女上司同下属沟通，尤其在批评或指出下属工作失误或不足时，最好采取曲线沟通的方式，言词尽量委婉，语气尽量平和，既不要伤害下属的自尊心，又能促进下属工作的改进和完善。表达方式上可灵活多样，而不一定当面说，也可以采取正面引导的方式，比如通过正确的好的方式引导和提醒下属。当然，作为女下属，在同上司沟通时，更需要技巧。尤其是上司出现明显失误时，绝不要当众纠正甚至顶撞上司，要采用上司能接受的方式，比如单独面谈、E-MAIL、MSN 等。

B、曲线沟通折腾人?

晴晴，文员。

不久前，发生在我身上的一场风波，让我领教了"曲线沟通"的尴尬和无奈。

我们办公室都在一个楼层上，办公楼当初的设计有些不合理，房间太小，所以一般是两三个人一个办公室。我所在的办公室在阴面，一年到头几乎见不到阳光。我一直想要是能换个办公室多好。

时机终于来了。两周前，有一个同事辞职走了。正好她的办公室在阳面，也没人过去，我和副主任说一声就搬过去了。开始感觉真好啊，可以看见久违的阳光了，我很兴奋。可是刚刚收拾妥当，还没高兴几天呢，公司副总带着一个新同事来到办公室，一看到我搬到这个办公室了，便对我说："你怎么搬到这边来了?"我就解释了两句，副总也没说什么。

我以为这事就这样过去了，也就没有多想。不料，两天后，我突然接到了副主任的电话："晴晴，你还是搬回原来的办公室吧，副总让我告诉你的，那个办公室的位置给新同事。"我当时有些发蒙，倒不是自己不想搬，只是觉得当时领导完全可以直接告诉我。或许是副总不好意思开口直接让我搬回去，然后才告诉副主任的。

需要说明的是，副主任和副总都是女性。我觉得这种所谓"曲线沟通"让我很尴尬，也很郁闷，更是有点折腾人。我还是喜欢"直线沟通"，有啥说啥，直截了当多好。

职业顾问张林娜点评：

充分领会上司意图是下属的一项基本技能，当上司喜欢委婉表达她的意见时，一定要注意听话外音，还要注意观察上司的表情和神态，这些都暗含着某种意义。当然，这种领会绝不是胡乱猜测，否则，误解了上司的意图同样会很被动。晴晴可以考虑和同事一起向上司反映，把实际情况客观地说出来，以委婉的语气提出想法，上司一般都会体谅下属的。

C、众 OL 说曲线沟通

这是女人的天生优势呀，有时候一个神态，一个表情都可以起到沟通的作用。有一次，因为一时疏忽，我把报表上一个数字弄错了，经理把我叫到他办公室，正要批评我呢。我马上表现出很无辜的样子，可怜兮兮，充满了悔恨的神情，头垂得很低，反正是想让他有种怜香惜玉的感觉。结果，他只是说了句"以后多注意"，没再批评我。——Lisa（会计）

我坚决反对所谓曲线沟通，现在职场压力那么大，节奏那么快，谁有时间听你拐弯抹角的"扯皮"。尤其是在商务谈判场合下，双方都希望直奔主题，言简意赅。别忘了，对生意人来说，时间就是金钱呀。——徐女士（采购经理）

不管是曲线沟通，还是直线沟通，本质上都是沟通，只是沟通的技巧和方式不同罢了，关键是要适当运用，要分情况看环境，不能一概而论。用好了能让你在职场上获得更好的人际关系，否则，使用不当，会影响你与上司和同事的关系。——张女士（人力资源管理）

做聪明的“麻雀”

麻雀素来就爱叽叽喳喳，但是身在职场，我们就要多像麻雀学习了，要做聪明的麻雀。

几乎在每一个招聘职位要求中，“善于沟通”都是必不可少的一条。大多数老板宁愿招一个能力平平但沟通能力出色的员工，也不愿招聘一个整日独来独往、我行我素的所谓英才。能否与同事、上司、客户顺畅地沟通，越来越成为企业招聘时注重的核心技能。而对初入职场的“菜鸟”们来说，出色的沟通能力更是争取别人认可、尽快融入团队的关键。那职场新人如何才能成为沟通高手呢?

很多人一提起沟通就认为是要善于说话，其实，职场沟通既包括如何发表自己的观点，也包括怎样倾听他人的意见。沟通的方式有很多，除了面对面的交谈，一封 EMAIL、一个电话，甚至是一个眼神都是沟通的手段。职场新人一般对所处的团队环境还不十分了解，在这种情况下，沟通要注意把握三个原则：

找准立场。职场新人要充分意识到自己是团队中的后来者，也是资历最浅的新手。一般来说，领导和同事都是你在职场上的前辈。在这种情况下，新人在表达自己的想法时，应该尽量采用低调、迂回的方式。特别是当你的观点与其他同事有冲突时，要充分考虑到对方的权威性，充分尊重他人的意见。同时，表达自己的观点时也不要过于强调自我，应该更多地站在对方的立场考虑问题。

顺应风格。不同的企业文化、不同的管理制度、不同的业务部门，沟通风格都会有所不同。一家欧美的 IT 公司，跟生产重型机械的日本企业员工的沟通风格肯定大相径庭。再如，HR 部门的沟通方式与工程现场的沟通方式也会不同。新人要注意观察团队中同事间的沟通风格，注意留心大家表达观点的方式。假如大家都是开诚布公，你也就有话直说；倘若大家都喜欢含蓄委婉，你也要注意一下说话的方式。总之，要尽量采取大家习惯和认可的方式，避免特立独行，招来非议。

及时沟通。不管你性格内向还是外向，是否喜欢与他人分享，在工作中，时常注意沟通总比不沟通要好上许多。虽然不同文化的公司在沟通上的风格可能有所不同，但性格外向、善于与他人交流的员工总是更受欢迎。新人要利用一切机会与领导、同事交流，在合适的时机说出自己的观点和想法。

小心踩了沟通不当的“地雷”

沟通是面双刃剑，说了不该说的话、表达观点过激、冒犯了他人的权威、个性太过沉闷，都会影响你的职业命运。因为沟通出现问题而给职业生涯带来不利的案例很多，那么职场中人在沟通中到底需要避免哪些“雷区”呢？

1．仅凭个人想当然来处理问题。有些人因为性格比较内向，与同事还不是很熟悉，或是碍于面子，在工作中碰到问题，遇到凭个人力量难以解决的困难，或是对上司下达的工作指令一时弄不明白，不是去找领导或同事商量，而是仅凭自己个人的主观意愿来处理，到最后往往差错百出。

建议：在你工作经验不够丰富时，切忌想当然地处理问题，应多向领导和同事请教，这样一来可以减少工作中出差错的机会，二来也能加强与团队的沟通，迅速融入团队。

2．迫不及待地表现自己。所谓初生牛犊不怕虎，刚刚参加工作的新人总是迫不急待地把自己的创新想法说出来，希望得到大家的认可。而实际上，你的想法可能有不少漏洞或者不切实际之处，急于求成反而会引起他人的反感。

建议：作为新手，处在一个新环境中，不管你有多大的抱负，也要本着学习的态度，有时“多干活儿少说话”不失为一个好办法。

3．不看场合、方式失当。上司正带着客户参观公司，而你却气势汹汹地跑过去问自己的“四金”从何时开始交，上司一定会认为你这个人“拎不清”；开会的时候你总是一声不吭，而散会后却总是对会议上决定的事情喋喋不休地发表观点，这怎能不引起他人反感？……不看场合、方式失当的沟通通常会失败。

建议：新人在沟通中要注意察言观色，在合适的场合、用适当的方式来表达自己的观点，或与他人商讨问题。

好人缘源于灵活应酬

应酬要用心思

应酬是一门艺术，要用心思，才能妥善处理，否则结果往往适得其反。

有位同事生日，于是有人提议罗汉请观音，给他庆祝一番，你乐意加人行列，但替别人高兴之余，却又有点酸溜溜，你想：为什么同事们从来不为你庆祝生辰？他们真偏心！

其实，那是因为你在他们心中没有占上地位，人际关系欠佳所致。要扭转这种情况，劝你要积极一点了。先踏出你的第一步吧！而这一步不妨多找借口，才不致太突兀。

例如你成功完成一件任务或者获升职加薪，又或适逢生辰，不妨自掏腰包，观音请罗汉。向公司的秘书小姐说："今天是我生日，我请大家吃晚饭，请代我安排一下吧，但请告诉任何人，我不要收礼物！"

在一传十，十传百的情形下，同事必然会替你高兴，无论是已经与你熟悉的，还是疏远的，在如此情况下，起码对你留下了印象。日后还有赖你的积极努力。

许多公司有不成文的规定，就是获升职者要观音请罗汉，你若身处这些公司，当然要人乡随俗。

如果你只是小职员一名，却动辄请同事吃海鲜餐，未必个个会欣赏，可能有人会认为你太"招摇"，所以，一切最好依照旧例，人家怎样，你就怎样。有人当面恭维："你真棒，什么时候再请第二次？"你可微笑地答："要请你吃东西，什么时候都可以呀。"一招太极就能解决问题。

要是相反，有同事表示要请客贺你，答应否？

当然要答应，否则就是不赏面，不接受人家的好意。不过，答应之余，请考虑：对方一向与你投契得很，纯是出于一片真心，还是彼此只属泛泛之交，此举只是“拍马屁”？前者你自然可以开怀大嚼，后者嘛，吃完之后最好反过来做东，既没接受他的殷勤，又没有开罪对方。

许多公司有欢迎新同事和欢送旧同事的习惯，身居要职的人，应否热烈支持这些行动？

欢迎会目的是联络感情，欢送会则表示合作愉快或感谢过去的帮忙。所以，前者你不必一定出席，除非你的工作是公关或人事部。这样更显得你有独特风格，何况既是新同事，还愁他日没有机会互相了解吗？

至于后者，就比较复杂，你应该小心衡量一下：

这位同事与你有没有关系？如果是毫无交情的，可以不必参加聚会，但送一张慰问卡是必要的，那是礼貌，何况他日你们或许还有机会共事。要是常常接触的，但交情普通，则在公在私也该出席聚会，分手时，最好表示你的祝福。若对方是你的助手或更亲密的拍档，最好是既参加大伙儿的聚会，又私下请对方吃一顿饭，或是送一点纪念品，以表示你的感谢和友情。

送人情要灵活

人们时常讨论给同事送礼的利和弊。

其实工作中，给上司，给同事送礼并不是最重要的，送与不送都有可能带来或有利或不利的影响，重要的是如何送礼？何人该发？何人不必先？送什么？

“该如何送礼”是人情礼仪中很难处理的学问，这门学问，学校没教，同事没明说，全凭自己去摸索、去掌握。熟知送礼学问的人往往能八面玲珑。送礼物给同事，是八小时之外建立感情，推进关系的最有效的物质桥梁：同事帮了你的忙，事后不忘认真地选一份礼物亲自登门送上，既还了人情，又不致失礼；同事家有婚嫁喜事，根据关系的远近亲疏送上一份合适的贺礼，既添了喜庆，又买了人缘：同事生病，及时前去探望，时间不宜过长，送些鲜花、果篮、营养饮品等足矣，既安抚了病人，又表达了关心……诸如此类同事间的私人馈赠，作为联络感情，人情世故的必要应酬，当然未尝不可，但要注意轻重之分， 般不宜买太重的礼物，免得让对方感到你别有用心。

送礼给上司，可视为一种礼貌，表达感谢照顾的心意。上司在公事上给予不少指点，对工作该如何进行也帮了不少忙，谢谢化成礼物，更具体、更难忘。

有时候送礼也是一种敷衍，许多人给上司送礼并没有明确的目的和所求，只是笃信“吃人嘴软，拿人手短”。领导收下了自己的微薄小礼，尤其是逢年过节或家中有喜庆事时送上的“顺水推舟”便可接下的那份礼，工作中自然就会不好意思过分责难，批评送礼者。

送礼的时机宜自然，毫无理由的馈赠绝非多多亦善。老祖先创造了“礼节”一词，恐怕也正是暗示“逢节送礼”，而不是没道理的送。不过，刚到新岗位，刚出成绩，刚被提升，倒是送礼的好时机。

当然，并非所有的礼都能送得出去，万一礼送到人家门上，却被拒之千里，可实在是件尴尬的事情。花钱没讨好不说，弄不好还耽误大事。比如，有人自认为眼光深远，喜欢“放长线钓大鱼”，为未来投资而送上司一些大礼，而这种师出无门的大礼恐怕十有八九都会被拒收，弄不好还给上司留个心机太重的印象，真是比不送还糟。

日常的礼尚往来乃人之常情，同事间互送些一般性的礼品也无可厚非，但却并非所有的礼物都宜一视同仁，通通收下，有时拒收同事的礼物也是必要的。比如收下一些可能影响工作大局而使某方得益的礼物，则有构成受贿罪之嫌，是万万不可取的。

估计送来的礼物别有用心者，一般都应该拒收，实在推脱不过，也要尽快回送同价值礼品，不愿收受的，除退回礼物之外，应附以委婉、诚恳的感谢。

所以，这礼物送也罢，不送也罢，都是根据情况灵活处理的。一个人只要兢兢业业地工作，诚心诚意待人，擦亮眼睛处事，有“礼”没“礼”就都不影响其打天下。

礼多人不怪

办公室人士因其工作环境的特殊性，决定了他们必须严格遵循一整套的职业礼仪。这里简单介绍一下。

中国有句俗话，叫做“礼多人不怪”。中国是礼仪之邦，几千年灿烂文明，培育出无数谦谦君子。同事之间相处，一定要注意彬彬有礼。要不卑不亢，谦恭有礼。

(1)上班途中遇到上司时,你该如何?

上班途中碰到上司，佯装看不见而避开，是失礼之举。

注意点：

①见到上司，便应趋前打招呼。

②若距离远，不便呼叫，可注视之。目光相遇，则点头示意。

③有礼貌地说“早晨好”。

(2)在公司里该如何向上司、同事打招呼?

在公司内，超过上司往前走时，应点头示意并说：“对不起。”打照面时微点头略停顿以示礼让。昨日缺勤，早上见上司时应说：“昨日因事请假。”若昨晚上司请你饮食之类，此时应再道谢。但打招呼时嘟哝不清，会给人干劲不足，难当大任的印象。

注意点：

①尽可能先向对方打招呼，道早安时，声音要响，清脆利落。

②先走的，要说：“对不起，我先走一步。”

③公司内，遇到接待处小姐、警卫、门卫、清洁工或未见过面的人，都要招呼“早安”。

(3)上下楼梯、乘坐电梯时该如何遵守礼仪?

注意点：

①与上司同行，斜后一两步。

②引导来客，起前一两步，侧身。

③楼梯上遇到上司，点头致意。

④乘电梯，手按电梯外开门钮，让女士、上司、前辈先入，然后进入按钮排旁，听人报几层楼，代摁之。

上厕所，原则是各人私自动作，不视别人。若见上司，则仍应半侧面轻点头示意。不要游目四顾，心不在焉。切莫放声说长道短，厕格中可能有人呢。

(4)迟到时你该如何处理?

迟到好几次，就给上司以不称职的印象，凡上司，都视迟到为不负责的表现。估计迟到先报告，说明你有责任心，若估计有电话联络事务，记得交待同事。委实不能报告，例如因事意外塞车，事后一定要准确报告时间、地点、原因。

注意点：

①估计不能及时赶到班上，先打个电话报告。

②直接问上司报告，非不得已，别托人传话。

③迟到一班车，也要打电话报告。

④先致歉，再说明迟到多久。以后时间预计要宽一些，以免再误。

(5)因故缺勤时该怎么办？

雇员当然有工作和休息的权利，但不等于我们可以随时借口“心情不佳”、“没有兴趣”而请假。自以为不是公司台柱，随便请假，损失的是你自己，公司有工作计划，一切按部就班，随便请假，可能影响公司运作。

注意点：

①无论因什么事缺勤，都先报告。

②亲自打电话请假。除非因故无法打电话，才由家人代劳。

③事前预知的，先请准假。

④休大假以不影响自己负责的任务为原则。

⑤休大假而增加同事负担者，宜另择日子。

⑥休假期间，有关工作安排和联系事项，做好备忘录，以免混乱、延误。

⑦休息过后上班，要问候同事。

(6)接听电话时你的礼仪应该怎样？

注意点：

①铃声响，马上接听，响三声才接的，宜先说“对不起，令你久等。”

②公事电话，不宜应喂，喂，应直报“XX 公司”。

③弄清楚对方的称谓。

④做备忘录以正确记下内容。电话旁备好纸笔。

⑤按“六 w” when（何时）、where（何地）、who（何人）、what（何事）、why（何故）、how（如何）记下内容要点。打出电话也按“六 w”整理内容，并考虑对方不在时之对策。

⑥替同事记留言后，复述之，并报自己姓名。

⑦电话用语，要清晰明确。

⑧遇到意思含糊的电话，按“六 w”问清要点。

⑨谈完公事，以一两句客气话结束。

(7)用餐时你的举动该如何?

注意点：

①用餐的举止，反应人的涵养，虽然不必太拘泥，但必须斯文大方，不快不慢。

②让女同事给你倒茶之类，乃粗鄙无礼之举。

③进食完，宜清理一下食具及周围，好让服务员收拾。

④在员工餐厅或快餐店等候，不说同事闲话。

凡是团体总有自己的一套规矩，这也是一种“礼”。作为办公室人士，你应该研究规矩，恪尽职守不逾礼。

(1)参加公司会议时你该如何?

注意点：

①凡与会者都有讨论议题的义务。

②会议发言，应有主见。避免说些“看大家……”“这也好，那也不错……”等模棱两可的话语。对于非专职人的质询，不能用“基本常识”来搪塞。

③不要独自侃侃而谈，发言要扼要。

④不作无所谓辩解和人身攻击。

⑤发言要负责任，说话不要离题。

(2)如何整理文件资料?

注意点：

①经常检查桌面、抽屉等自己的管理范围。因疏忽而失落了文件，给公司带来损失，责任非同小可。

②资料、备用材料，用完后放回原处。

③不用的文件副本，用切纸机切碎丢掉，别随手扔进废纸篓。

④离开工作岗位时，文件收存好。

自己公司的资料，在你看来无关紧要，却可能是其他公司求之不得的机密。

(3)如何对待自己的过错？

注意点：

①理解上司的命令和要求的意图，切莫机械执行。

②听清楚上司的命令或指示，不要胡乱插嘴。

③听完了，当场复述一遍。

④不明白的地方要问清楚。

⑤出了错勇于承认，不要找借口。

⑥记住被指责的地方，不要重犯。

上司指出你的过失，是给你改过的机会，气馁和抗拒的态度都要不得。

(4)如何对待其他公司的款待？

注意点：

①不能擅自接受别的公司的款待，必须禀明上司，获准方可。

②公事应酬后必须向公司禀报。

③切勿接受对方提供的贵重物品或金钱，这很容易触犯贿赂条例。

(5)下班时你该怎样做？

注意点：

①还没到下班，急急忙忙准备回家，或坐立不安捱时间，都是不妥的。

②当天任务当天完，完了再走。到钟点就啥也不管的工作态度不好。

③临走时尽可能准备好第二天的工作。

④早退时若上司不在，须托同事转告。

抢着下班赶紧跑的态度，很容易漏了当天应做的事或为第二天准备的事，疏忽了上司或同僚交代的事项，文件也容易放乱或丢失。

(6)事关公司内幕时你该如何？

注意点：

①不要在公共场所谈论公司人事和工作。

②在宴会、应酬场合，不谈论公司机密内容。

③不在公共交通工具上谈论公司事情。

④不要随便说上司、同僚的闲话。

与客户交往时，除业务外，只谈风月。有些人很有技巧，能从你嘴中套出公司的真情。你不虞有诈，便入圈套。记住凡公司内事，最好是一问三不知。

无事也登“三宝殿”

中国人串门子落座之后常爱说这样一句话：“无事不登三宝殿”，言外之意是有事相求了。其实这正是台下功夫不到家的一个明显例子。会处事的人常常无事也登“三宝殿”，平日很注意与人保持联系——哪怕是一个电话也好，让别人知道，他们在自己心目中占一席之地，如果非到有事才找人，未免显得太过功利主义，未免惹人反感。一个很久未与你有联系的昔日同事，突然打电话请你帮他贷笔巨款，恐怕你感到的不仅是为难，还有极大的不快吧？

八小时之外常到同事家做做客以加强联系沟通有无，看来还是必要的，但却要把握一定的分寸，懂得做客的学问。免得落个乘兴而去，败兴而归。

（1）预约的拜访要严守时刻，别忘了“浪费别人的时间等于谋财害命”，预约的拜访不能准时赴约，要提前挂电话通知，即使责任不在自己，也要道歉。

（2）主人向自己介绍新朋友时，一定要站起来，以示谢意，同时一定要在第一次介绍中记住对方的姓名，免得谈话里不好称呼。对一些自己不认识的长辈或领导同志，要主动站起来，先自我介绍，让对方了解自己。介绍自己要亲切有礼，态度要谦虚，不能自我吹嘘。

（3）在同事家做客，受欢迎的人绝不大大咧咧地径直坐到席上，如果主人说过才能“就座”；等人时，不要左顾右盼，主人奉茶之后，先搁下来，在谈话之间喝最为礼貌。

（4）在进同事家门之前，要先看看鞋上是否带泥。擦试之后，先行敲门再走进去。雨具、外衣等要放到主人指定的地方。如果主人较自己年长，那么主人没坐下，自己不宜先坐下。自己的交通工具如自行车要锁好，放在不影响通道的地方，如果放的位置不好或忘锁被盗，不仅自己受损失，也给主人带来麻烦。

（5）要知道吸烟属个人嗜好，有人喜欢有人厌，抽烟时一定要征得主人特别是女主人的同意，因为间接吸烟亦危害人家的健康。如果主人家未置烟灰缸，多半是忌烟的。如果掏烟打火，让主人匆忙替你找烟灰缸，是不尊重人的举动。

当然，同事应酬中没有永远的主人，永远的客人，做个懂礼之客固然重要，做个能得休待客的主人也很重要。事先得知同事将来访，要提前准备好茶具、烟具。客人进门后，要热情迎接并请上座。如果客人是从远道而来，要问问是否用过餐。对一般客人，在饭前只给烟茶就可以了，茶壶可以放在桌上，对尊敬的客人或领导，长辈、同事，要在另外的屋里把茶倒好送进去，每次倒茶要倒八分满，宜于客人饮用。

如果是“不速之客”，也要起立相迎。室内来不及清理，应向客人致歉。不宜当着客人的面赶忙扫地，弄得满屋灰尘。接待时，要问明来意。比方说：“你今天怎么抽空来了呢?”对方如答：“有事要麻烦您。”可又不一下子直说出来。就不要立即追问，恐怕是因为还有家中其它人在场，难以启口。那就不妨改变一下接待方式。

附录：你如果不小心开错门，哪一扇门让你最害怕？

A. 开到恐怖的地狱之门

B. 开到动物园老虎笼子的门

C. 开到精神病院病患的门

D. 开到残暴食人族的门

选择 A 的朋友：变成老油条指数 20%

其实这类型的人，本身就很不喜欢老油条，或是那个很江湖的感觉，你会觉得说，在新鲜人或菜鸟的时候，就是很不喜欢那种老鸟的感觉，所以就算自己在职场上，有永远保持这种新鲜或菜鸟的心态，每天都觉得过得很开心，所以选择这个答案的朋友，你的内心深处永远保持一个赤子之心，觉得生活上，其实工作只是一部分而已。

选择 B 的朋友：变成老油条指数 50%

其实这类型的人，在心态上，其实会一分为二，譬如工作上，你很专业，很成熟，很执着，很认真，不过在私底下，或者跟他同事，相处的时候，就变成一个小孩子，就很无厘头，很开玩笑，然后保持那种，小孩子那菜鸟的心态，就是对很多事情都充满了好奇，所以选择这个答案的朋友，只有一半的机会，会变成老油条，工作上年纪给人感觉你是超龄的，生活上是白痴到也很超龄。

选择 C 的朋友：变成老油条指数 90%

其实这类型的人，有一个很大的特点，就是爱碎碎念，喜欢倚老买老，很喜欢把很多的经验，苦口婆心的告诉这些年轻人或菜鸟，这些常常犯错或说错话的小孩子，他很希望说把自己的经验，分享给大家，其实你的心地是非常非常善良的，所以千万不要误会他们的善意，你们很成熟，很敏感，所以选择这个答案的朋友，职场上如果碰到这些老油条，其实我们年轻人会少走很多的冤枉路。

选择 D 的朋友：变成老油条指数 0%

其实这类型的人，完全活在自己的世界中，不管他已经是 65 岁或是 85 岁，他内心世界，永远就像新鲜人，甚至还像学生一样，对很多的人情世故或对一些生活上的一些，工作上的一些历练，你会觉得说这都不重要，只要每天过得开心才重要，他觉得工作只不过是，让他自己能够，赚一份钱的工作而已，其实其它任何的勾心斗角，对他来说都是觉得没有关系，所以选择这个答案的朋友，你内心深处就像一个小孩子。

有位职业专家认为，一个人要想成功就必须善于寻找几匹马来骑，其中老板的重要性名列第二。事实的确如此，职员能否得到提升，很大程度不在于是否努力，而在于老板对你的赏识程度。然而，在职场丛林中，老板是一种非常复杂的动物，很多员工对老板，存在着 恐上症”，不知道如何跟老板相处。其实，方法总比困难多，老板更需要下属的管理，关键是掌握行之有效的管理策略。也只有这样，才能巧借这块大跳板，纵横职场，越飞越高。

老板并非你的死对头，而是腾飞的大跳板

因人而异，对症下药

人上一百，形形色色。老板也一样，100 个老板，有 100 种管理风格，相应地，也有 100 种和老板共事的方法。摸透老板脾气，及时调整相处策略，在此基础上发挥自己的工作能力，是职场生存的重要原则。聪明的你，想必不难找到上司的这些特点，从而决定自己如何与其相处。

暴躁型的上司

有些人天生脾气暴躁，情绪容易失去控制。这些上司常常为了一些小事而大发脾气，甚至公开斥责下属。

据心理学的推断，经常令下属惊怕的上司，只是权力欲作祟而已，你既然没有可能请他去见心理医生，可以做的，就是自我保护了。

当上司大发雷蓬时，不要推卸责任或试图解释，冷静地说：“我会注意这情况的。”或“让我立刻去调查!”然后离开办公地方。既然目标物已在眼前消失，他就没有咆哮的对象了。

优柔寡断型的上司

你真正体会到“左右做人难”的滋味，因为你的上司经常朝今夕改，教你不知所措。

在这种情况下，最好什么行动都遵照他的意旨，只是既然有了“随时改变”的心理准备，凡事未到最后期限，就不必切实执行，例如做计划书，只做好草稿，随时再作加减，就是比较聪明的做法。

如果你发现上司这种态度，原来是故意的，目的在挫你的锐气，或是弄权，教你敢怒不敢言。你自忖不能长此忍气吞声，那么来个怎样的对策？在适当时候，做出某些反应吧。例如，你遵照上司指示，做妥了一个计划书，呈给上司时，他竟然力指计划书之不足，不妨这样反问他："一切都是依你意思去做的呀，还有什么要改的呢?"

极权型的上司

极权主义的上司除了对下属的工作吹毛求疵外，最叫人讨厌的是他们会如暴君一样，连你的私事也过问，例如不准你跟其他部门的同事交往，不准你下班后去上英文课，不准你业余时间与同事一起消遣……

所谓势孤力弱，精明的做法是与其他同事联合起来，静静地革命。

遇到有其他部门的同事邀约午膳，答应他们，并与你的拍档们一起赴约，大家在公在私，都不妨交流一下。还有，下班后去娱乐一番亦是一个好主意。而且礼尚往来是必须的，就由你来主动吧。要是上司知悉，向你查问，可以直认不讳："我们一起吃午饭只属普通社交。"

懒散型的上司

遇上一懒散不已，又喜争领功劳的上司，叫你一万个不服气。就此打退堂鼓，另谋他职，只属消极之法，而且一切从头开始，等于打仗重新布阵，同时，一遇困难就退缩，注定你难登成功阶梯。一般而论，这类上司，在接到重大任务时，必然是不假思索就交给你去实行，当任务大功告成，他又会一手接过，向老板交代，将人家辛勤汗水抹煞，一切当作是自己的努力成果，争取老板的信任和赞赏。

你当然不可能当面拆穿他，跟他理论，这只会陷你（因你是下属）于不利境地。比较理想的做法是，在每一个步骤进行时，请来一个见证者，当然不是公然地去找，而是有意无意，例如在秘书小姐面前进行，目的是要有人知晓事件的来龙去脉，即使最终的功劳给上司夺去，在公司里也必然有人晓得真相，一传十，十传百，你的目的就可达到。

工作狂型的上司

遇到上司是个工作狂，你一定终日大皱眉头，因为工作狂的心目中，认为不断工作才是一种生活方式，每个人都应该如此。

可是，天天超时工作，周末、周日依然要上班工作，有什么人生乐趣呢？要改善情况而又不影响工作，你得小心行事。

先将工作量和程序分析一下，是否有些任务可以交由临时员工来做？这是唯一减轻你的担子的办法。

再向有关介绍所查询适合的人选、酬劳，然后预备一份计划书，去找上司。不要提及工作量过大，或你已完全失去私人生活这两点，而是向他解释，多添一个临时员工，有助任务的进行，对公司绝对有好处。

其次是开始减少假日的工时。

若上司问及，只告诉他你有重要家庭聚会好了，如果他表示不满，告诉他你会在平日超时工作补救。

每个刚加入某公司工作的人，大都不介意超时工作，乐于承担更多的任务。可是，渐渐发现工作竟是没完没了的，超时工作不是解决的方法，最可怕的是，你的上司是个理想主义者，工作就是他的生命，所以，为他效力，不会有闲下来的时刻，亦不会受到欣赏。唯一或会令情况有改变的做法是，再教育上司，让他明白，不断埋头工作，花掉私人时间，并不是聪明和应该的做法。

顽固型的上司

对你来说，上司是否是一个不可理喻的人？不管你如何努力向他解释自己的处事方法，他一概不理，指定要你依照他的方法处事，只要是稍为忤逆他的意思，他便暴跳如雷，令你精神紧张，心烦意乱，对工作感到厌倦，甚至想过以辞职作为无声的抗议，逃避上司的“迫害”？

怎样才能令这种顽固的上司改性格，事事愿意聆听你的意见大家好好合作？以下有些忠告，你需要耐心尝试一下。

1. 不要以为自己的处事方式及建议一定正确，你与上司谈话时语气须温和，态度客观，不妨多做让步。

2. 在环境许可的情况下，尽量避免在办公室跟上司展开激烈的争辩，应该在下班后请他到附近的餐厅喝杯咖啡，在轻松的环境下，把你的看法委婉地提出来。

3. 你要专心聆听上司的说法，避免抢先表达自己的意见，他可能也有难言之隐，你应该学习替人设身处地想一想。

4. 摒除成见，不要以为上司必定是个难缠的人，尽量与他成为好朋友。

管家婆型的上司

有些上司喜欢以“管家婆”的姿态出现，事无大小，他都要过问，还插手去干预，令负责推行工作计划的职员感到很苦恼。这种上司到了过分专制的地步，他表面上似乎相当开明，鼓励“人尽其才，各就其位”的精神，实际上他是一切工作幕后的策划者。对他来说，下属只是他获至某个结果的工具，他的意见就是命令。如果你的上司是这类型人物，你必然时常感到精神紧张，很难从工作中获得成就感。你想与这样一位上司好好相处，首先你要仔细想想，对方什么事情也要管一管，间接命令你要依从他的指示而行，在工作进行期间，你是否获得宝贵的经验，从中获益良多？你不妨尝试说服他就算你以自己的方法处事，结果也会像他所预期的那样美好，如果他一意孤行，你只有两个选择：对上司唯命是从，或是向他递上辞职信，另谋发展。

不过，在你采取最后的行动之前，应努力争取自己的权益，鼓起勇气对上司说出自己心中的话，尝试以朋友相待，看看他究竟有什么忧虑，以致总是对下属缺乏信心。

总之，每个人都有自己的性格，跟你每天相处八小时的上司，与你的性格有冲突吗？无论如何，你必须知己知彼，在表现自己之余与他相处融洽。你必须做到了下几点：

1. 少说话，多做事。

2. 要让他充分地信任你，这个充分的信任是建立在充分交流的基础上的，目的是你要了解他，同时也要让他充分了解你！

3. 当上司表达出与你不相同的意见时，你得仔细倾听。

4. 服装得体。

5. 女职员尽量少在上司（男上司、女上司）面前化妆。

6. 当你想称赞三十岁以上的女上司漂亮时，请用“有气质”这个词。当你想奉承男上司的时候，请对他说：在您手下做事，我学到了很多为人处世的道理，我愿意能多有这样的机会。

7. 不管做什么事情都需要做汇报，最好能写个短小而又精悍的书面报告。如果不方便，可以用其他方式汇报。但请记住：书面优于口头，面谈优于电话，还有千万要记住先报告什么后汇报什么，还得讲清已做到领导交待的哪些要求，完成哪些任务等等。

8. 善于运用上司这个资源。不管何种情况下，千万别得罪上司，除非你早已有了更高的去处，不然请谨记。因为上司无论从经验上，还是从人际关系上，你都得运用。（注：如果你认为他在某些方面还没有你掌握的多，请你别忘了，为什么他是领导，而你只是他的下属，所以一定要虚心。）

9. 在你认为自己的某一个想法比较成熟的时候，请采取一种你认为最委婉的方式向他说明你的想法，尽量能让他支持你。

10. 不管什么情况下，哪怕是你的见解被上司采纳，你也千万不能到处嚷嚷这些本来是你的想法。请你记住，所有的想法最终会成为上司的决定，而且一切多是以他的名义发出的。所以，你的目的实际上已达到了。千万不能因此而愤愤不平，不然，连你向他诉苦的那人都会对你不屑一顾的。

11. 千万不能把上司当成自己真正的朋友。请记住，在工作上你需要的是一个领导，绝不会是一个真正的知己。

学会为老板巧“补台”

每个老板都喜欢有一个为自己工作“拾遗补缺”的下属。如果你能够在适当的时候，为老板填补一些工作上的纰漏，维护上司的威信，对自己的事业及前程大有好处。为老板“补台”是每一个下属所应具备的最基本的素质。

有一家公司新招了一批员工，在老板与大家的见面会上，老板逐一点名。

“刘烨（华）。”

全场一片静寂，没有人应答。

一个员工站起来，怯生生地说：“老板，我叫刘烨（叶），不叫刘烨（华）。”

人群中发出一阵低低的笑声。

老板的脸色有些不自然。

“报告经理，我是打字员，是我把字打错了。”一个精干的小伙子站了起来，说道。

“太马虎了，下次注意。”老板挥挥手，接着念了下去。

没多久，打字员被提升为公关部经理，叫刘烨的那个员工则被解雇了。

表面看来，这个老板没有什么水平，打字员在拍马屁。实则每个人都有自己的知识欠缺，犯错误、出洋相难以避免。作为下属，有什么必要当众纠正呢？如果这个叫刘烨的员工当时应答，事后再巧妙地纠正就不会伤害老板的面子。好在那个打字员承认自己错了，才巧妙地让老板从尴尬中走出来。他得到了晋升的机会，也在情理之中。

鲁迅先生曾经说过：“中国人其实是死要面子活受罪。”实际上，不仅中国人如此，古今中外没有哪个人不是如此，在人性上都有这种相通之处。处于上司职位的人，在下属面前更是如此。

因此，即使上司做错了，你也要尊重他，而不是攻击和责难。如果有的“黑锅”你背不起，甚至有可能影响到你的前程，必须找上司说清楚的时候，比如提出自己的建议和创新，对上司的失误提出迂回的变更方案等，上司就会比较容易接受了。

许多情况下，替上司补台，吃的只是表面上的亏，而暗中占的便宜不知道要大多少倍呢！

在许多情况下，适当替老板补补台，吃点表面上的小亏，更有利于你在职路上的顺利前行。金庸武侠小说的压卷之作《鹿鼎记》里的主人公韦小宝极为精通为官艺术。他的一句名言是“花花轿子人抬人”。你说我的好话，我摆你的功劳，这样大家都能得到好处。围攻尼布楚一战，韦小宝大获全胜，在功劳簿上，他除了自己评功摆好，又把督战的两位领导——宰相和尚书大大夸了一番，说他们身先士卒、有勇有谋。其实，这两位大臣在战斗时老早就躲得远远的了。

这样做的结果会不会削弱了自己的功劳呢？当然不会，这样做的好处实在很多：一则，在两位大臣面前表明自己并不贪功，而是“以大局为重”；二则，让两位大臣欠了自己人情，在将来他们自然会择机而报；三则，让更大的上司——皇帝知道这一帮臣子精诚合作、众志成城，从而更加“龙颜大悦”。

韦小宝的为官哲学，其实包含着中国人在长期历史发展中形成的处世智慧。中国古代有一句名言“伴君如伴虎”，其中一个很重要的因素就是因为“功高震主”。在打天下时，君王会看重臣子的文韬武略，即使有小小冒犯也多不予追究。而一旦得了天下，大权在握，便会忌惮起那些立下大功的臣子。若是他们稍有些许不敬的行为、不恭的颜色，便会认为他们“恃功自傲”，总会想个办法把他们除掉。

有时候，上司会把某些本来与你无关的失误推到你身上时，你也必须学会“忍”，并且不能在脸上显露出丝毫不满。在待人处世中，尤其是在工作交往中，很可能会出现这样的情况，某件事情明明是上级领导耽误了或处理不当，可在追究责任时，上面却指责你没有及时汇报、或汇报不准确，你应该怎么办？其实，在不影响大局的情况下，不妨替上司把黑锅背起来。

在某单位中就曾出现这样一件事：

部里下达了一个关于质量检查的通知后，要求各省、地区的有关部门届时提供必要的材料，准备汇报，并安排必要的下厂检查；某市轻工局收到这份通知后，照例是先经过局办公室主任的手，再送交有关局长处理。这位局办公室主任看到此事比较急，当日便把通知送往主管的某局长办公室。当时，这位局长正在接电话，看见主任进来后，只是用眼睛示意一下，让他放在桌上即可。于是，主任照办了。然而，就在检查小组即将到来的前一天，部里来电话告知到达日期，请安排住宿时，这位主管局长才记起此事。他气冲冲地把办公室主任叫来，一顿呵斥，批评他耽误了事。在这种情况下，这位主任深知自己并没有耽误事，真正耽误事情的正是这位主管局长自己，可他并没有反驳，而是老老实实地接受批评。事过之后，他又立即到局长办公室里找出那份通知，连夜加班加点、打电话，催数字，很快地把所需要的材料准备齐全。这样，局长也愈发看重这位忍辱负重的好主任了。

为什么他明明知道这件事不是他的责任，而又闷着头承担这个罪名，背这个“黑锅”呢？很重要的一点就在于，这位主任知道，必要的时候必须为上司背黑锅。这样，尽管眼下自己会受到一点损失，挨几句批评，但到头来，自己仍然会有相当大的好处，事实上证明他的做法和想法是正确的。

非你不可

成为上司的好助手

每个人都有自己的工作作风，正如你也有自己的一套方法。问题是你既是下属，就必须设法去协助上司们完成任务，达到为公司赚钱的目的。

适应不同上司的工作形式，亦是白领人士必须懂的技巧。如何去适应？一点也不困难，只要本着诚意去与对方接触，撇除一切主观看法或者其他同事的意见即可。

当上司向你委以任务，请先清楚了解对方的真意，再衡量做法，以免因误会而种下恶根或惹来麻烦。

与上司建立良好的工作关系，对你的工作有百利而无一害。

做错了事，不要找借口和推卸责任。解释并不能改变事实，承担了责任，努力工作以保证不再发生同样的事，才是上策，同时得学习接受批评。

要令上司信任你和准时完成工作。记着，做任何事都要翻看两次，确认没有错漏才交到上司面前。谨记工作时限，若不能准时做好，应预先通知上司，当然最好不要这样做。必须圆满地把工作完成，不要等上司告诉你应该怎样去做。

与上司保持良好的沟通。这种技巧十分微妙，给上司简洁、有力的报告，切莫让浅显和琐碎的问题烦扰他或浪费他的时间，但重要的事必须请示他。

耐心寻找上司的特点，以他喜欢的方式完成工作，不要逞强，更不要急于表现自己。

随时随地，抓紧机会表示自己对他忠心耿耿，永远站在上司这一边。

以你的态度说明一个事实：我是你的好朋友，我会尽己所能讨好你。不要以为上司很愚笨，如果你真的努力这样做，他看在眼里，一定会明白你的意思，对你日渐产生好感。

听到公司有什么谣言或传闻，不妨悄悄地转告上司，以示你的忠心。

不过，你的措词与表达方式须特别注意，说话简明、直接最为理想。

上司愿意选择你为他的下属，他对你的印象自然不差，你必须摒除对上司的偏见，事事替他着想。

很多下属对自己的上司，都会有以下的批评：他的命运比我好，但办事能力却远不及我，表现出不可一世的样子，只懂得一味批评下属的工作做得不好，一旦问题真正出现之际，他却推卸责任。谁也无法从他那里得到明确的指示，大家都认为他不是一位好上司，奈何在现实生活里，每个职员都要服从他的命令。你感到很气愤，但你要记住一个事实，没有人是十全十美的，在办公室里与其明争暗斗，弄至两败俱伤，不如努力与每一个人合作愉快。凡事“小不忍，则乱大谋”，你应该检讨一下自己的态度，学习与办公室里的每一个人做朋友。

不要妄想于短短数月内，便可以完全改变上司的性格。尽管上司没有要求你把过去的工作记录拿给他看，你也可以把它们整理妥当，主动呈交给上司过目，让他晓得你的工作能力，对他忠心耿耿，对方自然会对你增加好感，不再盲目挑剔你的处事方法。

在环境许可的情况下，请尝试支持、爱戴你的上司. 站在他的立场想一想，你会发现对方有许多不得已的苦衷，无论遇到任何工作上的困难，不可过分依赖上司的帮助，避免与他发生任何正面的冲突，尊敬你的上司，你会发觉对方慢慢开始接纳你的意见。

要争取上司的器重，当然不是一朝一夕，有人认为“比其他人做更多的工作，例如超时工作”是最重要的。其实并不！新一代的雇主可能有另一种想法，工作并不算繁重，却要超时才可完成，太低能了吧！

所以要使上司对你另眼相看，最实际的是在工作尽责外，还要学懂每一个程序的进行；注意你上司如何做他人的工作，怎样与高层行政人员沟通，其他部门又担任什么角色。当你成为这个行业的专家，老板又岂会忽略你呢?

不要只满足于做好自己份内事，而应在其他方面争取经验，提升自己的

“价值”，即使是困难重重的任务，也要勇于尝试。分析一下哪些问题才应劳烦老板注意，如果真有难题，请先想想有什么建议，更不应投诉无法改变的条例。

首先，你必须了解上司的脾气。例如，在接受下属意见时，有人喜欢白纸黑字的书面报告，有人则喜欢简短的口头报告。有些上司要求下属自动自觉，自己做出决定来完成任务；但有些却要求下属定时向他报告，凡事皆以他的意见为准。你若一言一行均令上司满意，要升职还不容易吗？

其次是，若你能帮助上司发挥其专业水准，对你必然有好处。例如，上司经常找不到需用的文件，你快替他将所有档案有系统地整理吧；要是他对某客户处理不当，你可以得体地代他把关系缓和。如果他最讨厌做每月一次的市场报告，你不妨代劳。这样，上司觉得你是好帮手后，你自己也可以多储一些工作本钱。

假如上司每晨九时前总给你几份文件，那你该提早五至十分钟抵达办公室，配合他的步伐。若上司习惯十时才开始工作，你就要避免过早地与他谈论公事。

博得上司的欢心

有人认为专门说奉承话，厚颜无耻，阿谀恭维地讨好上司就是拍马屁，因而耻于为之。事实上，真正的“拍马屁”是在潜移默化中赞美别人，恭维别人，而这些都是与上司、同事来往的、至高无上的“润滑剂”，何况这种美丽的言辞，于己无损而多益的事，又何乐而不为呢？

谁都明白在工作中讨得上司好感是何等重要，但这个“讨”的方法可就大有玄机了。

1. 不忘在他人面前赞美上司。当着上司的面直接给予夸赞，虽然也是一种奉承上司的方法，却很容易招致周围同僚的轻蔑。与其如此，倒不如在公司其他部门，上司不在场时，大力地吹嘘一番。这些赞美终有一天还是会传到上司耳中的。

因此我们无妨让赞美的言词流传出去。

“人各有所长”，针对上司的长处、优点大加吹捧。若有人对此不表赞同甚至发出批评上司的言论时，我们毋需为此争辩，只当对上司的赞美是个人的主观吧！

对其他部门的人，不管是谁，也请不要忘记赞美他们。一件西装、一条领带，甚至看到人家心情好的情形等等，都可以做为赞美的对象。不过，这些赞美应该在私底下用亲切而稳重的语言表达。如果您是在大庭广众面前大声叫喊，那可能会收到相当恶劣的反效果。

自己的下属在其他部门是否受欢迎，这也是上司很在意的事情。自己的部下很得人缘，上司也会觉得自己很有光彩。如果他知道，那位部下在其他部门中不遗余力地称赞他，不用说，上司对这种部下的好感度会直线地上升。

而且和不同部门的人在一起彼此比较没有警戒心，较容易得到一些“幕后消息”。这种情报，往往对上司是非常有价值的。经常收集这种情报给上司，也是一种博取上司欢心的好方法。

2. 善尽枪手的职份。上司不擅长舞文弄墨，身为下属的你就应该发挥一下“枪手”的长处了。这种人有如上司的左右手，极受上司的礼遇与尊重。

假设必须在客户的公司刊物上，做商品的宣传广告。虽然事前的交涉是低层职员苦口婆心争取到的，但是，这时候还是用上司的名义刊登较好。当然，最初的拟稿作业仍旧要委托给你。

稿件完成后，先让上司过目，一番增补修减后再交给客户。身为属下的只要不露痕迹，默默耕耘，使自己扮演成幕后功臣，并安于这样的牺牲，是对上司强而有力的奉承。

3. 认真实践上司无意的谈话内容。跟上司一起用餐时，对上司偶尔吐露的话要牢记，并在恰当的机会中加以实践。

例如上司说：“最近听说有家杂志曾刊载各界名人演讲酬劳一览表，有机会的话真想看看。”这时就要抽空到书报摊或书店，找上述的一览表买回来呈给上司看。虽然上司的话和工作根本扯不上关系，可是做下属的应该有随时听候差遣的心态。在可能的范围下，对上司的一言半句都应给予实践。

虽然上司说话并不期盼别人来做，甚至没有一点渴望的语气，可是下属若对上司的话都认真地遵守奉行，一样是很讨人喜欢的。

将上司无意的谈话当真地予以实现，这是很能博得上司的欢心的作为。

让上司喜欢

上司一般都把下属当成自己的人，希望下属忠诚地跟着他，拥戴他，听他指挥。下属不与自己一条心，背叛自己，另攀高枝，“身在曹营心在汉”，存有二心等，是上司最反感的事。忠诚，讲义气，重感情，经常用行动表示你信赖他，敬重他，便可得到上司的喜爱。

上司一般都很赏识聪明、机灵、有头脑、有创造性的下属，这样的人往往能出色地完成任务。有能力做好本职工作是使上司满意的前提。一旦被人认为是无能无识之辈，既愚蠢又懒惰，便很危险了。

谦逊自古以来就是中华民族所推崇的一种美德。在今天的社会生活中，我们固然不提倡在什么问题上都保持一团和气的谦逊君子行为，但在与上司的相处中，谦逊还是相当重要的。谦逊意味着你有自知之明，懂得尊重他人，有向上司请教学习的意向；意味着“孺子可教”。谦逊可让你得到更多人的支持，帮助你更好地成就事业。

在上司面前，不要吹牛皮，编瞎话，谎报军情。弄虚作假者，往往失信于人。上司若觉得自己被欺骗，将格外恼火，因为你把他当成傻瓜、笨蛋、糊涂虫，当成不可讲真话的人，不信任他。这在极大程度上伤了上司的自尊心。通过欺骗上司而暂时得到的好感和荣誉，是不可能长久地维持下去的。

当然，诚实有诚实的艺术，一般要考虑时机、场合、上司心情、客观环境等因素，否则，诚实也会犯错误，遭致上司的反感和不满。

今天，中国人虽然已承认了“利益”这个概念，大多数上司也比较注重考虑下属的利益要求，但是若过于注意金钱物质利益之争，也并非对你有利。

1. 如果你喋喋不休地向上司提出物质利益要求，超过了他的心理承受能力，在感情上，他会觉得压抑、烦躁。

2. 如果“利益”是你“争”来的，上司虽做了付出，但并不愉快，心理上会认为你是个“格调”较低的人，觉得你很愚蠢。

最好的办法是让上司主动地给，而不是你去“争”。

常言道，疾风知劲草，烈火炼真金。在关键时刻，上司才会真切地认识与了解下属。人生难得机遇，不要错过表现自己的极好机会。当某项工作陷入困境之时，你若能大显身手，定会让上司格外器重你。当上司本人在思想、感情或生活上出现矛盾时，你若能妙语劝慰，也会令其格外感激。此时，切忌变成一块木头，呆头呆脑，冷漠无能，畏首畏尾，胆怯懦弱。这样，上司便会认为你是一个无知无识、无情无能的平庸之辈。

提建议时，多注意从正面有理有据地阐述你的见解。有民主要求，还要有民主素质，即要懂得尊重他人意见，尊重上司意见。这样，他才会承认你的才干。

对上司个人的工作提建议时，尽可能谨慎一些，必须仔细研究上司的特点，研究他喜欢用什么方式接受下属的意见。大大咧咧的上司可用玩笑建议法，严肃的上司可用书面建议法，自尊心强的上司可用个别建议法，喜赞扬的上司可用寓建议于褒奖之中法等等。

角色换位法，有助于体会上司的心境。有些人单独工作干得很好，当了上司却一筹莫展，尤其苦于处理各种横竖关系。因此要主动地帮助他分忧解难。在其犹豫不决、举棋不定时，主动表示理解和同情，并诚恳地做出自己的努力，减轻上司的负担，会令他极为高兴的。

批评上司时，必须照顾其面子，不要令人下不了台。当面顶撞是最愚蠢的。进谏的方式很多，如动情法、比喻法、寓规劝于褒奖之中等等。

上司需要接受了解下属，下属也需要接受了解上司，这是正常的人际交往，不必担心别人的议论而躲避上司。你若希望上司喜欢你，看得起你，那么就首先要让上司看得见你。

上司在工作中出现失误，千万不要持幸灾乐祸或冷眼旁观的态度，这会令他极为寒心。能担责任就担责任，不能担责任可帮他分析原因，为其开脱。此外，还要帮他总结教训，多加劝慰。

持指责、嘲讽的态度更易把关系搞僵，矛盾激化。那样，你就再不要指望上司喜欢你了。

须知“隔墙有耳”，打小报告的人正在寻找材料好去告密，你的议论为他的拍马屁正好提供了时机。倘若把你的话添枝加叶，传到上司的耳朵里，你辛勤工作的成绩，可能会因几句牢骚话而抵消掉。赞扬不等于奉承，欣赏不等于谄媚。赞扬与欣赏上司的某个特点，意味着肯定这个特点。只要是优点，是长处，对集体有利，你可毫无顾忌地表示你的赞美之情。上司也是人，也需要从别人的评价中，了解自己的成就及在别人心目中的地位，当受到称赞时，他的自尊心会得到满足，并对称赞者产生好感。如果得知下属在背后称赞自己，还倾向于加倍喜欢称赞者。下属喜欢上司，上司也自然喜欢下属，这是人际吸引中相悦作用的结果。

无论是谁，都会喜欢听一些话，而讨厌听另一些话，喜欢听的就容易听进去，心里就会觉得舒服。你的上司也不可能摆脱这种情绪。部下要掌握上司的特点，倘若在汇报中插入一些上司平素喜欢使用的词，就会让他另眼相看。

此外，对上司的工作习惯、业余爱好等都要有所了解。如果你的上司是一个体育爱好者，你就不应在他的球队比赛失败后，去请示一个需要解决的其他问题。一个精明老练的有见识的上司是很欣赏了解他，并能预知他的愿望与心情的下属的。

中国人在讲自己的成绩时，往往会先说一段套话：成绩的取得，是领导和同志们帮助的结果。这种套话虽然乏味得很，却有很大的妙用，显得你谦虚谨慎，从而减少他人的忌恨。

好的东西，每一个人都喜欢；越是好吃的东西，越是舍不得给别人，这是人之常情。要是你有远大的抱负，就不要斤斤计较成绩的取得究竟你占有多少份，而应大大方方地把功劳让给你身边的人，特别是让给你的上司。这样，做了一件事，你感到喜悦，上司脸上也光彩，以后，上司少不了再给你再多的建功立业的机会。否则，如果只会打眼前的算盘，急功近利，则会得罪身边的人，将来一定会吃亏。

对上司让功一事绝不可到处宣传，如果你不能做到这一点，倒不如不让功的好。对于让功的事，让功者本人是不适合宣传的，自我宣传总有些邀功请赏、不尊重上司的味道，千万使不得，宣传你让功的事，只能由被让者来宣传。虽然这样做有点埋没了你的才华，但你的同事和上司总有机会设法还给你这笔人情债，给你一份奖励。因此，做善就要做到底，不要让人觉得你让功是虚伪的。

主动与老板沟通

身处变化莫测的职场，我们不仅要会做事，还要会说话。或许你认为，不就是说话吗？很简单啊！虽然说话每个人都会，但是说话的技巧不一定每个人都能很好地掌握，这就是沟通的艺术。

与老板沟通更是一门不可不学的艺术。要知道老板只能看到你在办公室里上班时间的工作表现，而看不到你为了更好地完成某项任务而加班加点工作的身影，更不能了解你内心对于这份工作是多么的热爱。有些人只顾埋头工作，完成后一交了事，与老板的交流很少，对自己为了完成这项任务加班加点、费劲流汗、耽误时间等，如果你不主动向老板说明，同事一般很少在老板面前提你的情况，你所付出的精力和汗水也就白费了。

所以，不但要会干，还要会说，要采取巧妙的方法让老板感到你背后付出的努力和艰辛，也让老板感到你的确是一个勤奋敬业的好下属。

有一位财会专业的女生到一家公司应聘财会工作，财务经理对她不太满意，但人力资源经理还是给了她一次机会，安排她从事客服工作。结果，这位女生的表现实在令人失望。她的性格过于内向，不喜欢沟通和交流，既不主动和同事打招呼，也不请教。很多时候，她不明白或者不清楚分配的任务也不会向老板发问，只是就按照自己的理解去做，结果总是与老板的要求相差甚远，最终连这唯一的机会也丧失了。

据统计，现代工作中的障碍 50% 以上都是由于沟通不到位而产生的。一个不善于与老板沟通的员工，是无法做好工作的。现在的每一家企业都可以说是人才辈出、高手云集，在这样的环境中，信守“沉默是金”者无异于慢性自杀，不会有什么前途。而正确的工作态度和工作效果，充其量也只能让你维持现状。如果想真正有所成就，必须要主动与老板沟通。

现实生活中，许多员工对老板有生疏及恐惧感，他们在老板面前噤若寒蝉，一举一动别别扭扭，极不自然，甚至就连工作中的述职，也尽量不与老板见面，或托同事代为转述，或只用书面形式做工作报告，他们认为，这样可以免受老板当面责难的难堪。

然而，人与人之间的好感是要通过实际接触和语言沟通才能建立起来的。一个员工，只有主动跟老板做面对面的接触，让自己真实地出现在老板面前，才能令老板认识到自己的工作才能，才会有被赏识的机会，才可能得到提升。

首先，要让你的老板看见你在公司努力的成绩。对高阶经营者来说，决定一个人是否升职加薪的关键因素，还是在于“你对于企业有多少的贡献度”而定，这里所说的“贡献度”不单指业绩上的实质贡献，尚包括了你的专业能力、管理能力，以及你是否有能力为企业领导一个团队等能力。

举一个曾经接触过的人才冯先生为例，冯先生担任业务职多年，在业绩表现上均超越公司配额的要求，只是公司每次在考虑升迁时，他却总是被忽略，在公司很不受重视，为此，冯先生很苦恼，甚至想到过跳槽。

当深入分析冯先生的问题时你就会发现，冯先生虽然专业能力不错，但对于自身以外的同事间协助，总显得不甚关心，同时，对于上司所交办的事项，总有讨价还价的习惯，长期下来，通常同事间有需求，或上司有任何交办之事项，渐渐的都习惯忽略他了。

这就像许多人才经常感叹自己的能力，并不会输给获得升职加薪的同事，但他们总觉得好运似乎就是差那么临门一脚，“让老板看见你”，不只是看见你的业绩，更包含了你对上司与同事间的应对，以及你是否是个以团队为重，而非一个自扫门前雪的人，进而评估你的各方条件是否可成为企业长远培养的主管人才。

在许多公司，特别是一些刚刚走上正轨或者有很多分支机构的公司里，老板必定要物色一些管理人员前去工作。此时，他选择的肯定是那些有潜在能力，且懂得主动与自己沟通的人，而绝不是那种只知一味勤奋，却怕事不主动的员工。

因为两者比较之下，肯主动与老板沟通的员工，总能借沟通渠道，更快更好地领会老板的意图，把工作做得近乎完美。

老板们一般都有一个共同的特性，就是事多人忙，加上讲求效率，故而最不耐烦长篇大论、言不及义。所以简洁是你引起老板注意并很好地与老板进行沟通的第一件事。用简洁的语言、简洁的行为来与老板形成某种形式的短暂交流，常能达到事半功倍的良好效果。

在主动交流中，不争占上风，事事替别人着想，能从老板的角度思考问题，兼顾双方的利益。特别是在谈话时。不以针锋相对的形式令对方难堪，而是能够充分理解对方。在谈话的过程中，一定要注意聆听老板的话语，要记住老板不喜欢只顾陈述自己观点的员工。在相互交流之中，更重要的是了解对方的观点，不急于发表个人意见。以足够的耐心去聆听对方的观点和想法，是最令老板满意的，因为这样的员工，才是领导最合适的人选。

当你真正面对老板时，你也不要慌乱、不知所措，“不卑不亢”这四个字是最能折服老板，是他最为欣赏的一种态度。员工在沟通时若尽量迁就老板，本无可厚非，但直白点讲，过分地迁就或吹捧，就会适得其反，让老板心理产生反感，反而妨碍了员工与老板的正常关系和感情发展。你若在言谈举止之间，表现出不卑不亢的样子，从容对答。这样，老板会认为你有大将风度，是个可选之材。

古人云：“己所不欲，勿施于人。”你想让老板喜欢你，你想让自己的观点被老板采纳，你渴望听见老板的赞美，得到别人的重视……那么你先来遵守这一法则：你想让老板怎么对待你，你就怎样对待老板。

君子藏器于身，待时而动。你的聪明才智需要得到老板的赏识，但在他面前故意显示自己，则不免有做作之嫌。老板会因此认为你是一个“自大狂”，恃才傲物、盛气凌人，从而在心理上觉得难以相处，彼此间缺乏一种默契。

因为两者比较之下，肯主动与老板沟通的员工，总能借沟通渠道，更快更好地领会老板的意图，把工作做得近乎完美。所以前者总深得老板欢心。

冷静地与老板相处

对于每一位员工来说，如何与老板相处，该保持怎样的距离，这个看似简单的问题背后，其实隐藏着很大的学问。和老板走得太近了不行，老板终究是老板，他必须要得到应有的尊重；和老板离得太远了也不好，远得让他慢慢忘记了你的存在，那么你在公司还会有什么前途呢？

那么，究竟该如何与老板相处？其实很简单，首先你要能够保持有时近有时远的“弹性距离”。

几乎每个职场中人都期望自己能给老板留下深刻并且优秀的印象，一些人认为只要和老板像朋友一样相处，升职加薪自然会一切顺理成章，然而，这却常常是个误区。虽然让老板全面地了解自己是员工升职计划成功的关键。但是，任何时候，老板就是老板，即使老板和下属的关系很不一般，也不表示老板下属之间没有距离。

郑芳和她的女上司田霞非常合得来，不只在工作上合作默契，就是个人喜好也惊人地相似。她们都喜欢用同个品牌的化妆品，喜欢相同套装，喜欢到星巴克喝咖啡，喜欢听老歌……所以两个人在一起的时间相对也就多一些。有一次两人不约而同地穿了一件相同款式而且绝对风情万种的衬衫，她们在更衣室相遇，开玩笑地互骂彼此是妖精，于是郑芳私下里就称田霞“老妖精”，田霞也乐得回一句“小妖精”。办公室本是多事之地，她们的亲密自然招致了别人的非议。田霞从此留了心，她想慢慢地疏远郑芳，可是郑芳却没有意识到这点。一天，田霞在自己的办公室里接待一位客户，郑芳敲门后进来，以为没有别人就冲着田霞问：“嗨，老妖精，今天晚上去看电影怎么样？我搞到了两张电影票。”田霞的脸色立即很不自然，只说了一句：“你风风火火的像什么样子？这是在办公室。”郑芳这才发现在那张宽大的黑色办公沙发里，坐着一个穿黑风衣的清瘦的老企业家。不久，郑芳被调到市场部做统计，离开了这份自己十分喜欢的人事劳资的工作。

由此可见，与上司的亲密关系不一定会成为自己的避风港，相反，有时会给我们带来负面影响，想必这是郑芳在当初走近田霞时所没有意料到的。

与你的老板距离近了，彼此的了解也就多了。可是如果你忘记他是你的老板，那是福是祸，自然可想而知，而且最可怕的就是你知道了老板的隐私！

当然，不能与老板走得太近，也不是说我们就要见了老板退避三舍。

许多刚步入职场的年轻人比较腼腆，或清高、或害羞。如果不是向老板交报告，他们绝不会到老板办公室去坐上一坐，与老板进行交流，而且在召开部门会议时他们总是坐在离老板最远的地方，既不提建设性意见，也不提批评意见。即使老板点名令他发言，他也仅是仓皇结束他的见解，并且不敢与老板的四目交接；在单位安排年假旅游时，老板一再声明要与大家尽情游乐，彼此放下职位等无形约束，他们仍显得拘谨，不想与老板分享同一只木排或橡皮艇。

他们总是与“群众”在一起，言谈之中，他们似乎还非常鄙薄那种亲近老板、亲近权威的行为。

所以，这些在老板的印象中总是“朦朦胧胧说不出好坏”的基层职员，总是缺少申明自己看法、发挥自己才华的机会，他们总是显得怀才不遇、郁郁寡欢。在议论中，他们会抱怨老板没有识人的眼力。诚然，优秀的员工都知道，任何人的观察范围都是有限的，老板面对的是一个集体，发挥出这个整体的优势才是他昼夜要考虑的，至于识不识人，首先在于这个有才华的人自己是否甘于坐到权威面前去，展示自己不为人知的一面。

与上司保持经常性的接触，可以加深彼此间的了解和交流，可以更好地把握上司的思想状况和感情倾向，可以在生活上多一些关照，在工作上多一些主意和策划。有些事上级可能会跟你探讨、商量，同时，你的思想可能会成为他的补充。时间久了，上司在遇到问题和困难时会主动地找你商量和出谋划策。

那么，如何才能与上司保持经常接触呢？简而言之，有两点需要了解：一是在业余生活上多与他接近，了解他的兴趣爱好，找到兴趣爱好的共同点，例如麻将、纸牌、钓鱼等等；二是在工作上多请示、多汇报，要在请示和汇报时谈一些成熟的和创造性的想法，让上司知道你办事很有办法。

除了和领导保持弹性距离外，你还需要做到以下几点：

1. 使上司觉得不能缺少你。不论有没有超级的上司做靠山，顶头上司始终是要时常对的，是不能不认真对待的人。对待顶头上司的秘诀是：使上司感到不能缺少你。

要让上司感到不能缺少你，要让上司要通过你才能了解周围和下边的情况。这样一来，你便成为上司的耳目，非你不成了。不过，从长远来说，一定要有实际成绩和表现。因为从公司的实际情况来看，没有一个人是真正不可缺少的。

任何下属的作用，都是帮助、协助上司达到其事业上的目标。要做到这一点，首先要认同上司的事业目标和工作价值观。上司认为公司应快速增长，你不能认为要循序渐进；他向外发展，你要守好大本营；他大刀阔斧，你要做些绣花功夫。这一套行得好，与上司相处才是如鱼得水。

2. 能力超过上司时装装糊涂。无可否认的，上司的工作能力都相当强，然而，另一方面，他们的疑心病也很重。

因为，在他们漫长的人生旅途上，难免有一些人会背叛他，或是得了他的好处却不知报答……所以，久而久之，他们对别人都不太敢推心置腹了。像这种人如果遇到比自己能力强的属下时，就会感到很不高兴。他们觉得属下永远比自己差一截，这样他们才会有成就感。因此，他们只会提拔能力比自己低的属下。然而，一旦发现属下的能力可能高于自己时，立刻会显得坐立不安，最后，就会对属下施加压力。因此，当你的才能高于上司时，不可过于锋芒毕露，以免引发上司的猜忌之心。

3. 当你受到上司轻视时，要找一找原因。受到上司的轻视，甚至是一种忽略。处于这种境地中的人，的确应审视一番，分析一番，采取一定的适当的方法与步骤——因为，领导的发现与重视，毕竟是重要的。不过，你最先搞清楚，你真的在领导心目中没有地位吗？真的受到忽略吗？也许，这只是一种幻觉。本来领导对你和其他人一样，并没有特别的厚此薄彼。可是，由于你要求太高，太急，过于敏感，而产生一种“领导唯独看不起我”的感觉。

当然，不能排除真正的不受重视。此时，首先要很好地找到原因。

你是否有能力堪当重任？

你的精神面貌是否表现出坚定自信？

你的作风举止是否表现出精明、干练？

此刻的自我审视主要是：日常生活中你所塑造的形象如何？关键时刻你是否能做出成绩，显露才华？

领导和领导之间，顶头上司和间接领导之间，领导和下级之间，有些工作上的矛盾是正常现象。如果你在这些矛盾冲突中，只对一方负责，就未免患了“近视眼”，这是典型的“短期行为”。在古代封建社会，有“一损俱损，一荣俱荣”的现象。这种情况如果发生在今天，当然是不正常的。但是，应注意的是，如果你陷于一种矛盾漩涡中不能自拔，不是妥善地、兼顾地去处理各种关系，而是“剃头的挑子一头热”，那么一旦情况发生了变化，你就会失去了自己的优越点。

总之，与老板相处是一门学问，也是一种艺术。过与不及都不是恰到好处，只有恰到好处的距离，才能使你在老板心中占有一定的分量，也使你在工作中得到更多的成功机会。

怎样让老板给你加薪

检讨自身，不断向加薪靠拢

看到别的同事春风满面的从主管办公室走出来，又是一个被加薪的职员，多少次幻想着自己也能够如此，但是为什么加薪总是轮不到自己呢？为什么别人加薪如同喝水一样容易，但是自己要被加薪却难如登天呢？这样的问号是不是不断的在你的心中浮现？或许正是你该好好正视这问题的时候了，检讨一下问题是不是出在自己身上。

1. 专业能力不断地精进

专业能力是否与日提升这代表着你对自己工作的认同感，藉由不断的充实与自己职务相关的专业知识能力。除了具备基本的能力，如计算机能力、英语会话能力之外，更要充实与自己职务相关的专业能力，当然为了提升自己的价值，若还能拥有其它的技能或第二专长，就更容易受到上级的赏识了。

2. 善于时间管理

你的时间管理能力从做事的效率中，可以看出你在项目执行上的成熟度，当别人处理一件事的时间，你若能又快又好的同时完成两件以上的事情，不但可以显现出你在时间管理上的能力，对于项目执行的能力上也能同时胜出。而且绝对不迟到，也不轻易的请假，在平时的工作中有一套很强的时间管理方法，做事效率高，这样就会得到主管的赏识。

3. 重视自己的外表

所谓“佛要金装，人要衣装”，在职场中，若没有一个称头的外表是不行的，你要让人看起来很撑得住场面，所以奉劝你好好整顿一下自己的外表，否则即使有再多的内涵还是无法引起别人的注意。中国有句俗话：官要有官样。

建议：当你要开始带领团队时，你不只是要让人看起来是可以撑得住场面，更重要的是，要藉由职场上端正的仪容形象来培养你的权威感，以及团队对你的信赖感，进而取得客户的信任。

4. 有责任感

要勇于承担责任，坚守职业道德，要做到所谓“达工作目标，决不轻言放弃”的地步。但是如果你是一个属于单打独斗个性的人，想要挑战升职可能时，要记得尽可能的从协助周遭有需要的同事开始，这代表着你可以承担更多的责任与压力，以及有协助团队度过困难的能力，让团队成员为你的协助成为口耳相传的部队，一旦博得老板的信任，加薪就靠近你一步了。

5. 有快速解决问题的能力

你要具备冷静过人的能力，即使面对巨大的问题或挑战，都要有“泰山崩于前仍面不改色”的能力，在混乱的状况中，能够迅速理清头绪，找出最有效的解决方法，如此必能赢得老板的赏识。

6. 能多为老板或主管想一想

你要显现绝对的忠诚与可靠，不要处处与老板或主管针锋相对，尽可能的照着他们的指示去做事。多站在公司经营阶层的角度思考，可以让上司或老板感受到你是属于经营团队的一份子，对经营阶层来说，你的忠诚与可靠，正是可以交付更重要任务的人，在升职加薪的关键时期时，你千万要注意不要任意的与同事批评你的老板或主管。

如果你觉得以上的条件你都具备了，而且无怨无悔的为公司做牛做马，但仍然无法加薪，或是你觉得你根本无法达到这些标准，那只有建议你就趁早换份工作吧！

要加薪，还要提高身价

在老板最担心人才流失的时候，向他提出加薪，不失为一招。但专家提醒，要说服老板，不仅需要你底气十足，还要掌握一定技巧。近日，有关专家就“如何提高你的职场身价”做出指导：

1. 有理有据

说服老板给你加薪确实不是一件易事，万 操纵不好，就有可能破坏自己在老板心中的良好形象，影响日后的工作。

因此，在开口向老板要钱时，最好先制定一个谈话要点，然后有理有据地展开。当他意识到给你加薪有百利而无一害，甚至还能憧憬到不久就能收获到滚滚财源时，你的目的就达到了。

2. 索求有度

人力资源专家在研究中发现，人们提出的高薪请求在许多时候都会跟实际可达到的高薪程度有很大差距。

因此，在提出加薪要求前，一定要先研究同行业相关职位薪酬的大体数目，再大胆索求，这样成功的几率会更大些。

3. 说话语调适中

你肯定希望老板能心平气和地听取你要加薪的理由，那么反过来，当他陈述他的理由时，你也要心平气和地倾听，然后再寻找突破口，协调一致。切记不要一时心急，就采用下通牒、恐吓或别的强迫方式令对方就范，这样只会适得其反。

4. 明确目的所在

也许加薪并不是惟一解决问题的办法？是否其他方式也一样能让你达到目标？其实，能让你达到目标的方法还有很多，如分红、股票期权、奖金、晋升、长长的年假、灵活的工作时间等等。没准这其他的选择会让你觉得比加薪来得更实惠呢。

5. 投老板之兴趣所在

你有你的要求和目标，你的老板也有自己的要求和关注点。那么，在跟他交谈时，何不投其兴趣之所在，大谈特谈，说不定目的达到不说，意外收获还不小呢。

6. 向同行看齐

如果老板认为你的加薪要求并非信口诌来，他也许能更容易接受些。多收集些相关数据来说服他，比如说其他类似公司同职位人员所拿薪水的大致数额啦，你所了解到的本公司相关职位人员的薪金水平啦等等，这样一来，他想不同意都不行了。

7. 想好退路

万一你的请求老板不同意，怎么办？为此，你得事先想好对策，选择好退路。是去是留，怎么去，怎么留，一定要考虑仔细了。

8. 准备充分

精心做好谈判准备，这是你惟一能够控制的。这一点非常关键。只是准备要做得充分，可是要花费一番时间和精力的哦。

9. 总结经验适时再战

谈判的经验每次都要总结，才能达到质的飞跃。因此，在谈判结束之后，不论是成是败，都要认认真真做好总结，列出闪光点，也找出不足之处，学会从失败中找到成功的亮点。

了解老板的星座

身在职场，每个人都希望付出和回报达到平衡，可是加薪这样敏感的话题是否让你心存顾虑，而难以启齿呢，那么就对你的老板先做足功课，再对症下药吧！这就需要你全方位的了解你的老板了！先看一下你的老板是哪个星座的。

白羊座老板

如果你遇到的是白羊老板，春回大地万物更新的现在就是最佳时机了，周末找一天约上老板一起去踏青，好动的白羊可是求之不得哦，那么瞅准休息的空档，跟老板汇报汇报工作，加薪的事情也就顺理成章的提出来，好心情的老板也不好太吝啬了哟！

金牛座老板

实干型的金牛老板可不会轻易给谁加薪哦，在不受外界影响甚至固执己见的金牛面前，只要乖乖干好自己的工作，脚踏实地任劳任怨勤勤恳恳地表现，老板自有感动的一天，咬着牙等待黑暗后的黎明吧。

双子座老板

在双子座老板手下工作，可要小心喽，双子是出了名的思维敏捷却轻率多变。不用你开口，爱才的双子自会用加薪之类的话激励你的，只是千万不要只停留在口头上，凭着双子的能言善辩，改变主意是很轻而易举的事哦，最好的办法就是以字为据了。

巨蟹座老板

巨蟹座的老板不仅事业有成，对待家庭也是关爱有加，典型好男人的模板。正所谓物以类聚，人以群分，尽管敏感的巨蟹不轻易信任他人，若你是个孝敬父母，对感情专一的人，一定会得老板赏识的。经常带一些家常小菜给老板，天生对美食没有抵抗力的巨蟹一定会喜欢的，那么升职和加薪就不用发愁了。

狮子座老板

天生有王者之气的狮子是极其有威严的老板，与生俱来的高傲需要身为下属的你无条件的听命于他，同时狮子又有强烈的保护欲，在力所能及的范围内，喜欢照顾弱势群体，所以，找个适当的机会，跟老板唠唠家常，不着痕迹的把自己遇到的问题和难处说出来，那么有颗宽厚和仁慈的心的狮子一定不会让你失望的。

处女座老板

处女座的老板应该是最忙碌的领导了，事无巨细都要过问，把工作跟生活安排的井井有条是一件必不可少的事，所以在这样的老板手下工作，一定要小心谨慎，标新立异的事最好还是别做。那么想要加薪，写上一份详细的申请，理由、依据都要条理清晰，那么你成功的可能性就大大提高哦。

天秤座老板

有一个随和可亲的天秤老板，是让人羡慕的一件事了。天秤喜欢去探究与他人的共同点，以达到心理的平衡。所以，多观察观察天秤的喜好，让他觉得你们志趣相投，再加上适时的赞美与鼓励，也许会成为朋友哦。那么当你提出加薪的话，天生就不爱拒绝别人的天秤更不会对朋友例外的。

天蝎座老板

与狮子座的老板正相反，天蝎需要的下属更倾向于合作伙伴，他们不希望你惟命是从，而是能够站在老板的立场上提出建设性的意见。天蝎对在事业上帮助过自己的人是毫不吝啬的，所以尽情发挥你的才能吧，只要事业能够发展起来，天蝎对你定是有求必应的。

射手座老板

都说射手没心没肺，实际上他们是懒得动脑筋去想没意义的事，所以，身为射手老板的下属，千万别掉以轻心，也别和老板要什么鬼花样。想加薪，很简单，当你认为时机成熟了，直接找老板说明，坦率的射手同样不喜欢别人玩花样。

摩羯座老板

摊上刻板冷漠的魔羯老板，你真是有够背的了。魔羯靠的是坚忍卓绝的毅力才取得事业上的成功，因为缺乏生活中的交流使他们难以接近，吝啬也是出了名的，想得到加薪的机会唯一的方法就是另起炉灶了。

水瓶座老板

很难揣测水瓶座老板在想什么，面对着满脑子奇思异想的瓶子，身为下属的你要时刻绷紧神经，随时迎接下一个挑战。与瓶子谈加薪就像和聋子聊天，他会假装木头或是左挡右闪而言其他，不会直接拒绝，却也弄个无趣。所以还是等着老板良心发现吧，没准是个大大的 surprise 呢。

双鱼座老板

身为十二个星座中最浪漫的双鱼，总是生活在虚无缥缈的幻想中，而在现实生活中对朋友则是有求必应，很难拒绝他人。鲜花是他们一生都不可缺少的礼物，那么带上一束美丽的鲜花，在美丽的贺卡上写下你的愿望，已经眩晕的双鱼又怎么抵挡呢。

协助你升职的关键

企业在年终考核时，通常会进行多方面的评估，建议人才若想升职，不妨考核一下自己的专业知识是否与日精进，是否具备时间管理等条件，因为这一切均关系着你是否能搭上升职加薪的顺风车，这些关键因素通常包括：

升职加薪秘诀一

专业能力永远是一个人能够胜任一份工作最好的说明方式，国为工作的精干业务上的成熟能让你的工作取得永远高于别人的骄人成绩。这样的人，每个老板都喜欢，如果已经如此不可替代，再能拥有其它技能，涉猎面广，就更得老板赏识了。

升职加薪秘诀二

你的时间管理能力从做事的效率中，可以看出你在项目执行上的成熟度，当别人处理一件事的时间，你若能又快又好的同时完成二件以上的事情，不但可以显现出你在时间管理上的能力，对于项目执行的能力上也能同时胜出。

升职加薪秘诀三

拥有一个符合职场要求的仪容。中国有一句俗语：官要有官样。建议：当你要开始带领团队时，你不只是要让人看起来是可以撑得住场面，更重要的是，要藉由职场上端正的仪容形象来培养你的权威感，以及团队对你的信赖感，进而取得客户的信任。

升职加薪秘诀四

团队合作的责任感。如果你是一个属于单打独斗个性的人，想要挑战升职可能时，要记得尽可能的从协助周遭有需要的同事开始，这代表着你可以承担更多的责任与压力，以及有协助团队度过困难的能力，让团队成员为你的协助成为口耳相传的部队，一旦博得老板的信任，加薪就靠近你一步了。

升职加薪秘诀五

扛起压力与解决能力。当你在面对巨大的问题或挑战时，都要有“泰山崩于前仍面不改色”的能力，在混乱的状况中，能够迅速理清头绪，找出最有效的解决方法，同时要以正面乐观的态度迎接挑战，减少抱怨，如此必能赢得老板的赏识。

升职加薪秘诀六

站在公司经营的角度为思考，可以让上司或老板感受到你是属于经营团队的一份子，对经营阶层来说，你的忠诚与可靠，正是可以交付更重要任务的人，在升职加薪的关键时期时，你千万要注意不要任意的与同事批评你的老板或主管。

如果你觉得以上的条件全都具备了，对公司的实质业绩上也颇有贡献，然而在升职加薪时，却仍受不到上司或老板青睐，或许这就是你考虑转职、跳槽的时刻了！

附录：测测两月内你的加薪机率

测试看看，最近两周内，你有机会加薪吗？1、7、7 三个数字不同的排列顺序，你会选择哪一个？

A. 177

B. 717

C. 771

A. 你梦寐以求的“加薪”，最近很有机会成真噢！不过虽然大好的表现机会就在眼前，你更要注意自己的工作态度，此时成败与否往往掌控在你的一念之间。尽量拿出你的决心和毅力来吧！切勿“半途而废”，你对工作成果表现得越坚持，越能为你赢得薪水升级的机会！

B. 你是个非常有计划性的人，在对自己人生的规划上，你在每个阶段中都设定了明确的目标。不论以你长期的投入或这阵子的工作表现，你都认为自己应该在薪资方面略有上调。不过根据数字显示，近期你的薪资状况还是稳如泰山，没有变动。建议你，不要把“奖励”、“加薪”、“分红”看得太重了，若你总是以事后报酬决定工作态度，你的专业表现可是会大打折扣噢！想要获得加薪，你得经常表现自己最好的一面呀！

C. 目前尚不是收成之时，你还需耐心等待！这阵子的工作杂且乱，情况不是那么好掌握，你可不能分心啊！还是先专心投入，好好度过眼前的挑战。不过数字显示，在 21 天之后会有一些表现的机会，你不妨先做好准备，到时好好大展身手、表现一番，有助于你的升职、加薪！

一个个体要想在工作中快速成长，

就必须依靠团队、依靠集体的力量来提升自己。

善于合作，有优秀团队意识的人，整个团队也能带给他无穷的收益。

彼此各自为政，终是一盘散沙，不会成就任何事业。

你生命的大部分时间是与同事度过的，如何在这个圈子里

如鱼得水的生活，确实是一门学问，如果不小心将圈子搞成没有硝烟的

战场，那你的日子将会被画上相当不和谐的句号。

办公室不是硝烟战场，要跟同事和谐相处

礼之用，和为贵

和谐源于尊重

矛盾是炸弹，掐灭在萌芽状态

距离产生美，与同事保持恰当距离

跨越同事间代沟的天堑

“对付”各种人

你走入社会，在机关、企业、学校等单位，接触最多的就是同事，你生命的绝大部分时间都是在办公室度过的，公司就像是一个大家庭，每一位员工都是这个家庭中的一份子。

同时，随着市场经济的发展，“同事”一词的内涵也被大大地丰富了。当前，在我们的单位里，存在着激烈的竞争，也需要很密切的合作。时代的发展，决定了同事间合作与竞争的辩证关系。

现在公司里没有了铁饭碗，旧的人情关系网也被撕破了，不论资历深浅，学历高低，你可以最大限度地发挥自己的才能和个性。但是现代的社会工作，每一项都离不开同事的帮助与合作。那些善于处理同事关系，巧妙赢得同事支持的人，工作顺利，而那些自命清高，不善于同同事合作的人必然举步维艰，在竞争中失败。

美国科尼尔管理有限公司副总裁在谈到该公司需要什么样的人才时说：“要具有优秀的团队精神和领导能力。任何一项咨询活动都是团队合作奋斗的结晶。咨询公司里充满了名校毕业生、顶尖 MBA 和各行业优秀人才，而成功离不开团队的配合与支持。咨询公司十分强调团队精神。团队精神绝不意味着消极认同或依附别人，而是要求从事人员积极配合，发挥最佳项目小组作用，完成项目。”

其实，不仅仅是咨询公司，任何公司的老板都希望自己的员工能够建立起良好的团队。

郭菲菲是一所著名大学中文系毕业的才女，曾在报纸杂志上发表过不少作品。毕业后很顺利地进入一家大型出版社做编辑，由于才华出众，很受领导的器重。

但她是一个喜欢独来独往的人，从来不主动帮助别的同事，也不轻易向人求助。她的自信和骄傲让她把自己封闭了起来。

有一次，同事小肖让郭菲菲帮忙做一个策划方案，郭菲菲毫不客气地拒绝了。一次又一次，郭菲菲在同事心目中的印象越来越不好。等到她遇到问题向别人求助的时候，遇到的全是冷冰冰的面孔，不得已郭菲菲只好向主管求助。主管一看这么简单的问题，都没在同事那里得到解决，立即明白了郭菲菲人缘不好。

此后，上司对郭菲菲也有了看法，她在整个公司的人缘一下子跌到谷底，工作业绩也不如以前了。

从郭菲菲的例子可以看出，不善于与同事和谐相处，最终的结果会对自己不利。

一个员工若想获得老板的赏识，就必须与同事建立良好的人际关系。而良好的人际关系的基础，绝不会是自大、自负的结果，而是在做好自己的工作外，懂得为其他同事着想，必要时，帮助同事处理某项工作。

尝试多花些时间协助同事工作，也许会占用你的时间，但对你整个职业生涯的发展来说，将是受益匪浅的。它不仅彰显你勤奋的美德，也展现你的才华，还能促进同事关系的发展。如果你能任劳任怨地协助同事，你的举动会使你赢得良好的声誉，给你的好人缘加分，并能得到上司的垂青。

你若只知自扫门前雪，一味抱着自己的工作去做，不知帮助别人，将无法发挥多方面的潜在才能，这无异于故步自封。

要获事业成功，必须要研究与同事相处的学问，那怎么才能做到与同事和谐相处呢?

礼之用，和为贵

在中国的处世哲学中，中庸之道被奉为经典之道，中庸之道的精华之处就是以和为贵。同事作为你工作中的伙伴，难免有利益上或其他方面的冲突，处理这些矛盾的时候，你第一个想到的解决方法应该是和解。毕竟，同处一个屋檐下，抬头不见低头见，如果与其中任何一个发生矛盾，说不定将来吃亏的是你。与同事和睦相处，在上司眼中，你的地位又会上一个台阶，因为人际关系的和谐处理不仅仅是一种生存的需要，更是工作上、生活上的需要。做到以和为贵就要遵守以下几点：

笑容是好意的信使

要使同事欢迎你，喜欢你，要对他们表示诚挚的关切。卡耐基说，笑容能照亮所有看到它的人，像穿过乌云的太阳，带给人们温暖。行动比言语更具有力量，微笑所表示的是："我喜欢你，你使我快乐。我很高兴见到你。"

卡耐基鼓励成千上万的商人，花一个星期的时间，每天24个小时，都对别人微笑，然后再回到班上来，谈谈所得的结果。情形如何呢？威廉·史坦哈是好几百人中的典型例子。

"我已经结婚18年多了，"史坦哈说，"在这段时间里，从我早上起来，到我要上班的时候，我很少对我太太微笑，或对她说上几句话。我是百老汇最闷闷不乐的人。"

"既然你要我以微笑的经验发表一段谈话，我就决定试一个星期看看。"

"现在，我要去上班的时候，会对大楼的电梯管理员微笑着，说一声'早安'；我以微笑跟大楼门口的警卫打招呼；我对地下火车的出纳小姐微笑，当我跟她换零钱的时候；当我站在交易所时，我对那些以前从没见过我微笑的人微笑。

"我很快就发现，每一个人也对我报以微笑。我以一种愉悦的态度，来对待那些满肚子牢骚的人。我一面听着他们的牢骚，一面微笑着，于是问题就容易解决了。我发现微笑带给我更多的收入，每天都带来更多的钞票。

"我跟另一位经纪人合用一间办公室，他的职员之一是个很讨人喜欢的年轻人，我告诉他最近我所学到的做人处世哲学，我很为所得到的结果而高兴。他接着承认说，当我最初跟他共用办公室的时候，他认为我是个闷闷不乐的人，直到最近，他才改变看法。他说当我微笑的时候，我充满慈祥。

"我也改掉批评他的习惯。我现在只赏识和赞美他人，而不蔑视他人。我已经停止谈论我所要的。我现在试着从别人的观点来看事物，而这真的改变了我的人生。我变成一个完全不同的人，一个更快乐的人，一个更富有的人，在友谊和幸福方面很富有——这些才是真正重要的事物。"

如果你不喜欢微笑，那怎么办呢？那就强迫你自己微笑。如果你是一个人，强迫你自己吹口哨，或哼一曲，表现出你似乎已经很快乐，这就容易使你快乐了。

世界上的每一个人，都要追求幸福，有一个可以得到幸福的可靠方法，就是控制你的思想来得到。幸福并不是依靠外在的情况，而是依靠内在的情况。

而说到微笑，佛兰克·尔文·弗莱奇在他为欧本·海默和卡林公司制作的一则广告中，对我们提供了一点实用的哲学。这是对微笑的赞美：

它不花什么，但可创造很多成果。

它丰富了那些接受的人，而又不会使那些给予的人贫瘠。

它产生在一刹那之间，但有时给人一种永远的记忆。

它是疲倦者的休息，沮丧者的白天，悲伤者的阳光，又是大自然的最佳良药。

但它却无处可买，无处可求，无处可借，无处可偷，因为在你把它给予别人之前，没有什么实用的价值。

对人微笑是一种文明的表现，它显示出一种力量、涵养和暗示。一个刚刚学会微笑的中年领导干部说："自从我开始坚持对同事微笑之后，起初大家非常迷惑、惊异，后来就是欣喜、赞许，两个月来，我得到的快乐比过去一年中得到的满足感与成就感还要多。现在，我已养成了微笑的习惯，而且我发现人人都对我微笑，过去冷若冰霜的，现在也热情友好起来。上周单位搞民主评议，我几乎获得了全票，这是我参加工作这么多年来从未有过的大喜事！"

你的笑容就是你好意的信使，你的笑容能照亮所有看到它的人。对那些整天都看到皱眉头、愁容满面、视若无睹的人来说，你的笑容就像穿过乌云的太阳；尤其对那些受到上司、客户、老师、父母或子女的压力的人，一个笑容能帮助她们了解一切都是有希望的，也就是世界是有欢乐的。

不要炫耀自己

表现自己并不错。在现代社会，充分发挥自己的潜能，表现自己的才能和优势，是适应挑战的必然选择。但是，表现自己要分场合、分方式，如果表现得使人看上去矫揉造作，很是别扭，好像是做样子给别人看，那就另当别论了。

吉米是一家大公司的高级职员，平时工作积极主动，表现很好，待人也热情大方。但有一天，一个小小的动作却使他的形象在同事眼中一落千丈。那是在会议室里，当时好多人都等着开会，其中一位同事发现地板有些脏，便主动拖起地来。而吉米似乎有些身体不舒服，一直站在窗台边往楼下看。突然，他走过来，一定要拿过那位同事手中的拖把。本来差不多已拖完了，不再需要他的帮忙。可吉米却执意要求，那位同事只好把拖把给了他。

刚过半分钟，总经理推门而人。他正拿着拖把勤勤恳恳，一丝不苟地拖着。一切似乎不言而喻了。

从此，大家再看吉米时，顿觉他假了许多。以前的良好形象被这一个小动作一扫而光。

在工作中，往往有许多人掌握不好热忱和刻意表现之间的界限。不少人总把一腔热忱的行为演绎得看上去是故意装出来的，也就是说，这些人学会的是表现自己，而不是真正的热忱。热忱绝不等于刻意表现，在需要关心的时候关心他人；在应当拼搏的时候洒上一把汗；真诚自然，谁都会赞许。而不失时机甚至抓住一切机会刻意表现出自己“与群众打成一片”、“关心别人”、“是领导的好下属”、“雄心勃勃”，则会让人觉得虚假而不愿与之接近。

威廉·温特尔说：“自我表现是人类天性中最主要的因素。”人类喜欢表现自己就像孔雀喜欢炫耀美丽羽毛一样正常。但刻意的自我表现就会使热忱变得虚伪，自然变得做作，最终的结果还不如不表现。

许多人，在其谈话中不论是否以自己为主题，总有突显自己，主张自我的表现。这种人虽说可能被人高估为“具有辩才”，但是也可能被认为是“口无遮拦显得轻浮”或经常想“引人注目”等，暴露出其自我显示欲求的否定，而常使别人产生排斥感和不快情绪。

善于自我表现的人常常既“表现”了自己，又未露声色。他们与同事进行交谈时多用“我们”而很少用“我”，因为后者给人以距离感，而前者则使人觉得较亲切。要知道“我们”代表着他也参加的意味，往往使人产生一种“参与感”，还会在不知不觉中把意见相异的人划为同一立场，并按照自己的意见影响他人。

善于自我表现的人杜绝说话带“嗯”、“哦”、“啊”等停顿的习惯，这些语缀可能被看做对开诚布公还有犹豫，也可能让人觉得是一种敷衍、傲慢的官僚习气，而令人反感。

真正的展示教养与才华的自我表现绝对无可厚非，只有刻意地自我表现才是最愚蠢的。卡耐基曾指出，如果我们只是要在别人面前表现自己，使别人对我们感兴趣的话，我们将永远不会有许多真实而诚挚的朋友。朋友，真正的朋友，不是以这种方法来交往的。

优越感要不得

日常工作中不难发现这样的同事，其人虽然思路敏捷，口若悬河，但一说话就令人感到狂妄，因此别人很难接受他的任何观点和建议。这种人多数都是想让别人知道自己很有能力，处处想显示自己的优越感，从而获得他人的敬佩和认可，结果却往往适得其反，失掉了在同事中的威信。

在心理交往的世界里，那些谦让而豁达的人们总能赢得更多的朋友，相反，那些妄自尊大，高看自己，小看别人的人总会引得别人的反感，最终在交往中使自己走到孤立无援的境地。

在交往中，任何人都希望能得到别人肯定性的评价，都在不自觉地强烈维护着自己的形象和尊严，如果他的谈话对手过分地显示出高人一等的优越感，那么无形之中是对他自尊和自信的一种挑战与轻视，排斥心理乃至敌意也就不自觉地产生了。

法国哲学家罗西法古说："如果你要得到仇人，就表现得比你的朋友优越吧；如果你要得到朋友，就要让你的朋友表现得比你优越。"

这句话真是没错。因为当我们的朋友表现得比我们优越时，他们就有了一种重要人物的感觉，但是当我们表现得比他还优越，他们就会产生一种自卑感，造成羡慕和嫉妒。

李先生是某地区人事局调配科一位相当得人缘儿的骨干，按说搞人事调配工作是很难不得罪人的，可他却是个例外。在他刚到人事局的那段日子里，在同事中几乎连一个朋友都没有。因为他正春风得意，对自己的机遇和才能满意得不得了。因此每天都使劲吹嘘他在工作中的成绩，每天有多少人找他请求帮忙，哪个几乎记不清名字的人昨天又硬是给他送了礼……"得意事"，但同事们听了之后不仅没有人分享他的"成就"，而且还极不高兴，后来还是由当了多年领导的老父亲一语点破，他才意识到自己的症结到底在哪里。

从此他很少谈自己而是多听同事说话，因为他们也有很多事情要吹嘘，让他们把成就说出来，远比听别人吹嘘更令他们兴奋。后来，每当他有时间与同事闲聊的时候，他总是先请对方滔滔不绝地把他们的欢乐炫耀出来，与他分享，只是在对方问他的时候，才谦虚地说一下自己的成就。

老子曾说过“良贾深藏若虚，君子盛德貌若愚”，是说商人总是隐藏其宝物，君子品德高尚，而外貌却显得愚笨。这句话告诉人们，必要时要藏其锋芒，收其锐气，不可不分青红皂白将自己的才能让人一览无余。你的长处短处被同事看透，就容易被他们操纵。

另一方面讲，还是谦虚一些好，谦虚的人往往能得到别人的信赖，因为谦虚，别人才不会认为你会对他构成威胁。你才会赢得别人的尊重，与同事建立良好的关系。

因此，我们对自己的成就要轻描淡写。这样的话，我们才能永远受到欢迎。对此卡耐基曾有过一番相当精彩的论述：“你有什么可以炫耀的吗？你知道是什么东西使你没有变成白痴的吗？其实不是什么大不了的东西，只不过是你甲状腺中的碘罢了，价值才五分钱。如果医生割开你颈部的甲状腺，取出一点点的碘，你就变成一个白痴了。五分钱就可以在街角药房中买到一点点碘，是使你没有住在疯人院的东西。价值五分钱的东西，有什么好谈的？”

有错，热诚的承认

人无完人，没有人会永远不犯错，有时甚至还一错再错，既然错误是不可避免的，那么可怕的并不是错误本身，而是怕知错而不肯改，错了也不悔过。

其实，如果能坦诚面对自己的弱点和错误，再拿出足够的勇气去承认它、面对它，不仅能弥补错误所带来的不良后果，在今后的工作中更加谨慎端正，而且能加深领导和同事对你的良好印象，从而很痛快地原谅你的错误。

某公司财务科小哈一时粗心，错误地给一位请病假的员工发了全薪。在他发现这个错误之后，他匆匆找到那位员工，说必须纠正这项错误，求他悄悄退回多发的薪金。却遭到断然拒绝，这位员工要求分期扣回他多领的薪水。双方争执不下，气愤之余的小哈平静地对那位员工说：“那好，既然这样，我只能请老板帮忙了，我知道这样做一定会使老板大为不满，但这一切混乱都是我的错，我必须在老板面前承认。”就在那位员工还站在那里发呆的时候，小哈已大步走进了老板的办公室，告诉他自己犯了一个错误，然后把前因后果都告诉了他，并请他原谅和处罚。老板听后大发脾气地说这应该是人事部门的错误，但小哈重复地说这是他自己的错误，老板又大声地指责会计部门的疏忽，小哈又解释说不怪他们，实在是他自己的错，但老板又责怪起与小哈同办公室的另外两个同事起来，可小哈还是固执地一再说是他自己的错，并请求处罚。最后老板看着他说：“好吧，这是你的错，可 XXX（那位错领全薪的员工）那小子也太差劲了！”这个错误于是很轻易地纠正了，并没给任何人带来麻烦。自那以后，老板更加看重小哈了，因为他能够知错认错，并且有勇气不寻找借口推脱责任。

事实上，一个人有勇气承认自己的错误，也可以获得某种程度的满足感，这不仅可以消除罪恶感和自我保护的嫌疑，而且有助于解决这项错误所制造的问题。卡耐基告诉我们，即使傻瓜也会为自己的错误辩护，但能承认自己错误的人，就会获得他人的尊重，而且令人有一种高贵怡然的感觉。

喜欢听赞美，哪怕明知是虚伪的赞美，是每个人的天性。忠言逆耳，当有人尤其是和自己平起平坐的同事对着自己狠狠数落一番时，不管那些批评如何正确，大多数人都会感到不舒服，有些人更会拂袖而去，连表面的礼貌也不会做，实在令提意见的同事尴尬万状。下一次就算你犯更大的错误，相信也没有人敢劝告你了，这岂不是你最大的损失？

当我们错了——若是我们对自己诚实，这种情形十分普遍——就要迅速而热诚地承认。这种技巧不但能产生惊人的效果，而且比为自己争辩还有趣得多。

如果你总是害怕承认自己曾经犯错，那么，请接受以下这些建议：

（1）假若你必须向别人交代，与其替自己找借口逃避责难，不如勇于认错，在别人没有机会把你的错到处宣扬之前，对自己的行为负起一切的责任。

（2）如果你在工作上出错，要立即向领导汇报自己的失误，这样当然有可能会被大骂一顿。可是在上司心中却会认为你是一个诚实的人，将来或许对你更加倚重，你所得到的可能比你失去的还多。

（3）如果你所犯的错误可能会影响到其它同事的工作成绩或进度时，无论同事是否已发现这些不利影响，都要赶在同事找你“兴师问罪”之前主动向他道歉、解释，千万不要企图自我辩护，推卸责任，否则只会火上浇油，令对方更感顿怒。

每个人都会犯错误，尤其是当你精神不佳，工作过重，承受太沉重的生活压力时，偶尔不小心犯错是很普通的事情。人们在犯错后能以正确的态度面对它，犯错不算什么罪大难饶的事情，反而对你日后的升迁大有裨益。

冷静的脑，温暖的心

一旦换了新的工作环境，就等于从一个刚刚略微平静的战场转入另一个即将开战的阵地，重新进行永无休止的人际交往。

台湾经济学家高希均教授提出的“冷静的脑、温暖的心”这一观念，曾广为流传。的确，脑冷则有理性，心热则有感性，理性与感性缺一不可。上班族，心不能冷，否则淡泊一切，如何工作？脑不能热，否则乱了方向，做事常做错。

对于上班族而言，既然选择了走这条工作之路，选择了这家公司、这个组织，就得带着热情工作。曾有一本书提到，“热情生活不是口号，而是最快乐的人所具有的生活态度，如此才能拥有光芒四射的璀璨人生。”

刚进入新的工作环境的人，都怀着满腔热情，然而，这份热情很快就被冷酷的现实击垮，变得心灰意冷。心灰意冷的原因，不一定是工作不顺利，而是人际的问题。你的新组织内恐怕也会出现以下的人际症状，让你心寒：

（1）勾心斗角、争权夺利。

（2）谗、毁、诬、陷，随处可见。

（3）自己人互扯后腿。

（4）张冠李戴，嫁祸于人。

（5）对方设下圈套害你吃亏上当。

（6）捏造伪造不利于你的证据。

（7）捕风捉影，散布谣言。

（8）旁敲侧击，笑里藏刀。

（9）在你和好友间制造是非。

（10）在你和上司间挑拨离间。

这些常见的现象，使许多人在人际交往中遇挫。不少上班族不得不明哲保身，“冷眼”看工作中的伙伴，免得自己吃亏上当。“冷漠”应付同事，免得太熟悉了，什么秘密都被对方知道。“冷淡”处理办公室的社交活动。渐渐地，也就被大家“冷落”，坐了“冷板凳”，对别人自然“冷酷”。

听到同事“冷嘲热讽”和“冷言冷语”是最难受的事，被“放冷箭”更是气人。

但是，大家冷来冷去，形同路人，如何能一起工作呢？如何能执行同一任务？这对“做事”很不利。

解决的方法当然不能再依赖“冷”，光靠“温”也是不够的，而需要更多的“热”。热的心是首要，对工作、对同事都积极。热的态度，如关心同事，见面打招呼，买些小东西，参加大伙活动，写些小卡片……都是方法。此外，不苛责、不强求、不批评、不论断、不说长道短、不袖手旁观……都有助于改善冰冷的气氛。

同时，还有最重要的一点便是，要想得到新环境、新同事的认可和接纳，必须得首先主动敞开自己的心怀。从一开始就要讲真话、实话，不遮遮掩掩，吞吞吐吐，要以你的坦率获得新同事的好感和爱戴。

你敢于说真话，肯让人知，同事会为你的诚实所感动，便会从内心深处喜欢你，他给你的回报，也将是说真话。

人与人的感情交流具有互动性。融洽的感情是心的交流。肝胆相照，赤诚相见，才会心心相印。

一个人如果离了真诚，则很难适应新环境，也很难被新环境所接受。

和谐源于尊重

在人际交往中，你待人的态度往往决定了别人对你的态度，因此，若想获取他人的好感和尊重，必须首先尊重他人，就要给同事留面子。

研究表明，每个人都有强烈的友爱和受尊敬的欲望。由此可知，爱面子的确是人们的一大共性。聪明人在与同事交往的过程中，从不会把话说死，说绝，说得自己毫无退路可走。例如“我永远不会办你所搞砸的那些蠢事”“谁像你那么不开窍，要我几分钟就做完了”“你跟 XX 一样缺心眼儿，看他那巴结相”如此种种，估计谁听了都不会痛快，人人都最爱惜自己的面子。而这样绝对的断言显然是极不给人面子的一种表现。

汤姆·韦恩原先在电气部门的时候，是个一级天才，但后来调入计算部门当主管后，发现非其所长，不能胜任。但公司当局不愿伤他自尊，毕竟他是个不可多得的人才——何况他还十分敏感。于是，当局给了他新的头衔：公司咨询工程师——工作性质仍与原来一样——而让别人主管那个部门。此事让汤姆很高兴。公司当局也很高兴，因为他们终于把这位易怒的明星调遣成功，而没有引起什么风暴——因为他仍保留面子。

保留他人的面子，这是何等重要的问题！而很多人却很少会考虑到这个问题。我们常喜欢摆架子、我行我素、挑剔、恫吓、在众人面前指责同事或下属，而没有考虑到是否伤了别人的自尊心。其实，只要多考虑几分钟，讲几句关心的话，为他人设身处地想一下，就可以避免许多不愉快的事情发生。

《圣经·马太福音》有句话：“你希望别人怎样对待你，你就应该怎样对待别人。”这句话被大多数西方人视作是工作中待人接物的“黄金准则”。真正有远见的人不仅要在与同事一点一滴的日常交往中为自己积累最大限度的“人缘儿”，同时也会给对方留相当大的回旋余地。给别人留面子，其实也就是给自己挣面子。

尼玛小姐是一位食品包装业的行销专家，她的第一份工作是一项新产品的市场测试。但她却犯了一个大错，整个测试都必须重来一遍。当她开会向老板报告时，她怕得浑身发抖，因为老板会狠狠训她一顿，但是老板只是谢谢她的工作，并强调在一个新计划中犯错并不是很稀奇的。而且他有信心第二次测试会对公司更有利。老板保留了尼玛的面子，使她深为感动。果然第二次测试她搞得十分成功。

人人都有自尊心和虚荣感，甚至连乞丐都不愿受嗟来之食，因为太伤自尊、太没面子，更何况是原本地位相当，平起平坐的同事。但很多人却总爱扫别人的兴——当面令同事面子难保，以致当面撕破脸皮，因小失大。

在工作上，如果你不小心，很可能在不经意间说出令同事尴尬的话，表面上他也许只是脸面上有些过意不去，但其心里可能已受到严重的挫伤，以后，对方也许就会因感到自尊受到了伤害而拒绝与你交往。

一位哲人曾提出过这样的问题：将军和门卫谁摆架子？答案是门卫。因为将军有着雄厚的资本，他不需要架子作支撑。现实生活中也是如此，拥有优势的人常常胸怀大度，其自尊和面子足矣，无需旁人再添加。

而与你同一阶层甚至某方面不如你的人，很可能因为自卑而表现出极强的自尊，他仅有的一点儿颜面是需要你细心呵护的，如果你能以平等的姿态与人沟通，对方会觉得受到尊重，而对你产生好感。因此，要谨记，没有尊重就没有友谊。

另外，要做到尊重同事，就必须自觉保守同事的秘密。

我们知道有关同事的秘密，无非有两个渠道。一个是这个人亲自告诉我们的，一个就是除他亲自告诉我们以外的一切途径。

如果是别人亲自告诉我们的，我们可真的是“打死也不能说”。别人这么信赖我们，我们怎么可以把别人的隐私随便的散布出去呢？

那么，如果是我们通过其他的途径得知了这样的消息呢？

那就让消息在我们这里堵塞吧！让这些消息在我们这里终止，散布通道在我们这里彻底被截断。

虽然这些道理我们都很明白，但是有的时候，我们的嘴巴还是不经意的就走漏了风声。比如，和大家玩得高兴，玩得开心的时候，兴奋之下，就什么都忘记了，想起什么就说什么，反正大家都很高兴嘛！再比如，和谁闹了别扭，自己心里面气不过，什么朋友交情、江湖道义，统统闪到一边去，我给你来一个大穿帮、大揭密。

这样的情况太有可能发生了。怎样才能避免呢？一个最好的办法，就是听过了别人的事情就干脆咽下去，烂到肚子里面。一天烂不干净，就花两天的时间来烂掉它。总之，一句话，就是不能让嘴巴给自己惹祸。古人说“祸从口出”，在公司，这种人际关系圈子里面，这句话应该被每一个人写在自己的办公桌上，时刻警醒自己！

即便如此，交浅言深也仍然是初到新工作环境的人所应该避免的。

某位先生刚刚调入某单位一个月，由于他处处小心做事，每每笑脸相迎，所以同事们对他的态度也颇为友善，竟不曾遇到他所担心的任何麻烦。

一次他和一位同事谈得很投机，使将一个月来看到的不顺眼的人和事通通向这位同事倾诉而后快，甚至还批评了科里一两个同事的不是之处，借以发泄心中的闷气。

不料由于对这位同事了解甚少，哪知这位同事竟是个翻云覆雨之人，不出几日便将这些“恶言”转达给了其他同事，立刻令这位先生狼狈之极，也孤立之极，几乎在科里没了立足之地，这时这位先生才如梦初醒，悔不该一时激动没管好自己的嘴巴，忘记了“来说是非者，必是是非人”这样一个浅显的道理。

你调入的单位越大，人际关系就会越复杂。大单位不像小单位，彼此关系一目了然。在大单位中利害关系复杂，容易产生一些“派系”问题。上司都希望得到属下的支持，因此新进人员往往会卷入这场派系斗争中去。因此一个新进人员必须多听多看多了解单位内的人际关系，尽可能冷眼旁观，不要卷入不良的派系斗争中，陷于被动。由此看来，初到新环境中，必须学会管住自己的嘴巴。在大家面前不要轻易显露行动及言行，学习做个聆听者，“人不犯我，我不犯人”，公平对待每一位同事，避免建立任何小圈子。对谣言一笑置之，深藏不露，如此才能尽快适应新环境，打开新局面，成为办公室中的生存者，而非受害者。

矛盾是炸弹，掐灭在萌芽状态

同事与你在一个单位中工作，几乎日日见面，彼此之间免不了会有各种各样鸡毛蒜皮的事情发生，各人的性格、脾气禀性、优点和缺点也暴露得比较明显，尤其每个人行为上的缺点和性格上的弱点暴露得多了，会引出各种各样的瓜葛、冲突。这种瓜葛和冲突有些是表面的，有些是背地里的，有些是公开的，有些是隐蔽的，种种的不愉快交织在一起，便会引发各种矛盾。

这样的竞争和磨擦是不可避免的。但作为一个高明的办公室人士，应当懂得如何把这种磨擦降到最低，如何把这种竞争导向对自己有利的方向，这就需要以诚相待。

你可能遇到过这样的情形：来到新的工作岗位上，你感到战战兢兢，可是，却有一些资深的职员，对你并不答理，在很多事情上，故意跟你作对，你觉得无所适从。但他们是你的同事，你必须跟他们好好合作，面对这种情况，你应该怎样做?

不要以为自己有什么过人之处，便认定对方是“老顽固”，如果你想事事进行顺利，需学习如何尊重别人，摒除狭隘的思想，与自己不喜欢的人建立友谊。

你要扪心自问，无法与对方合作的原因，究竟出在对方，还是自己的身上?你是不是也应该负一点责任，努力营造愉快融洽的气氛?不可小视与人和平共处的技巧，它是你日后事业成败的关键。

与同事相处，应本乎诚，当他需要你的意见时，你不要使劲给他戴高帽，发出无意义的称赞；当他遇到任何工作上的疑难时，你要尽心尽力予以援手，而不是冷眼旁观，甚至落井下石，当他无意中冒犯了你，又忘记跟你说对不起时，你要抱着“大人不记小人过”的心态，真心真意原谅他，日后他有求于你时，要毫不犹豫地帮助他。

或者，你会问：“为什么我要待他这么好?”答案很简单，因为他是你的同事，你每天有很长的时间跟他们在一起，你能否从工作中获得快乐与满足，是否敬业乐业，同事们扮演着很重要的角色。试想想：当你回到办公室里，发觉人人对你视若无睹，没有人愿意主动跟你讲话，也没有人向你倾吐工作中的苦与乐，你还会留恋你的工作吗?

面对这样的情况，就要化解同事之间的矛盾，这个时候你要采取主动，不妨尝试着抛开过去的成见，更积极地对待那些不友好的人，至少要像对待其他人一样地对待他们。一开始，他们会心存戒备，而且会认为这是个圈套而不予理会。耐心些，没有问题的，将过去的积怨平息的确是件费功夫的事儿。你要坚持善待他们，一点点地改进，过一段时间后，你们之间的问题就会如同阳光下的水被蒸发消失了一样。

如果同事的年龄资格比你老，你不要在事情正发生的时候与他对质，除非你肯定你的理由十分充分。更好的办法是在你们双方都冷静下来后解决，即使在这种情况下，直接地挑明问题和解决问题都不太可能奏效。你可以谈一些相关的问题，当然，你可以用你的方式提出问题。如果你确实做了一些错事并遭到指责，那么要重新审视那个问题并要真诚地道歉。类似“这是我的错”这种话是可能创造奇迹的。

另外，下面为你提供了几条建议，如果觉得与同事相处很困难，请细心阅读，相信你能从中获得所需要的启示。

首先，当对方有意无意表示自己有多能干，怎样获得上司的信任时，切勿妒忌他，你应该诚心诚意欣赏对方的长处。

其次，当大家趁着上司不在时，聚在一起聊天的时候，你应该暂且放下工作，走过去跟他们讲些无伤大雅的玩笑，让同事感觉你是他们的一份子。

再有，不要随便把同事告诉你的话转告上司，否则你会很容易遭致大家联合起来反对你。

无论你跟谁拍档，要业绩辉煌，首要条件是双方配合默契，同样合作和努力；要达此目的，你不妨先走一步。拿出你的诚意来，跟对方好好分工合作，处处采取客观态度，不分彼此地合作。又如，过去曾与你合作的同事，今天竟赫然在同一间公司和你相遇，这一点叫你有些忐忑不安，生怕会有不愉快事情发生。大家要合作愉快，贵在真诚，如果心存芥蒂，恐怕做起事来诸多掣肘，这样只会成事不足败事有余。要打破这个可怕的僵局，困难不大，因为解铃还需系铃人。你是最清楚过去你俩的关系是怎样的。如果一向不熟，相信问题不大，公事公办就是了。

若是大家均对对方印象不佳，那就得下些工夫了。首先，你要摆出大公无私的态度，有任务必须交代清楚，并抱着愿意随时伸出援手的宗旨，目的只为任务圆满完成。请明白一点，没有人是会拒好意于千里之外的。

还有一种情况，就是双方过往只属点头朋友，这反而最易办，就当对方是新同事一样看待就可以了，公余闲谈则避免大谈过去，最为上算。

再有，你一直努力工作，以为升职是迟早之事，可是上司公布了新职，由你的好拍档充任，就如同一盆冷水浇下来。

人们都将你视为失败者，向你投以怜悯的目光，假如在公司大堂遇上你，总是腼腆不已，仿佛不知如何表示怜悯，亦不知如何与你攀谈。在这样的情况下，你必须尽快由被动转为主动。

首先，恭贺拍档升职，表示你的大度和支持。同时，做事要像往常一样的专注和投人，在同事跟前保持开朗。

此外，切莫向外倾诉老板对你下过的承诺，这样令老板难做，只会坏了事。

即使有好事者直接询问你事件的情况，要淡淡地答道：“我当然希望升职，我看机会还多呢，只要我努力和有实力。”这种说法是为上策。

还有，在公司里，与你谈得最投机的某位同事，由于工作表现出色，深得老板赏识，最近予以擢升，而他的新职位，正好管着你。

与好朋友拍档工作，应该是一件好事，可是，你或许有些不自在之感，一是怕大家工作作风有别，公事上不合拍，以致影响私交；二是怕对你有敌意的同事会乘机制造谣言。还是按“公私分明”这句话做，许多问题自会迎刃而解。例如，在公司里，只记着对方是上司，即他对你有什么要求，必须尽力而为；有许多事，仍然必须向他报告。遇上对方有出错的地方，你应该开诚布公与他商讨，切莫留待私下倾谈。

行得正人家怎么可能有借口离间你俩的关系呢？即使有人无中生有，你无愧于心，又何惧之有？当然，下班后你有百分之百的自由去与新上司进行私人约会，不必自筑屏障。

你与拍档的职级相同，但工作量却大大不同，人家可以煲电话粥，你却整天忙得不可开交。这种情况，必须改善。虽然你心情不佳，但切勿向拍档发脾气，特别是工作不是由他分配，亦不是因他推卸责任。他是你的拍档，日后并肩作战的机会很多，许多事还是唇齿相连的。

表面上，你的主要任务是做好份内工作，对这位拍档要保持一贯的友善作风，要是工作多得不得了，不妨客气、婉转地对闲着的他说：“对不起，我忙得透不过气来，你可否抽时间帮我一把？”

不过，最重要的策略是向上司表态。上司不一定是偏心，有可能是对各项工作所需时间不大了解而已，所以你有必要找他商谈，让他知道，每件工作所花的时间为多少。在一个工作日里可以做些什么，你的任务又是如何的过多，只要讲出你的困难，不要埋怨拍档相对地闲着，更不要直指上司分配不均，对事不对人，才能让事情圆满解决。

你做出以上努力以后，基本可以化解同事之间的矛盾。如果遇上一些顽固不化的人，在你做出努力后，他仍然不愿意和你和解，这你也不要难过，遇上这样的人，谁也没办法，问题并不在你，你只管放心地去工作，别理会这类人就是了。

距离产生美，与同事保持恰当距离

每天和你在一起时间最长的人是谁？不是你的亲人，也不是你的朋友，是你的同事。他和你在办公室面对面、肩并肩，同劳动、同吃喝、同娱乐。但当我们有了“私人空间”的概念之后，我们同样不能忽视合理的社交空间和公共空间，办公室里的距离如何把握，并不是那么简单的事。

同事关系好，本是好事。我们来自五湖四海，为了一个共同的目标走到一起来了，心往一处想、劲往一处使，团结互助当然是好的，但是切记同事之间拒绝亲密。同事就是同事，不是朋友，交朋友，除了志趣相投外，忠诚的品格是最重要的，一旦你选择了我，我选择了你，彼此信任、忠实于友谊是双方的责任。同事就不同了，一般来说，如果不是自己创的业，也不想砸自己的饭碗，那么，你是不可能选择同事的，除非你在人事部门工作。所以，你不能对同事有过高的期望值，否则容易惹麻烦，容易被误解。适当的距离能让你跟他看起来最美。

与同事相处，太远了当然不好，人家会认为你不合群、孤僻、不易交往，太近了也不好，容易让别人说闲话，而且也容易令上司误解，认定你是在搞小圈子。所以说，不即不离、不远不近的同事关系，才是最难得和最理想的。

有人说“好朋友最好不要在工作上合作”，有一定的道理。

一天，公司来了一位新同事，他不是别人，正是你的好友，而且，他将会成为你的拍档。上司将他交托与你，你首先要做的是向他介绍公司分工和其他制度。这时候，不宜跟他拍肩膀，以免惹来闲言闲语。大前提要公私分明，在公司里，他是你的拍档，你俩必须忠诚合作，才可以创造良好的工作业绩。私底下，你俩十分了解对方，也很关心对方，但这些最好在下班后再表达，跟往常一样，你俩可以去逛街、闲谈、买东西、打球，完全没有分别，只是，奉劝你一句，闲暇时，以少提公事为妙。

当一位旧同事吃回头草，重返公司工作时，你有必要注意自己的态度。因为旧人对你和公司都有一定的了解，即他并不需要时间去适应环境。你得清楚，这位仁兄以前的职级如何？与你的关系怎样？他的作风属哪类型？如今重返旧巢，他的地位会改变吗？此君若以前与你共过事，请不要在人前人后或他面前主动再提以往的事，就当是新同事合作吧，避免大家尴尬。要是他过去与我不相干，如今却成了拍档，不妨向对他有些了解的同事查问一下他以往的历史，但要装作轻描淡写，不留痕迹。

某位同事生性暴躁，常因小事“唠叨”不已，虽然事后他会不把事情放在心上，但事前的粗声粗气或过烈反应，却叫你闷闷不乐。暗自纳闷，只会害苦了自己，何不想个改善之法呢？需知道，同事相见的时间往往比家人还多，经常如梗在喉，太难捱了吧，恐怕间接还会影响工作情绪。

对付这些脾气刚烈之人，最佳办法是以静制动。然而，不要误会，并非是采取凡事“忍耐”的策略，相反，却是积极和主动。细想一下，有同感的肯定不只你一个人，所以不妨就由对方猛烈诉说下去，你处之泰然，保持缄默，即使有其他同事表示不平，你也坚守原则。直至事情明朗化，对方的态度平和下来，你再摆出明白事理的态度来，细心地将事情分析，如此，你必能打败对方。

只有和同事们保持合适距离，才能成为一个真正受欢迎的人。你应当学会体谅别人。不论职位高低，每个人都有自己的工作范围和责任，所以在权力上，切莫喧宾夺主。不过记着永远别说“这不是我份内事”这类的话，过于泾渭分明，只会搞坏同事间的关系。在筹备一个任务前，谦虚地问上司：“我们希望得到些什么?”“要任务顺利完成，我们应该在固有条件下做些什么?”

也永远别道人长短。比较小气和好奇心重的人，聚在一起就难免说东家长西家短。成熟的你切忌加入他们一伙，偶尔批评或调笑一些公司以外的人，倒是无伤大雅，但对同事的弱点或私事，保持缄默才是聪明的做法。记着，搞小圈子，有害无益。公私分明亦是重要的一点。

要和同事保持适当的距离，还必须记住一句话：“君子之交淡如水”。这里要讲的君子之交淡如水是不同于前面所讲的好朋友的，而是你和你的新同事之间的关系。大家在同一个公司里工作，个人的交情肯定是大不相同，远近亲疏自然是存在的。问题的关键就在于应该如何处理这“远近亲疏”的关系。

我们可以回想一下，平常我们容易对哪些人产生意见。其实我们并不会对谁与谁关系密切，谁与谁关系疏远而产生什么异议，因为对于我们自己来讲，也存在着和某些同事关系比较亲近，而和某些同事关系比较一般。甚至对同事为他们的好友找理由搪塞错误，我们也没有什么意见，因为谁没有几个好兄弟、好姐妹在有事情的时候出来罩着。但是当我们发现，这种远近亲疏的关系开始因为共同的利益扩大化，甚至出现了营私舞弊、相互倾轧的时候，我们就要皱紧眉头了。

这种状况是一个优秀团队内部的大忌，甚至可以说是一个团队瓦解分化的开端，结果就是导致整个团队的瘫痪。

为了避免这样的事情发生，我们要做的就是控制好与同事之间的远近亲疏的关系。我们应该这样想，无论你与一个同事的关系是亲还是疏，这都是你们私人之间的关系，而这种关系更是工作以外的关系，不应该对你们的工作产生任何的影响。

道理虽然很简单，但实际上人与人之间的感情并非如书面所描述的那般容易控制。尽管你的心里明明白白的知道："我一定不能把私人关系带到工作中来"，但是更多的时候，很多行为都是个人喜恶的自然流露，连你自己都感觉不到。那么，照这样说来，究竟应该怎么办呢？那就是，应该控制好远近亲疏的程度，最好的办法莫过于"君子之交淡如水"。

好朋友的形成和维持都是需要条件的。说得具体一点，要成为好朋友，情投意合固然重要，但是还有一点，那就是两个人之间不能存在着明显的利益冲突。两个存在明显的利益冲突，存在显性的或是隐性的利益竞争的人，是很难成为好朋友的。即使是已经成为好朋友的两个人，在面临明显的利益冲突和竞争的时候，也常常会使感情陷入僵局。因为人本性是自私的，谁也逃脱不掉。

正是因为如此，所以在公司里，还是"君子之交淡如水"的好。因为公司是一个充满了太明显的竞争和利益冲突的场合，影响和干扰人与人之间的亲疏远近关系的因素实在是太多了。好朋友之间太容易出现矛盾和裂痕，而这种矛盾和裂痕基本上是不可能避免的，就算人的主观上有再好的希冀也难以避免。同事众多不要因为要好，而做出偏袒的姿态，一个公私不分的人，是做不了大事的，更何况，老板们对这类人最讨厌，认为不能信赖，所以你应该知道取舍。

跨越同事间代沟的天堑

办公室里的王阿姨又在那里夸她的孩子了。“我们家的小敏啊，真是聪明得不得了！昨天又给他的那个外国朋友发 E－mail 了。”“哪个朋友？就是那个和小敏一起参加国际奥林匹克竞赛的美国小孩啊！那个小孩学习上一有问题就发 E－mail 给我家的小敏。上一回他给小敏一道大学教授出的数学题，小敏只花了半个钟头就做出来了，昨天就把那题的答案发给了他的那个朋友。你们说我家的小敏是不是特别聪明?”大家异口同声地附和“是聪明，是聪明”。每每办公室里工作有了空闲，王阿姨就会像祥林嫂一样滔滔不绝地夸她的儿子如何聪明如何能干。等到把儿子身上里里外外的优点全夸遍了，王阿姨就会和办公室里的另外几个中年女人谈谈昨天晚上的港台电视连续剧，谈谈菜场里黄鱼几钿一斤，食用油有没有涨价。主任说，她们正处在更年期，唠唠叨叨实属正常现象，你们这些小青年就让让他们吧！但如果她们仅仅是唠唠叨叨而已，大家倒也能够容忍，但是……听，张嫂又在那里指手画脚了“这份东西又不归我们科管，小李，谁让你拿进来的?”再退一步吧！数落也就随她们数落吧！但是……王阿姨鬼鬼祟祟地走到小李身边：“给你介绍个对象吧！人可老实呢!”刘阿姨斜着眼看着小米：“我说小米啊，你今天穿的这件衣服是不是太透明了一点?”如果要说谁的个人隐私，最起劲的总是她们这群人。谁结婚了，谁离婚了，她们比当事人还清楚。

以前一提起“代沟”这个词，人们自然而然地会想到一系列的家庭问题，诸如孩子与家长之间种种因年龄而导致了矛盾之类的问题。其实代沟这东西并不仅会出现在家庭里，因为按照现代心理学的说法，隔三岁就会有代沟。所以说办公室里会有代沟也不足为奇了。刚大学毕业的年轻人，一进银行、机关这类的单位就会发现他们的身边有很多“王阿姨”这样的人。遇上这些人，总让人怀疑是不是自己的七大姑八大姨也调到这里来了。

为了避免不必要的麻烦，一些年轻人就对她们采取了“敬而远之”的态度。咱惹不起，咱至少还躲得起！其实这是一种很消极的态度。越是对她们敬而远之，她们越以为你是在自命清高，两者之间的“沟”也会越来越深。

要消除办公室里的代沟，要靠双方的努力。怎么说年轻人总是晚辈，虽然“王阿姨”们工作能力不如你强，学历也没有你高，但工作经验总比你丰富吧，遇到不懂的赶快问她们，一方面给别人留下了谦虚好学的印象，另一方面又长了知识，同时还能消除两代人之间的隔膜，可谓是一箭“三”雕啊！在“王阿姨”们夸自己的孩子时，附和着也夸上几句——“王阿姨真是好福气啊！有这么一个聪明儿子。我将来要有这么聪明的孩子，做梦都会笑出声来呢！”她们听了这样的赞美，一定高兴得不得了。其实仔细想想，她们这些人，工作了十几年，大多还是个普通的职员，家里又上有老下有小的，作为主妇又要照顾老的又要看管小的，生活实属不易，孩子就成了她们唯一的希望，所以她们在办公室里夸孩子也无可厚非。

人和人之间的相处贵在理解。年轻人大可不必把办公室里的中年妇女看成是洪水猛兽，而办公室里的中年妇女也大可不必对青年后生嗤之以鼻。她们应该反省一下自己——电脑知识只懂点皮毛，网络更是一窍不通……少管点别人的私事，多向年轻人学点本领，免得以后被“炒鱿鱼”，这才是最要紧的。

谁都希望办公室里和和气气的，谁都不希望办公室里冷冰冰的，没一点人情味。虽然年龄层次各不相同，但只要多一点沟通，多一点谅解，办公室不仅会是一个共同办公的地方，更会是一个很温馨的地方。

须知，团体意识并非什么高尚的“利他主义”，专业分工时代，人们必须花更长的时间投身于工作。在工作中，如果专长不能得以发挥，自身的价值就得不到充分体现，个人也就无法从工作中得到乐趣。最重要的是让人们感觉到自己真正置身于一个彼此尊敬、相互信任、志同道合的家庭似的团体之中。换言之，除非大家都感到自己亦为团体之一员，否则，生产效率就难以保证。

一个人工作的最大动力不是职位、也不是薪酬，而是来自真心喜欢他的工作与角色所激发出来的自发性和自主性。如果你认同团队价值和目标，那么你将从融洽的人际环境中感受到工作的独特价值。也就是说，能从团队成员的合作关系中找到工作的意义，由此激发自己全心全意投入其中的工作积极性。一个团队要拥有这样优质的成员，团队沟通是不可或缺的，管理者要不吝啬于将团队的目标方向明确地告知成员，将团队的价值观分享给成员，让成员认同团队并且对团队有归属感及明了工作的意义，成员愈清楚团队的目标与价值观就愈强化其使命感、愿意为团队奉献、诚心诚意融人团队中。

我们经常看见大雁排成“一”字形或“人”字形，很多人都好奇，大雁为什么要整齐地排列呢？其实它们之所以采用一字斜线或人字形的形式飞行，是它们在长期适应中所形成的最省力的群体飞翔形式。当雁群以上述形式飞行时，后一只大雁的一翼，能够借助。

前一只大雁鼓翼时所产生的空气动力，使自己的飞行省力。当飞行一段时间一段距离后，大雁们便左右交换位置，使另一侧羽翼也能借助空气以缓解疲劳。由于大雁既具有惊人的个体飞翔能力，又富有令人叹服的合作精神，因而，他们的两翼似乎有了灵性，使他们能够以轻松自如的风姿成为长空的主人。大雁给我们的启示是：走合作的道路，相互借力，就没有去不了的地方，就没有达不到的目标。

1979 年，美国福特汽车公司和日本马自达汽车公司结成战略合作联盟，这就是世界上最早的跨国公司战略合作联盟。据估计，通过产品开发、采购、供应和其他活动全球化，合作联盟每年至少可以节省 30 亿美元的成本。更为重要的是战略合作联盟的形成使企业之间在产品开发、科学研究、生产制造、产品销售和售后服务等方面，充分利用宝贵资源以达到战略目标；在增加收益的同时减少风险。战略联盟具有协同性，能整合联盟中分散的公司资源，将其凝聚成一股力量。

分工合作，才能达到预期的效果，这个道理被越来越多的企业所接受。随着技术变得日益复杂，在某些重大开发项目上，没有一家公司可以单独包揽所有事情。惠普和拥有世界激光打印机 70% 市场的佳能公司的合作也很成功。佳能负责将墨喷在纸上的“机械部分”，惠普管软件、微控制器、用户调查和市场管理。虽然佳能和惠普在低价喷墨打印机市场上竞争激烈，但其合作还是坚持了下来。

生物制药领域的葛兰素公司与史克公司联盟的重要原因，就是要达到新组建的葛兰素史克集团三年内每年节省研发成本 10 亿英镑的目标，同时将在全球医药市场的份额提高到 7．5% 左右，从而实现企业资源一加一大于二的经济效果。

何维有一句名言：“世界之大，人人都有生存的空间，他人之得，不必视为自己之失。”为了合作成功，要遵循一个基本理念：不要怕别人得好处，只要考虑到对自己是否有利就够了。

记住，人生最有意义的是工作，与同事相处是一种缘分。下一次当同事要求你提供帮助，做一些份外的事情，而不是让他人来处理时，不要以“这不是我份内的工作”推诿逃避，积极地伸出援助之手！让同事之间的代沟、天堑飞到爪哇国吧！

“对付”各种人

世界是丰富多彩的。同样人物也是各种各样的。在这样一个复杂多变的社会里应该学会适应、学会处理与许多人之间的关系，更要学会去做“某些人”。

1. 学做“恶人”。有人喜欢选择做好人，但同样有人喜欢做恶人。做好人有利也有弊。做“恶人”同样也有对自己好的或不好的地方。

做“恶人”，对自己本身会有什么好处?

第一，“恶人”虽然肯定令人讨厌，但却胜在有威势。由于许多人都是非驱策不可的，一般而言一个主管“偏恶”会远比他“偏善”更能令下属为他效力办事。不讲人情的主管当然不受下属爱戴，但却更能令下属不敢造次。这是做“恶人”的第一个好处。

第二，许多人不喜应酬，只想静静的办事。那么“恶人”的形象便会产生适当的阻吓作用，令你的应酬减到最低限度，赚得清静。

第三，好人倾向于对人堆笑脸，以至巴结奉迎，“恶人”板着脸做人反而塑造出一个严肃、令人肃然起敬畏之心的形象来。

从上面三点考虑，可以想见许多“恶人”尽管原本不恶，但基于需要，得装出“恶人”的形象来办事。

只要做“恶人”的好处盖过做“恶人”的坏处，做恶人便合算。其实做“恶人”的不好之处，最大不了也不过是犯众怒、少朋友。当然，如果你选择了一个“在一般人心目中的恶的形象”，自己需要别人帮助时便不免会难得多。

每个人都有他自己不同的或好或恶、好恶程度不一的形象。一个恶人的“恶”，可能是他的真性，也可能只是个假象，和好人的“好”完全一样。

2. 做个地地道道的好人。大家都喜欢“好人”，也欢迎“好人”。因为“好人”不具侵略性，不会伤害到别人，甚至有时还会为了别人而让自己吃亏！

那么做“好人”好还是不好呢？

做“好人”是性格决定的，想不做都不行，而做“好人”也有其人际关系上的价值，因此，做好人是值得肯定的，但不能做“烂好人”。

所谓“烂好人”，就是没有原则、没有主见、不能坚持“好人”，这种人不知是性格因素，还是有意以“好”，去讨别人的欢喜，反正是有求必应，也不管该不该，有时也想坚持，可是别人声音一大，马上就软下来，因为缺乏原则与坚持，导致是非难分，当事情不能解决的时候，便“牺牲”自己来“成全”大家；有时也想“坏”一点，可是离“坏”还有一大段距离，自己就开始自责，检讨自己这样做是不是不应该……

这种“烂好人”得到的效应和“好人”是不同的，“好人”也是有原则的，所以他人在颂赞这“好人”的“好”时，还带着几分尊敬甚至“畏惧”。但“烂好人”则不然，他在人际关系上的效应是“不能担大任”的，而且别人因为深知他的弱点，甚至会算计他、陷害他，得寸进尺，予取予求，反正他不会反抗，不会拒绝。于是所有人都得到了好处，唯独这个“烂好人”一点好处都没有。

3. 要会应付某些人。要你“小心应付”某些人，实在是件令人伤感的事，因为过不用对人防范的日子还是比较好，可是“一样米，养百样人”，你不小心应付，便有吃亏的可能性，并不是所有人都如你想的是“好人”。

一般情况下，以下这些类型的人你要小心应付，不敢说这些的经验和看法是对的，但你不妨当作参考。哪些类型的人呢？

甜嘴巴。这种人开口便是大哥大姐，叫得又自然又亲热，也不管他和你认识多久；除此之外，还善于恭维你，拍你的马屁，把你“哄”得舒舒服服的。并不是说这种人就是必须防备的“坏人”，而是这种人因为嘴巴伶俐，容易使人心不设防，如果他对你有不轨之口，你的陶醉不就上了他的当？

笑面虎。这种人好像没有脾气，你骂他、打他、羞辱他，他都笑眯眯的，有再大的不高兴，也摆在心里，让你看不出来。这种人也不见得是坏人，因为他的个性就是如此，成天笑眯眯，不得罪人。可是你就搞不清楚这种人心里在想些什么，也搞不清楚他的好恶及情绪波动，碰到这种人，真的让人无从应对，也因此，如果他对你有不轨之图，你是无从防备的。因此对这种人，你要避免流露出内心的秘密，更不可和他谈论私人的事情，他不一定会害你，可是，或然率在50%哩！所以，不如保持礼貌性的交往，他打哈哈，你也打哈哈。

藏镜人。这种人把自己隐藏起来，不让你知道他的过去、家庭、同学，也不让你知道他对某些事情的看法，换句话说，是个高深莫测的人。这种人有的是因环境的影响所造成，不见得是个“坏人”，但和这种人交往是很恐怖的，最好的办法还是保持距离。

墙头草。这种人最大的特色便是“见利思迁”，见风使舵，哪边好往哪边靠。所以他的待人处世会以“利”作取向，也会为“利”而背叛良心，伤亲害友，可以今天和你好，也可明天将你害。所以和这种人交往，打哈哈就可以了，不必有利益、人情上的往来，甚至宁可故意向他显示你“无利可图”的一面，以免他没事就来打扰你，这可不是好事。

4. 学会对待“坏人”。有些人不一定是“坏人”，但或因个性使然，或因环境的影响，使得他们的做人处事方式有一些偏差，对这种人，你的态度要有一些保留，如果你寄予完全的信仰，便有可能受到伤害。哪种人呢?

自吹狂。这种人很喜欢夸赞自己的能力，如果你愿意听，他可能就会成为万能的人。事实上，这种人的能力是有问题的，因为他心虚，所以靠吹嘘来壮声势，好比胆小鬼走夜路要吹口哨那般。所以对“自吹狂”，一切的一切，先打对折再说。

支票机。这种人喜欢开支票，任何事情他都可以答应，不只如此，他还可以主动承诺为你做任何事，可是每一张支票都无法兑现。对这种人，你的态度要有所保留，免得大失所望。

漏风嘴。这种人喜欢到处串门子，串门子还不打紧，还喜欢讲“我告诉你，可是你不可以告诉别人”的“秘密”。如果他也向你传播某人的“秘密”，你当然不可再告诉别人，但你要有所警觉，你如果告诉他秘密，那么很快，你的秘密将不再是秘密。

铜牙槽。这种人的特色是嘴巴很硬，不是说他平常说话很硬，而是死不认错，明明事实摆在面前，他还要强辩，像有一副铜牙槽那般。这种人，你的态度也要有所保留，因为他有可能瞒下了更大的错误。

好色鬼。这种人见了美色便忘了他是谁，年轻时好色可以理解，结了婚或上了年纪却仍然好色，这种人必然分心，无法专注于事业，要不然也会因色误事。

天天醉。这种人好饮，而且每饮必醉，甚至每醉必发酒疯。这种人有个性上的缺陷，有无法控制情绪的缺点，会误事，也会误自己。

不孝子。这种人连父母都可以不要，甚至虐待他们，那么他对别人也可以如此。对这种人，你要有所保留。

对以上这些人你的态度要有所保留，多给自己一些时间来观察，多给自己一些空间来应对，那么就不会受到伤害了。

5．与小人为伍。每个地方都有“小人”，和“小人”的关系若没有处理好，常常要吃亏。

大体言之，“小人”就是做事做人不守正道，以邪恶的手段来达到目的人，所以他们的言行有以下的特色。

喜欢造谣生事。他们的造谣生事都另有目的，并不是以造谣生事为乐。

喜欢挑拨离间。为了某种目的，他们可以用离间法，挑拨同事间的感情，制造他们的不合，好从中取利。

喜欢拍马奉承。这种人虽不一定是小人，但这种人很容易因为受上司所宠，而在上司面前说别人的坏话。

喜欢阳奉阴违。这种行为代表他们这种人的行事风格，因此对你也可能表里不一，这也是小人行径的一种。

喜欢“西瓜倚大边”。谁得势就依附谁，谁失势就抛弃谁。

喜欢踩着别人的鲜血前进。也就是利用你为其开路，而你的牺牲他们是不在乎的。

喜欢落井下石。只要有人跌跤，他们会追上来再补一脚。

喜欢打替死鬼。明明自己有错却死不承认，硬要打个人来背罪。

事实上，“小人”的特色并不只这些，总而言之，凡是不讲法、不讲情、不讲义，不讲道德的人都带有“小人”的性格。那么，该如何妥善处理和“小人”的关系？

以下几个原则可以做参考。

不得罪他们。一般来说，“小人”比“君子”敏感，心里也较为自卑，因此你不要在言语上刺激他们，也不要在利益上得罪他们，尤其不要为了“正义”而去揭发他们，那只会害了你自己！

保持距离。别和小人们过度亲近，保持淡淡的同事关系就可以了，但也不要太过疏远，好像不把他们放在眼里似的。

小心说话。说些“今天天气很好”的话就可以了，如果谈了别人的隐私，谈了某人的不是，或是发了某些牢骚不平，这些话就绝对会变成他们兴风作浪和有必要整你时的资料。

不要有利益瓜葛。小人常成群结党，霸占利益，形成势力，你千万不要想靠他们来获得利益，因为你一旦得到利益，他们必会要求相当的回报。

吃些小亏无妨。“小人”有时也会因无心之过而伤害了你，如果是小亏，就算了，因为你找他们不但讨不到公道，反而会结下更大的仇恨，所以原谅他们吧！

只有真正的实现了和同事的和谐相处，我们才能在工作中更好的发光发热，才能不被生活束缚住前进的脚步。

附录：你的人际关系及格吗？

假使你走向一个熟睡的婴儿时，他忽然睁开眼睛，你认为接着他会有什么反应？

A. 哭

B. 笑

C. 闭上眼睛继续睡觉

D. 咳嗽

“婴儿”代表“他人”，一般人对于与他人的相处，容易产生不安与恐惧，尤其愈没自信的人，也就愈严重。由于这种不安、不信任感容易流露在脸上，于是对方也产生了同样的反应。

选 A 的人你是个相当没有自信的人，因此很害怕与他人相处，深恐泄露自己的缺点，因此常缩在自己的壳中裹足不前。如果你能再自信一点，积极与他人接触，相信你会发现外面的世界非常美好。

选 B 的人你是个自信满满的人，交际手腕相当不错，很容易和他人打成一片；但要注意的是，不要过度自信，只陶醉在自己的世界中，忽略了别人的感受、想法。

选 C 的人你是个相当孤僻的人，与其和别人在一起，还不如一个人来得快乐自由，所以根本不愿、也觉得没必要踏入别人的世界；但工作是注重团队合作的，绝不可独来独往，所以可要好好调整自己。

选 D 的人你是一个相当神经质的人，非常在乎人际关系，也小心翼翼地去维护；但太过于在意别人的感觉、想法，会弄得自己精疲力竭，最好放松一下自己，以平常心来面对人际关系。

“ 明日复明日，明日何其多，
我生待明日，万事成蹉跎”。几乎人人耳熟能详的
诗句，但是你认真体会过各种含义吗？机械的工作，
磨光了所有曾经的豪情壮志，磨掉了所有的壮志凌云，
该怎么办？是继续听之任之还是及时釜底抽薪？答案必然是后者！
赶快燃烧你久违的工作热情，行动起来吧！

继续助力，让结局完美

“ 倦鸟”何其多？
人生要常立志
画一张人生地图
集中精力，紧盯目标
没有乏味的工作，只有乏味的人
体会工作中的成就感
学无止境
多接触身边的工作狂

“倦鸟”何其多？

越来越大的工作压力，越来越激烈的社会竞争，使得很多人成为倦鸟一族，下面就先看几个倦鸟的例子，看有没有你的影子。

持续高压情绪焦灼

孟飞　28 岁　业务经理

“如果我每月不能做到一定数额的利润，我的业务就无法运转下去。”孟飞在通信业奋斗了 6 年多，现在每天都要面临这个问题。

5 年前，孟飞只身一人来到广州，他什么困难都不怕，一心向前冲。从当初的业务员奋斗到现在的业务经理，薪水倒是涨了好几倍。而现在，经验丰富了，说话的口气却不如以前“硬气”。面对同样的压力，他几乎难以做到当初“从零开始”的坦然。迫于业绩压力，他每天都处于一种极端的焦灼状态。“稍遇不顺，我的厌倦情绪就滋生出来，非常想逃避，不想上班。每天晚上，我必须靠安眠药才能入睡，并且多次因为情绪失控而影响到家人。真的很讨厌这样的状态。”

工作热情日渐消退

小柯　25 岁　旅游业

小柯是一家知名旅游公司的员工。在大多数人的眼里，她是一个幸运儿——目前从事的旅游策划工作，既和自己的专业对口，又与自己的兴趣相投。她已经在这个公司工作了整整 3 年。

3 年来，小柯的职位并没有发生明显的变化。目前的工作她已经完全驾轻就熟，她觉得工作越来越没劲。“我每天都不想上班，对工作没有了热情，就想着只要不出错就万事大吉了。可这是我曾经最喜欢的职业呀！我也曾为了能实现自己的梦想付出了很多，但现在那种职业的成就感没有了，我觉得自己具备的这些知识应付目前的工作绰绰有余。我实在不知道自己脚下的路通往何方。”她摇摇头无奈地说。

工作琐碎缺乏成就感

杨健　男　33 岁　行政人员

杨健在公司里做了 10 年，如今也混了个“资深”，一人身兼多职，从上到下什么都需要管，既是办公室负责人，也分管后勤工作，偶尔还帮忙会计报个税，帮人事处协调协调，甚至在老总出差时担任全面负责内部工作的助理，几乎从早到晚连轴转地工作，没有一刻得闲。“经常回到家里了还得不到休息，电话不停地接，不是老总找就是同事找，老婆经常说我打杂还打得这么热火朝天。”他自嘲道。

虽然如此忙碌，杨健却并无多大成就感。他整天忙来忙去，压力很大，生怕哪里出了个错，大家的笑脸会立刻变成麻将脸。“我这个位置还很尴尬，这边老总认为我是帮公司花钱，不创造利润。那边员工认为我是老总的帮手，是眼线啥的。经常吃力不讨好，心累啊。”工作越辛苦，个人成就感却越低的他为此充满苦恼。

孟飞、小柯和杨健的现状在当今职场中其实屡见不鲜，这就是人们通称的“职业倦怠”。当工作把你的生活热忱耗尽，当上班的铃声成为梦魇的开始，职业枯竭感可能已经成为你职场前行的牵绊。

出现职业枯竭的人犹如失去水的鱼，备受窒息的痛苦。据调查，我们产生职业枯竭的时间越来越短，有的人甚至工作 8 个月就开始厌倦工作，而工作 1 年以上的白领有超过 40% 的人想跳槽。上海一项调查显示：在同一岗位工作满两年的人中有 33．3% 的人出现了职业枯竭现象。职业倦怠的常见表现是：工作时常常感到精疲力竭、容易情绪波动、经常妄自菲薄、服务质量下降、工作欠缺主动性、频繁跳槽、工作效率低等。

日前，国内某知名人力资源网站开展的一项《2008 中国职场人士工作倦怠现状调查》显示，74．6% 的职场人产生工作倦怠。

那工作热忱为什么会枯竭，人为什么会变成倦鸟呢？

你曾被誉为“永动机”，用源源不绝的热忱拥抱着工作。于是，老板不断地对你委以重任。可是，某年某月的某一天，你突然感觉自己精力不济、身体不适、异常烦躁……就这样，职业枯竭来了！

职业枯竭，从英文字面上我们就可以读到这样的信息：是工作让你产生了被耗尽的感觉，也就是在工作的重压之下你处于身心疲惫的状态。1961 年，一本名为《一个枯竭的案例》的小说在美国引起轰动，书中描写了一名建筑师因工作极度疲劳，丧失了理想和热情，逃往非洲原始丛林。从此，“枯竭”一词进入了人们的视野。

今天，工作对于我们来说不仅意味着填饱肚子，我们还希翼着在职场中结识朋友、得到归属感、受到尊重、实现自我……可是，你那份味同嚼蜡的工作、你那份勾心斗角的工作、你那份压力重重的工作却击碎了你填饱肚子之外的其他梦想，于是，现代职业病——职业枯竭由此而生了，工作热忱就这样悄悄地溜走了。

职业枯竭的高发人群主要包括助人工作者、工作投入者、高压力群体及自我评价低者。调查显示，作为心理从业人员的心理咨询师，因其工作的助人性质，反而是最容易患枯竭的行业，占总比重的 40%；其次是教师，占 20%；此外是新闻工作者、警察，医护人员等。

人生要常立志

有谚语云：愚者常立志，慧者立长志。但是今天看来，这句话要改一下了，常立志的人一样是智者。

1984 年，在东京国际马拉松邀请赛中，一位名不见经传的日本选手山田本一出人意外地夺取了冠军。当记者们问他“你凭什么取得如此惊人的成绩”时，他只回答了一句话：用智慧战胜对手！

当然，许多人都认为这个偶然跑到最前面的矮个子选手是在故弄玄虚。马拉松比赛是体力和耐力的运动，身体素质好又有耐力，自然就有希望夺冠。爆发力和速度都在其次，说用智慧取胜，确实有点勉强。

两年后，意大利国际马拉松邀请赛在意大利北部名城米兰举行，山田本一代表日本队参加比赛。这一次，他又获得了世界冠军。记者再次请他谈经验，山田本一性情木讷，不善言谈，回答的仍是上次的那句话：用智慧战胜对手！

这一回记者在报纸上没有再挖苦他，但是对他所谓的“智慧”仍旧迷惑不解。

这个谜底直到10年之后才终于被解开——山田本一在他的自传中是这样说的：

“每次比赛之前，我都要乘车把比赛的线路仔细地看一遍，并把沿途比较醒目的标志画下来，比如第一个标志是银行，第二个标志是一棵大树，第三个标志是一座红房子……这样一直画到赛程的终点。比赛开始后，我就以较快的速度奋力地向第一个目标冲去，等到达第一个目标后，我又以同样的速度向着第二个目标冲去。40多公里的赛程，就这样被我分解成了几个小目标，轻松跑完了。起初，我并不懂得这样的道理，我把目标定在40多公里外终点线上，结果我跑到十几公里时就疲惫不堪了，我被前面的那段遥远路程给吓倒了。”

山田本一就可以称得上是一位常立志的人，因为这里说的常立志是指不断为自己树立近期人生目标的人。

在现实中，我们做事情之所以经常会半途而废，这其中的原因，往往不是因为难度较大，而是我们觉得成功离自己太过遥远。确切地说，我们不是因为失败而放弃，而是因为倦怠而失败。其实，在人生的旅途中，只要稍微具备山田本一的智慧，一生中也许会少了许多懊悔和惋惜。

在奔跑的过程中，我们经常会有这样的体会：如果你的目的地太过遥远，很容易就会丧失自信。的确，在现实生活中，有许多目标看起来一时难以实现，但你可以把它们分成若干个可以很快实现的小目标，然后集中精力想办法逐一实现这些小目标。当这些小目标全部实现时，你的大目标也就实现了。

辉煌的人生不会一蹴而就，它是由一个个并不起眼的小目标堆砌起来的。让我们把目标化整为零，用一个个小的胜利赢得最后的大胜利吧。

有时候，某些人看似一夜成名，但是如果你仔细翻看他们的历史，就会知道他们的成功并不是偶然得来的，他们早已投入无数心血，打好了坚固的基础。那些大起大落的人物，声名来得快，去得也快，他们的成功往往只是昙花一现而已，因为他们并没有深厚的根基与雄厚的实力。

富丽堂皇的建筑物都是由一块块独立的石块砌成的。石块本身并不美观，但组合在一起却是一个完美的整体。

也许，我们无法一下子拯救或者改变自己，但我们可以一步一步地坚持下去，终有一天会有所收获。

画一张人生地图

前面已经讲到人生要常立志，这就需要我们有自己的人生目标，也就是要有大的方向。没有设计图的搬砖似的工作是上班族职业枯竭的主要症结——缺乏人生的方向与目标。如果清楚自己要成为什么样的人、想过什么样的生活，你即使一路走来颠簸失意，也不会因一时失落觉得疲累不堪、抱怨连连。

王浩　27 岁　编辑

27 岁的我已经在这家跨国公司里工作了 8 年，其间，我用了 5 年的时间从一个实习生手脚并用地爬到了部门经理的位置。要知道，在我们这家外国公司里，部门经理已经是中国籍员工可以达到的最高位置。做了 3 年的部门经理，一切对我来说已经驾轻就熟。但是，这种过于安逸的生活不仅没有让我感到轻松，反而越来越烦躁，我不知道在以后的 20 年中，我的明天是否永远将是今天的拷贝。我也想过自己创业或换别的公司，但却无法割舍这里熟悉的氛围和优厚的薪酬。在这种矛盾的状态下，我成了被惯性推着走的、没有方向的人。

这个例子里有没有你的身影，或者说他是不是也正说出了你的心声？相信很多职场中人都有这样的体验，这正是因为你的人生没有一个好的定位，自己的人生也没有什么目标规划。

记得上大学的时候都有过毕业规划，每一个人都需要做一个生涯规划，确立人生的大方向与目标，这有助于你在工作中自我定位。如果你一时找不到生涯目标，不妨将现阶段的个人方向和目标与公司的发展相配合，与同事共同讨论一些方案，拟个三大目标或四大计划，再拆解成每天的工作进度，这也就是所谓的奋斗目标长短结合。在说到这里的时候要插一点东西，那就是明白自己是为什么而工作。

许多人刚参加工作，对工作充满新奇和无限的期待，根本来不及思考自己的人生规划。这样很容易在激烈的竞争中迷失自己。实际上非常有必要在刚参加工作时问自己这样一个问题：我在为谁工作？答案应该是：我在为自己工作。这个道理，在刚参加工作时就该明白。

许多身在职场的人都会思考这样一个问题：你在为谁工作？这样的思考会产生两个结果：一个是觉得自己在为公司工作，或者说是在为老板工作；另一个就是认为自己是在为自己工作，而且无论是在什么单位。很明显，这是两种截然不同的工作态度，也必然产生不同的结果。

对于前一种人来说，这似乎是个再简单不过的问题。他们的逻辑大致是这样的：我在企业工作，而企业是属于老板的，那所以很明显，我在为企业、为老板工作。至于通过工作学到的知识，积累的经验，他们都把这些简单地用薪酬加以衡量，他们只关心薪酬的多少，这也是他们工作最大、最原始的动力。

对于后一种人来说，虽然身处企业，企业也属于老板这一从属关系同样存在，但他们更多看中的是通过工作，自己从中得到的收获。薪酬当然也是其中不可缺少的部分，但他们更关注在工作中学到的知识和积累的经验。因为他们清楚这些才是自己事业大厦最不可缺少的基石，而薪酬就如同这座大厦漂亮、悦人的装潢一样，随时都可以更换。

这样比较就可以看出，工作是在为自己。为自己一点点地积累财富，一点点地码高事业的大厦。

所谓“人往高处走，水往低处流。”要想成为一名优秀的员工，就首先要树立正确的观念——工作是人生价值的体现，是人生的存在形式，不管你在哪里工作、为谁而工作，你首先是“工作”，把自己应该做的事情做好，然后才是为谁而工作的问题。其次要有正确的心态——为自己而不是为老板工作的正确的心态。

在工作中，不管做任何事，都应将心态回归于外行，抱着学习的态度，将每一次任务都视为一个新的开始，一段新的体验，一扇通往成功的机会之门。千万不要视工作如鸡肋，食之无味，弃之可惜，结果做得心不甘情不愿，于公于私都没有裨益。

相信很多人听过这样一个故事：

鲁西做了十几年的木匠活，他因敬业和勤奋而深得老板的信任。天长日久，鲁西对老板说，自己想辞职做一些别的尝试。老板十分舍不得他，再三挽留，但是他去意已决，不为所动。老板只好答应他的请辞，但希望他能再帮自己盖一座房子。鲁西自然无法推辞。

鲁西身在曹营心在汉，心思全不在工作上。用料也不那么严格，他出的活全无往日的水准。老板看在眼里，却什么也没说。等到房子盖好后，老板将钥匙交给了鲁西。

“这是你的房子，”老板说，“我送你的礼物。”

老木匠愣住了，悔恨和羞愧溢于言表。他盖了那么多豪宅华亭，最后却为自己建了一座粗制滥造的房子。

这个故事的寓意不言而喻。你是不是也为鲁西的行为以及结局感到惋惜？但是让我们回头反思一下自己，自己有没有做过像鲁西一样的蠢事呢？如果你是为了理想，为了让自己活得有实实在在的价值、被他人和社会认可、为了没有白活一生而工作，而不仅仅是为了一份薪水而工作，那么你就不会有鲁西这样后悔的机会，而你的人生同样会得到更多的乐趣和收获，因为你的人生已经确立好了大的方向，在你明白自己为什么而奋斗的时候这个目标会越加明确，这样你就不会感到迷失在工作堆中，找不到方向，从而更好的指引你前行。

另外，要分阶段给自己确定目标。我们往往是在爬坡的时候，感到干劲十足，充满激情；当爬上山顶的时候，反而觉得迷茫。所以职场上有必要在发展到一个阶段的时候，给自己树立新的目标。这样总是觉得有方向、有动力、有奔头，有助于保持高涨的工作热情。

集中精力，紧盯目标

既然已经为自己的人生画好了地图，那接下来要做的就是集中自己的精力，紧紧盯住目标不放，只有这样才有可能成功。每个人都会遇到事业的低潮，但有的人一遇到挫折和失败就垂头丧气、无精打采，期望上天垂怜能改变命运，殊不知如果心中没有希望、眼中看不到阳光、对生活无所热爱、对朋友无所忠诚，那他怎么会战胜困难和挫折，怎么会取得成功?

卢梭说过，当一个人一心一意做好事情的时候，他最终会成功。

在央视的《人与自然》的节目中，曾经有这样一个镜头：在非洲马拉河的两岸，青草鲜嫩，一群群羚羊在那儿无忧无虑地享受。这时，一只非洲豹悄悄地隐藏在草丛中，准备向羚羊发起进攻。它悄悄地向羚羊逼近。突然，羚羊察觉到了危险的降临，立刻开始四下狂奔逃命。

非洲豹猛地一跃，箭一般地射向羚羊群。它盯住一只未成年的羚羊，一直向它追去。羚羊跑得飞快，非洲豹更快。在追赶过程中，一只又一只的羚羊站在旁边观看，可非洲豹并没有改变方向去追离它更近的羚羊，它只是一味地朝着那只未成年的羚羊疯狂地追赶，羚羊跑累了，非洲豹也跑累了，但是他们都没有放弃，二者展开了耐力的较量。终于，非洲豹的前爪搭上了羚羊的屁股，羚羊倒下了。

猎豹紧盯着自己的目标，最终得到了这只羚羊。可以说正是这只羚羊激发了猎豹前进的动力。

美国 19 世纪哲学家、诗人爱默生说：“一心向着自己目标前进的人，整个世界都给他让路!”爱默生的话很有道理，要想成功，就要用心来鞭策自己前进。而弗兰克·帕克的例子就是更好的说明。

著名的人寿保险推销员弗兰克·帕克原来是一位职业棒球运动员，但在他刚涉足职业棒球界不久，因为他缺乏激情和热情，动作看起来没有一点儿力量，不久就被解雇了。在离开球队前，球队经理对他说：“你这样慢吞吞的，没有一点儿激情，好像在球场上混了 20 年一样。离开这里以后，无论你走到哪里，无论你做任何事，若提不起精神来做事的话，你将永远不会有出路!”

帕克原来的月薪为 175 美元，被解雇后，他转到亚特兰大球队打球，月薪只有 25 美元。这样少的薪水，帕克实在是提不起精神，但他想到那位经理的话，决心努力一试，看自己能否成为英格兰最有热情的球员。于是，在比赛中，他一上场就像绷紧了的弹簧，用最大的力量投出最高速度的球，把接球的对手双手都震麻了。有一次，他以猛烈的气势冲入三垒，那位三垒手吓呆了，竟然忘记了接球，结果他盗垒成功。

那一天的气温高达 35°，他在球场奔来奔去，极有可能中暑。但是他不仅没有中暑，相反，他的热情还把全队的队员都激发起来了。最终，他们取得了胜利。

第二天媒体上写道："那位新进的帕克，无异是一个充满激情的火团，全队的人都受到他的鼓舞，充满了活力。他那一队不但赢了，而且还是本季度最精彩的一场比赛。"由于帕克的热情，他的月薪很快由25美元提高为200美元。

后来，帕克的手臂在一次比赛中不幸受了伤，他不得不放弃打棒球，于是改行做了一个保险业务员。在刚开始的一年多时间里，他都没有什么成绩，为此他很苦闷，甚至想到了放弃。但是他又想起了那位球队经理的话，他决定用自己打棒球的激情来做保险。

所以，就像当年打棒球一样，他终于成了保险界的大红人。回忆起自己的经历，他深有感触地说："我从事推销30年了，我见到许多人，由于对工作抱着热忱的态度，使他们的收入成倍增加；我也见到另一些人，由于缺乏热忱而走投无路。我深信成功就是要有热忱的态度，同时要紧紧的抓住自己的目标不放，集中精力，唯有如此，成功才是可以希求的。"

在人生的旅途上，最关键的就是集中自己的全部精力，一心一意紧紧地把握既定的方向和目标。因为任何分心、毫厘偏离，都会使你和成功擦肩而过。

没有乏味的工作，只有乏味的人

干一行爱一行，就有自娱的特性，乐在其中便是自然的事了。因为有乐趣，因为可自娱，专注无须讲大道理也是顺理成章。试问：有什么道理比有感情更能使人进入专注的角色呢？比如曹操之于权谋，李白之于诗酒，还有拿破仑之于战争与冒险，毕加索之于绘画。他们这些人专注于其中，既获得了自己的事业，也得到了充分的娱乐。若无自娱的乐趣，或让他们放弃心领神会的乐趣，他们便会活得无精打采。

同一种性质的工作做久了觉得驾轻就熟、没有新鲜感、成就感，就会有一种"吃剩饭"的感觉，自然觉得没有意思。偶尔的工作情绪低落消沉，每个人都曾经有所体验。但是我们可以通过不断调整，让自己保持对工作的激情。这时候就需要你开动脑筋，寻找工作中的乐趣了。

很多时候，你只需换一个角度去思考，就会对自己的工作充满乐趣。而发现工作的乐趣，正是保持工作激情的不二法门。接下来，我要讲两个出租车司机的故事。

(一)

某天一大早，我跳上了一部出租车，要去郊区参加一个重要的会议。正好是中午的高峰时刻，没多久车子就卡在了车阵中，此时前座的司机先生开始不耐烦地叹起气来。

我随口和他聊了起来："最近的生意好吗?"

后视镜上的脸垮了下来，声音很无奈："有什么好的? 到处都不景气，你想我们出租车生意会好吗? 每天跑十几个小时，也赚不到什么钱，真是气人!"

显然，这不是个好话题，那么换一个好了。于是，我接着说："不过还好你的车很大很宽敞，即便是塞车，也让人觉得很舒服……"

他立刻打断了我的话，声音激动起来："舒服个鬼! 不信你来每天坐 12 个小时看看，看你还会不会觉得舒服?"接着他的话匣子打开了，抱怨政府无能、社会不公、人民无望……

我只能安静地听着，一点儿插嘴的机会也没有。

(二)

第二天同一时间，我再次跳上了另一部出租车，要去同一个地方参加会议。然而这一次，得到的却是迥然不同的经验。

一上车，一张笑容可掬的脸庞转了过来，伴随的是轻快愉悦的声音："你好，请问要去哪里?"

真是难得的亲切，我心中有些奇怪，随即告诉了他目的地。

他笑了笑说："好，没问题!"

然而没走两步，车子又堵在车阵中动弹不得。司机先生手握着方向盘，开始轻松地吹起口哨哼起歌来。

于是我问他："看来你今天心情很好嘛!"

他微笑着露出牙齿："我每天都是这样啊，每天心情都很好。"

"为什么呢?"我问他，"大家不是都说世道不景气，收入都不理想吗?"

司机先生笑着说："没错，我也有家、有小孩要养，所以开车时间也跟着延长了。不过，日子还是很开心的，因为我有一个秘密……"他停顿了一下，说："说出来，先生你别笑我，好吗？"

他说："我总是换个角度来想事情。比如，我觉得出来开车，其实是客人付钱请我出来玩。像今天一早，我就碰到像你这样花钱请我跟你到郊外玩，还让我客串当司机的人，这不是很好吗？等到了郊外，你去办你的事，我就正好可以顺道欣赏郊外的景色，抽根烟再走啦！像前几天，我载着一对情侣去东湖水库看夕阳，他们下车后，我也下来喝碗鱼丸汤，挤在他们旁边看看夕阳才走。反正来都来了嘛，更何况还有人付钱呢？"

我突然意识到，自己有多幸运，与一位富有激情的司机同车出游，真是棒极了。又能坐车，又开心，这样的服务有多难得，我决定向这位司机先生要电话，以便以后有机会再联系他。接过他名片的同时，他的手机铃声正好响起，有位老客人要去机场——原来喜欢他的不止我一位，相信这司机的工作态度，不但替他赢得了好心情，也必定给他带来不少生意。

下面王娜的例子估计更可以代表很多人的心声。

这是我大学毕业后的第一份工作——房地产公司的销售部秘书，我的职责就是打字、准备合同、播放售楼部的背景音乐……两年了，我每天就这样机械地做着这类脑子都不用动的工作。这份工作对我来说没有挑战，不需要激情，学不到东西，唯一的好处就是不错的薪水让我在北京这个高消费的城市中不仅维持了生计，还略有节余。若不看在薪水的面子我真想一走了之，可只看在薪水的面子上，我工作起来又毫无热情，我总希望自己的工作能多点附加价值。

其实"剩饭"也罢，鲜菜也罢，关键是要调整好自己的"口味"，不断地变化一些花样，就像给咖啡加点糖一样，使你的工作不再"苦涩"。一个人的工作态度，也会影响一个人的工作情绪。如果你的工作态度总是消极的、退缩的、推诿责任的，当然不会有成就感，尤其当你工作所需的专业技能一直没有精进时，你更容易产生枯竭感，因此，不断地充实专业知识，保持热诚、积极的工作态度，才能使自己乐在工作。即使在为售楼处播放背景音乐这样简单的工作中，你也可以找到成就感，你为什么不尝试根据不同的天气、不同的氛围选择不同的音乐呢？这也是一种需要灵感、需要创新的工作。记住，没有乏味的工作，只有乏味的人。

要做到不对生活感到乏味，下面几招会很有用：

第一招：换个角度看世界

我们之所以不能沉浸在某一特殊时刻所发生的事情中，关键在于过多地关注一些利益攸关的目的，而忽略了去发现和欣赏许多美好的东西。赶车上班，与其为那一个多小时的上班车程而忧心忡忡，倒不如把心思倾注于美丽清晨的每一个细节之中，也许一阵清脆的鸟鸣能让你心情愉快，刚刚盛开的花朵能使你倍感神清气爽。留一份好的心情带到你的工作单位。

第二招：丢掉完美主义的枷锁

风靡美国的电视连续剧《绝望的主妇》想必大家都不会陌生吧。其中的女强人兰尼特，因为要抚养四个调皮捣蛋的孩子而使自己的生活变得一团糟。她不愿承认自己目前所面临的困境，责备自己的无能，导致最终无法承受而把孩子们扔给邻居，一个人躲到郊外。在与好友谈心的过程中她才得知，原来她的朋友们在孩子小的时候也同样面临她现在所承受的压力，她们也绝望过，失落过，在没人的地方偷偷地哭过。原来，她的感觉是很正常的。她接受了自己目前的状况，重新回到家庭中，在抛掉了不应该的想法后，她能更加轻松地照顾孩子，也能够更加宽容，她的生活从此好多了。人非圣贤，孰能无过。对自己多一份宽容，我们也能变得更加轻松。

第三招：寻觅一两个"闺中密友"

在我们烦恼的时候可能并不需要别人讲太多的大道理，更多的时候，我们是希望心理上的郁闷与烦恼能够一吐为快。所以，亲密的"闺中密友"自然是生活中不可或缺的一个部分。朋友的倾听能让你理清思绪，朋友的理解能给予你支持和鼓励。试着找寻你的闺中密友吧。

第四招：让生活多一些变换

如果每天在单位中做着同样的工作，回到家里还是按部就班地洗衣、做饭、收拾屋子，时间长了，必然会因为单调而感到疲倦。这时就需要开动脑筋，变换一下生活的方式。可不可以买本菜谱，尝试着做一些新鲜的菜肴，或是找点理由，偶尔全家人来一顿烛光晚餐。每天定时定点看电视的时间是否可以改为出去散散步运动一下。到了节假日全家出游一次。总之，只要是能做到的都可以试一试，或许只是一个小小的改变就能有意想不到的效果呢。

第五招："胡思乱想"也能消除疲劳

心理学家研究发现，"胡思乱想"有助于消除工作、生活中的紧张疲劳，起到放松身心的作用。当你感到疲乏、困倦、无聊的时候就去胡思乱想吧。你可以想象着和老公一起又重新回到了蜜月中的旅行、想象着由于自己的工作业绩突出，工资又长了一倍，想象着自己的宝宝一点一点长大……总之，你的思绪可以四处遨游，只要是快乐的，沉醉的。不过，要提醒大家注意的是，这种漫无边际的胡思乱想只是日常生活中的一种补充而绝不是替代，因此要适可而止，不可本末倒置。

试过这几招你会发现生活中会有很多的乐趣，而工作就不会再像以前一样的成为恼人鸡肋，食之无味，弃之可惜了。

体会工作中的成就感

在讲如何体会工作的成就感这个问题时，先来看一下王林的例子：

内向的我在这家酒店的公关部属于另类，我一向自知，和巧舌俏丽的其他女同事相比，沉默的我是笃定抢不来风头的。于是，做美工的我专心地把工作做到近乎完美。阴错阳差，部门经理跳槽后老板竟然认定塌实的我是最佳人选，就这样我意外地成了公关部经理。任职不到一年，我几乎被工作窒息了：公关部经理任务杂、要求高、应酬多，性格内向的我感到压力重重，觉得很多时间精力都花在了无谓的事情上；对老板汇报时，拙于言谈的我更是经常被问得哑口无言。从老板的脸色中我读到了越来越多的不满，而我也对这份工作产生了前所未有的厌烦。

王林的困惑很多人都会有，在这份工作里，他体会到的更多的是痛苦和麻痹，完全找不到工作的新鲜感、充实感和满足感，找不到工作中的成就感。

从前有一个小药店店主，寻找了许多年，一直想找一个能干一番大事业的机会。他痛恨自己现在的小药店。每天早晨一起来，他就希望自己今天能够得到一个好机会。然而，好长时间过去了，机会并没有出现。他郁闷极了，经常跑到花园里去散心，任凭他的药店在风雨里飘摇。

在现实生活中，大多数人都不免多少有点像这个店主。我们看见了别人的成功便会在无形中生起嫉妒之火，并且常常还会妄自菲薄，总以为别人的工作才是最好的，而自己总是看不到什么希望。我们总是把别人的成功归功于运气好，于是，总是梦想着好运能早一天降临到我们的头上。

但是幸运的是后来，这个药店的店主战胜了自己这种消极的态度。有一天，他这样问自己："我为什么一定要把自己的希望，自己的奋斗目标寄托在那些自己一无所知的行业上呢？为什么不能在自己相对熟悉的医药行业里干出一番大事业来呢？"

于是，他下定决心摆脱掉自己以前的那种怨天尤人的心态，从自己的药店做起，他把自己的这一事业当做一种极为有趣的游戏，以此来促进生意的发展。他让自己用那种发自内心的热情告诉别人，他对药店这一行有多大的兴趣，他是如何尽量提高服务质量以使顾客满意的。

如果附近的顾客打电话来要买东西，他就会一面接电话，一面举手向店里伙计示意，并大声的回答说："好的，博克夫人，两条药皂，一瓶三两的樟脑油。还要别的吗？博克夫人，今天天气很好，不是吗？还有……"他尽量想些别的话题，以便能和她继续谈下去。

在他和博克夫人通话的同时，他指挥着伙计们，让他们把顾客所需要的东西以最快的速度找出来。而这时负责送货的人，脸上带着笑容，正忙着穿外衣。在博克夫人说完她所要的东西之后不到一分种，送货的人已带着她需要的东西上路了，而他则仍旧和她在电话中闲谈着，直到等她说："哦，先生，请先等一会，我家门铃响了。"

于是他笑一笑，手里仍拿着放话筒，不一会儿，她在电话中说："喂，先生，刚才是你的店员给我送东西过来了！我真不知道你怎么会这么快，实在是太不可思议了。我打电话给你还不过一分钟！我今天晚上一定要把这事告诉博克先生。"

因为他那优质的服务，过了不久，几条街以外的居民，也都舍近求远地跑到了他们店里来选东西。以至于后来城里好多别的药店都跑到他这里来取经，别人不明白，为什么偏偏他的生意会做得这样好。

他笑着解答道："只要抱着巨大的热情对待每一个人，你就会从心底里喜欢他人，从而在工作中体会到成就感，并发现其中的乐趣。如果能够全身心地投入工作，那么，工作中的一切团难，以及工作发展的所有问题，例如如何才能让顾客更满意、如何才能更加提高工作效率之类的问题，你都会很容易的找到改善的方法，这种习惯会让你的工作变得更有成就，也更有意义。”

我们可以建议王林看一下这个故事，如果能够全身心地投入到工作中，那么，工作中的一切困难，以及工作发展的所有问题，都会容易地找到改善的方法，这种习惯让你的工作变得更有成就，也更有意义。

那么影响工作成就感高低的因素主要有什么呢？

根据心理学家对组织行为的研究，一个人从工作中获得满足或成就感，取决于以下几个因素：对心智有挑战性的工作内涵、公平的待遇、支持性的工作环境以及支持性的同僚。

对心智有挑战性的工作内涵：能够提供各种任务、自由和回馈的工作，让员工从中可以发挥他们的才华。如果这类工作内涵对心智的挑战性适中，员工会感到快乐和满足。但是如果工作的挑战性太大，会造成挫折与失败感。

公平的待遇：金钱与工作满足的关联性，不在于钱的多寡，而在于薪资的公平性。此外，员工也重视公平的升迁制度，升级使人承担较大的职权与责任，提升社会地位。长期无法升迁及调薪让人感觉没有成长的机会，是许多员工离职的重要因素。

支持性的工作环境：大多数的员工喜欢离家近的工作，还有工作环境带给个人的舒适感及执行工作上的便利性。当然，拥有一个独享的个人办公室（包括可远眺美景的大窗户、最好还有舒适的沙发）以及专属的秘书，也是许多人工作成就的表征。

支持性的同僚：对大多数人而言，工作同时填补了我们社交上的需求。能够与同事融洽相处，有幸跟到一个“充满关爱眼神”的主管，甚至与经常联络的厂商或客户建立不错的交情，也是许多人每天乐在工作，获得成就感的源泉。

性格与工作的搭配：除上述以外，一个人的性格若能与工作搭配，则其能力与特长正好符合工作的要求，较可能胜任愉快，所获得的成就感也较大。

明确了这几个影响工作成就感的因素，就不难找到解决问题的途径了。努力从这几个方面来满足自己，充分调动自身的潜力，全心全意做好自己的本职工作。工作出色了，有了业绩，自己也产生一点成就感和优越感，也就有了工作的动力。工作做好了，也会赢得别人的尊重，工作起来也会想更上一层楼。

另外，工作的同时，努力为自己营造舒适的环境，这就包括很多方面了，给自己的办公桌收拾出一片属于自己的绿色天地，而不是文件、文具到处都是，完全找不到一块净土，看到这样的办公桌谁都不会心情好，这是小的环境，大的环境就是自己周围的卫生环境，要勤打扫、勤收拾，时刻给人干练的感觉，不邋遢，不拖沓，不拖泥带水，这样的你随时都会是干净利落的。

前面已经讲到了如何处理好同事之间的关系，这里同样要简单强调一下人际关系的重要性，因为它也是影响你工作成就感的因素之一。在公司里活得最不开心、工作做得最差的往往是那些人缘不好的员工。新员工学历傲人，唯我独尊；老员工资历不浅，心中不服；事业一筹莫展的人总想和别人比个上下高低……这种复杂的人际关系会让你感觉牵牵绊绊，难以充分发挥自身才华，造成抑郁情绪，产生职业枯竭。

其实，给自己创造良好的人际环境就是为自己积累财富。心理学家告诫大家做人要把握以下“五不”原则：倚老不卖老；弹性不固执；幽默不伤人；关心不冷漠；真诚不矫情。所以放下架子吧，这样你才能有成功的基础。

在前面我们也已经讲过薪水的问题，好的工作待遇也是可以提高工作成就感的因素之一，这时候就需要你参考一下我们前面讲到的如何让老板为你加薪一节，让你的付出与收获成正比，从而激发自己的工作热情，不断体会自己的工作成就感。

最后，一个人如果找到适合自己性格、气质和爱好的工作职位，做到人和工作的最佳匹配则会如鱼得水，在工作岗位上大展宏图。相反，再好的岗位，如果不符合自己的喜好和特点，一段时间后，就会使人厌倦，出现职业枯竭。

如果目前你的职位不是你所爱，如果你仅仅是看在“钱”的份儿上才疲于应付，那还是劝你长痛不如短痛，找个机会向老板言明自己的处境和期望，坦陈这一岗位不适合自己的理由，让老板帮助你找一个能发挥自己专长的位置。另外，适时换岗也有助于你克服职业枯竭。

学无止境

当今时代，科学技术突飞猛进，发展速度令人咋舌。近几年，人类的知识大约是以每三年增加一倍的速度向上提升，知识总量是以爆炸的速度急剧增长。韦尔奇曾经说过学习是最便宜的投资，时间是昂贵的投资。学习就是给自己充电，你可以拒绝学习，但你的竞争对手不会；卡耐基也曾经说过，一个人只有随时随地的不断学习新东西，不断充实完善自己，才能保持思维的灵动，才能跟得上时代的步伐，才会在优胜劣汰的竞争中始终立于不败之地。所以，在信息爆炸的今天，每一个人，不仅要提高自己的科学技术水平，更重要的是提高自己的素质和修养，在不断学习的过程中给自己充电，使自己技术过硬，技能娴熟。

从孔子的“知者利仁”说中，我们可以认识到，知识、文化是一种不可多得的社会资源。人生在世，要想做出一番事业，有所成绩，找到自己在社会上的位置，就应该掌握一门技艺。这种技艺无论是做工、务农、经商，都应精益求精，才能适应目前科技不断发展、竞争日趋激烈的现实。求精的办法只有苦钻硬学，既需要继承传统程序，又需要根据新形势的要求创新发展，这对于处在市场竞争中的商业经营者更属必须。

孔子将多才多艺作为学习所追求的目标，也作为理想人格的重要内容。他说，“君子不器”，意即有文化、道德修养的人，学问很广博，不像器皿只限于一种用途。他又指出：“工欲善其事，必先利其器。”具有各方面的文化知识，对自身的成长大有裨益。被誉为“财神”的范蠡，人称他“上通天文，下通地理，三教九流，无所不晓”。“通天文”即掌握时令季节，适时组织货源供应市场；“通地理”即掌握各地物产、商品流动渠道、运输渠道和消费等情况；“三教九流，无所不晓”即摸清社会各类群体、顾客的心理、习俗和需求。正是这些广博的知识和实践经验，使范蠡成为我国历史上有名的“一掷千金”的富翁。

信息社会时代的核心竞争力，已经发展为学习力的竞争。信息更新周期已经缩短到不足五年，危机每天都会伴随我们左右。时下，一张文凭，一项技能能吃一辈子已成为历史，在科学技术日新月异的今天，学习型社会迎面走来。只有不断更新知识，掌握新技能，才能在职场立于不败之地。当今社会对人才的要求越高，一个人如果单靠原有的一张文凭、一项技能，想在职场立足几乎不可能。

华人巨富李嘉诚曾回忆说："年轻时我表面谦虚，其实内心很骄傲。为什么骄傲呢？因为同事们去玩的时候，我去求学问；他们每天保持原状，而自己的学问日渐提高。"

那时，同事们闲下来就聚在一起打麻将，李嘉诚却捧着一本《辞海》啃，日日如此，翻得厚厚的一本《辞海》都发黑了。李嘉诚形容自己"不是求学，我是在抢学问"。正是靠了这种抢学问的精神，才会创造条件使幸运之神得以降临，否则，没有了精神的基础，天上掉下来的金钱也会拿不住。正是因为李嘉诚如此持之以恒的学习，每天进步一点点，才有了今天的成就。可见学习的精神在任何时候都不能少，任何时代学习都会是一种时尚。

方杰做奥普浴霸就是一个善于学习然后成功的例子。早在澳大利亚留学的时候，方杰就有意识地到澳大利亚最大的灯具公司"LIGHT UP"公司打工。当时他还不懂商业谈判，他知道自己的缺陷，很希望学会谈判的本领。他知道他当时的老板是一个谈判的高手，所以，每当有机会与老板一起进行商业谈判的时候，他总是在口袋里偷偷揣上一个微型录音机。他将老板与对方的谈判内容一句句地录了下来，然后再回家偷偷地听，揣摩、学习，看看老板是怎样分析问题的，对方是怎样提问，老板又是怎样回答的。他就这样学习，几年以后也成为了一个商业谈判的高手。最后老板退休了，把位子让给了他。到了1996年，方杰差不多已经成了澳洲身价第一的职业经理人。然后他不当打工仔了，自己回国创业。奥普浴霸就是这样诞生的，现在公司一路发展壮大，成为了行业里的佼佼者。

在《科学投资》研究的上千个创业案例中，除有限的几个"新经济"的锋线人物，如上海易趣的邵逸波、深圳网大的黄沁据说是神童外，其他大多也就是如曾国藩所说的"中人之质"而已，并没有哪个成功者在智力上有什么出类拔萃之处，比如智商高到180、200之类的。相反，这些成功者有 个共同之处，就是都非常善于学习，非常勇于进行自我反省。

高德康做波司登，经常“晚上睡不着，想心事。常常半夜里醒过来一身冷汗”。高德康何许人也？江苏常熟白茆镇山泾村的一个农民。高德康曾经这样描述他的创业经历，那时候高德康做裁缝，组织了一个缝纫组，靠给上海一家服装厂加工服装赚钱，每天要从村里往返上海购买原料，递送成品。“从村里到上海南市区的蓬莱公园，有100公里路。我骑自行车每天要跑个来回，骑了几次车就不行了。于是我就挤公共汽车，背着重重的货包挤上去，再挤下来，累得满头大汗。因为我挤车也是在上班时间，车挤得不得了。我背着货包好不容易挤上去，车上的人闻到我一身臭汗，就把我推下来，有一次把我的腰都扭伤了。有时候他们还要骂一句，你这个乡下人，乡巴佬。神气得不得了……可是包重呀，你把我推下来，我怎么办？那个时候我是哭也哭不得，我想那些人一点都不理解我。有时甚至考虑还要不要和上海人做生意？但是不去上海，家里就没有活干，吃不上饭。只能上，乖乖地上。做生意龙门要跳，狗洞要钻，没办法的，只能受点委屈。”在这种情况下，高德康睡不着觉，后来他的事业做大了，波司登已经成为了中国羽绒服第一品牌，自己也变成了千万、亿万富翁了，却仍然常常睡不着觉。高德康总是在反省自己，为了一些想不明白的问题，他还特意跑到北大、清华上了一年学。他说：“我经常总是在听人家讲，听了以后抓住要害，在实践中去检验，到最后看结果，看到底是不是真的。”高德康只有小学文化，而他现在最大的爱好竟然是看书。“时间再紧张，学习也不能马虎。平时很少有时间去看书，有的时候在飞机上看看。在这种学习时间很少的情况下，每个月一定要集中3天时间。集中3天学之后，把自己的思路理顺。作为一个领导来说，不一定整天忙得不得了的领导就是好领导，你必须把思路理顺，有一种思维的状态来考虑这个企业的发展。”

高德康作为一个山沟里的农民，上海人嘴巴里的乡巴佬，最后却能让上海人抢着购买自己的羽绒服，把上海人的钞票大把大把地揣进自己的兜里，原因何在？现在你明白了吧。

举了这么多的例子，无非就是要说明，作为一名员工，只有不断的一层一层地攀登阶梯，坚持学习，积累了一定的知识和阅历后，才能对自己的人生方向和前景有更加明确和美好的向往，才能使自己适应急速变化的时代，才能不被职业枯竭感所困，不觉得生活变得如同一潭死水，没有工作热情了。那么在工作中怎样才能更好的学习呢?

首先，学习要有计划。只有有了计划，才能有条理有步骤有系统，才能事半功倍。

同时，注意学习方法，只有科学的学习，才能获得更多的知识。好的学习方法应该是任何一个有志于成功的人必须掌握的。

最后，要经常检验自己的学习效果，获得大量的反馈信息，从而调整自己的自学能力，以期获得更大的进步。

卡耐基说过，学习与工作相伴，工作就是学习。能够适应工作，实现自我而不被淘汰，靠的就是实力，而实力来自于知识的积累。虽然现代社会的机会非常多，但如果不学习，终有一天会被企业淘汰掉。只有勤奋学习，不断提升自己，才能在激烈的竞争中立于不败之地。这是值得每一个职场中人深思的。

多接触身边的工作狂

先来说两个家喻户晓的工作狂:

鲁豫在上海出生，在北京长大，1988 年她考上北京广播学院选择读国际新闻专业的时候，根本没有想过将来有一天要吃电视饭的。那个时候，她的想法是当个国家领导人的翻译啦，或者到联合国去做做同声传译。人生从来都不会按着小时候的玫瑰计划逐步展开，更何况鲁豫是个不喜欢设计自己的女孩子，今年不知明年事，这么活着才有惊喜嘛。

她承认自己是特迷恋镜头的女人。那个红色的小灯一亮起来，她就彻底兴奋了，天天四点钟起床之类的苦楚统统忘记干净。而小灯一灭，第二秒钟她就七歪八倒不成人形。鲁豫毫不讳言自己是女工作狂，喜欢自己给自己压力，所以注定没有好日子过。

比如住房，没有挑选余地，必须搬到离公司数分钟脚程的地方。即使如此，鲁豫仍然觉得意犹未尽，最好搬到电视台里面来住，早上洗把脸就可以上镜头拼命。每天到了电视台，没有人敢跟她搭腔，知道她忙着开工赶活，说个“你好”都心疼浪费了千金光阴。澳门回归、迎千禧年两次主持，她是一摞一摞的材料抱回家去看，抱到手软。家里地板上分门别类摊满了资料，连下脚的地方都没有，整个人变得像个资料呕吐机。

这个女工作狂特别乐意有大事出现，一到这种时刻，整台的同事都忙得发疯，个个跟她一样天不亮就开工，鲁豫满意地说：这才好，大家都刻苦让我觉得挺安慰的，这时候我才切切实实地知道不是只有我一个人在傻。所以，那些日子，她在台里见一个人说一声“最好天天澳门回归”，搞得人人对她侧目，觉得这个女孩子简直匪夷所思。鲁豫说，我也不是做电视主播才这么敬业的，从小我就是个样样事情要做到最好的人，要么就不做。

做电视必须应承很多变故，要有本事撑得下去。凤凰台的一些新闻直播常常是临时决定的，是否直播，完全取决于当时是否收得到卫星信号。那次中国驻南斯拉夫大使馆被炸，事后有一个隆重的迎接遗体回北京的仪式。凤凰台想做直播，定了主持人是鲁豫，但是当天又突然告诉她不行了，收不到信号不做了。鲁豫做完她的“早班车”就回家了，到家卸完妆准备好好休息，突然台里一个电话打来：“鲁豫，我们有信号了，马上回来！”鲁豫一看手表，剩下的时间是20分钟。她跳上车子赶到台里，重新化妆，被导演赶着进入直播室，一口气还没有来得及喘定，那个小红灯已经亮起来了，陈鲁豫张口就得说话。一般来讲，这类直播，主持人说上两三分钟然后就会把镜头切到现场，让观众看现场。可是鲁豫的耳机里却传来导演的话：“鲁豫，我们现在有问题，接不到现场画面，你得往下说话，千万别停！”鲁豫就此一口气说了20分钟，直说到工作人员接到现场画面为止。事后，大家都大喘了口气，全靠鲁豫一张嘴巴，补了台。真够惊险的。

“千禧之旅”鲁豫去的是以色列、约旦那一带，还没到约旦她就想着不管怎么样我得采访阿布杜拉，当地负责安排的人告诉她此事难如登天，她还是不死心。有一天突然有人告诉她阿氏第二天要去一个小镇开工作会议，跟去看看吧，也许有机会。大队人马杀过去，等着阿氏。只见当地百姓围得密密匝匝，等着他们的偶像。鲁豫刹那之间觉得很荒谬，一个中国女人包着块头巾，蹲在一个约旦小镇的人海里，听人家用阿拉伯语讨论着要不要修一座桥。阿氏在前面慷慨激昂，鲁豫根本近不了他的身，只有一个凤凰的摄影师在前面拍啊拍的。鲁豫觉得这可不行，我得想办法叫阿氏看见我。于是她跟保安说，那个摄影师没有电池了，我要把这个电池送给他去。保安让她过去了，她就披着块大红围巾跑到离阿氏只有20来米的地方，在阿氏跟前晃来晃去晃了十分钟，刻意叫伟人看见她这个中国女人。果然，阿氏的人跑来通知她，会议开完可以采访一下。结果，凤凰台成了阿氏当选国王以后惟一一个采访他的中文媒体，而且是在他即将访华之前。鲁豫的得意之色溢于言表，不过她对自己当天的所作所为的评价是：天啊，这种招摇的事情居然也做得出来，我其实是个很内向很含蓄的人啊。

原来为了工作，自我都可以瞬间改写。

盖茨的一生，充满了传奇色彩：他是一个电脑神童，13岁开始踏上追梦的征程，17岁便有了自己的第一个软件公司；他是一名商业奇才，独特的眼光使他总是能准确看到IT业的未来，使得不断壮大的微软能够永葆青春；他是一位慈善巨富，为了世界的和平、健康与安宁，毅然选择将580亿美元的财产尽数捐出，分文不留。有人说，有什么样的态度，决定了一个人会拥有什么样的人生。是游戏人生？是有所作为？是听天由命？是善待每个人？还是得过且过？不同的人生态度，折射出一个个千姿百态的人生。盖茨的聪明之处在于他能够在恰当的时机选择恰当的人生态度，从而自如地将每一阶段的人生做到极致。

商场如战场，对盖茨来说，他必须胜利，所以盖茨是个天生的工作狂。这种品质从他的湖滨中学时期就已表现得淋漓尽致，无论是在电脑房钻研电脑，还是玩扑克，他都是废寝忘食，不知疲倦。盖茨玩扑克很认真，他第一次玩的糟透了，但它并不气馁，最后终于成了扑克高手。只要晚上不玩扑克，盖茨就会出现在哈佛大学的艾肯计算机中心，因为那时使用计算机的人已不多。盖茨的同学说，他常在清晨时发现疲惫不堪的盖茨在机房里熟睡。

自阿尔布开课创业时期开始，盖茨就养成了一个习惯：除了谈生意、出差，就是在公司里通宵达旦地工作。编程人员经常会在上班时收到他凌晨发出的关于他们所编写的计算机程序的邮件。盖茨不愿意在工作或娱乐上浪费任何时间，他最爱对别人说起的一句话是："观念+时间是真正的财富"。

有句话说得好，成功者都是工作狂，尽管略微有些夸张的意味，但是却很有道理。任何一个成功的人都会对自己的工作充满着不竭的热情和激情。比尔·盖茨的财产净值大约是466亿美元。如果他和他太太每年用掉一亿美元，他们要466年才能用完这些钱——这还没有计算这笔巨款带来的巨大利息，那他为什么还要每天工作？

斯蒂芬·斯皮尔伯格的财产净值估计为10亿美元，不像比尔·盖茨那么多，不过也足以让他的余生享受优裕的生活了，那为什么他还要不停地拍片呢？

美国Viacom公司董事长萨默·莱德斯通在63岁时开始着手建立一个很庞大的娱乐商业帝国。63岁，在多数人看来是退休、尽享天年的时候，他却在此时做了很重大的决定，让自己重新回到工作中去。而且，他总是一切围绕Viacom转，工作日和休息日、个人生活与公司之间没有任何的界限，有时甚至一天工作24小时。你认为他哪来的这么大的工作热情？

类似的例子还有很多。那些拥有了巨额“薪水”的人们，不但每天工作，而且如果你跟在他们身旁，你会因为他们工作那么卖力而且时间那么长而感到不可思议。

萨默·莱德斯通解释道：“我工作的动力是对于我所做的事的热爱，我喜欢娱乐业，喜欢我的公司。我有一种愿望，要实现生活中最高的价值，尽可能地实现。”

先不要研究究竟是什么让他们几十年如一日的保持工作热情，我们要研究的是，跟在这样的人身边工作，即使你已经产生了职业枯竭感，那很快你就会被重新点燃激情，这样的热情足可以燃烧掉你所有的倦怠和惰性。而我们要的就是这样的结果。

对于一个工作已经产生倦怠感的人来说，要多结交一些热爱工作的人，相信每个人的身边都会有这样的人，他们每天抱着100%的热情投入到自己的工作中，他们就是你枯竭的热情的火种，让他们感染你，重新点燃已经熄灭的热情。或者你也可以找一些成功的、乐观的人作为典范，多看一些励志的名人故事，这些都有助于你浇灭蠢蠢欲动的工作倦息。

另外，还有一点很重要，就是本身要树立热爱工作的理念。由于经验、能力、经济条件等诸多方面原因，已经开始影响你的工作情绪，这时候，你要树立一种热爱工作的理念。一个人有了这种理念，才可以在工作和事业上永葆进取之心，脚踏实地地一步步向着自己的目标迈进。

友情提示：你在其中的5个或5个以上的选项之后打勾了吗？如果是这样，“职业枯竭”这顶帽子已经重重地压在了你的头上。

职业枯竭6大症状：

1. 生理上表现为耗竭感、持续的精力不济、极度疲乏、虚弱，失眠、头痛、背痛、肠胃不适症状等；

2. 认知上表现为注意力不集中，思维效率降低等；

3. 情绪上表现为烦躁、易怒、责备、迁怒于他人等；

4. 自我评价上的表现为对自己工作的意义和价值的评价下降；

5. 人际上表现为“去人性化”的特点，以一种消极的、否定的、麻木不仁的态度和冷漠的情绪去对待自己周围的人；

6. 行为上表现为对他人的攻击性行为和人际磨擦增多，极端的枯竭状态会使人出现自伤或自杀.

克服职业枯竭小贴士：

1. 在接受任何新工作前，都考虑一下担任该项工作所需承受的压力，并依据自己的实际能力逐渐增加你每天的工作量及复杂程度，由简单到复杂，逐渐增加自己的成就感。

2. 注重自己工作的价值，在前一天晚上整理好写字桌，使你能轻松开始一天的工作。

3. 每工作一个小时，休息5分钟；每完成一件工作“勾”去一件，看着要做的事一件件地减少是非常有成就感的。

4. 如果某些人或是环境使你做不愿做的事，那就避开这些人或环境。如果有人需要你帮助时，可以在自己有时间的情况下尽力去帮他，那也会有一种成就感。

5. 找到志同道合的同事，和他们一起工作，并和他们探讨自己的工作，让他们给你鼓励，以此来增加你的成就感。

6. 最好不要急切地、过多地表现自己。

7. 清楚任何事不可能都是尽善尽美的。

附录：职业枯竭自我检测：

在符合你的情况后面打√

1. 你总是盼着周末的到来；

2. 你经常头痛或觉得浑身乏力；

3. 肠胃功能失调；

4. 你恐惧你的上司；

5. 你不想与同事们交往；

6. 你回到家里不想干家务活；

7. 你无所事事或工作没有进展时便想吃东西；

8. 你假日懒得出游和锻炼，总是在家里睡大觉；

9. 你经常失眠；

10. 你早上有时候赖床，而且很少吃早饭。